a Daniele, Maria Cristina e Raffaele

Piermarco Cannarsa
Teresa D'Aprile

Introduzione alla teoria della misura e all'analisi funzionale

Piermarco Cannarsa
Dipartimento di Matematica, Università "Tor Vergata", Roma

Teresa D'Aprile
Dipartimento di Matematica, Università "Tor Vergata", Roma

ISBN 978-88-470-0701-7 Springer Milan Berlin Heidelberg New York
ISBN 978-88-470-0702-4 (eBook)

Springer-Verlag fa parte di Springer Science+Business Media

springer.com

9   8   7   6   5   4   3   2   1

Impianti: PTP-Berlin, Protago TeX-Production GmbH, Germany (www.ptp-berlin.eu)
Progetto grafico della copertina: Simona Colombo, Milano
Stampa: Signum, Bollate, (Mi)

Springer-Verlag Italia srl – Via Decembrio 28 –20137 Milano

Prefazione

Proprio la ricerca del senso, l'elogio del dubbio, il meraviglioso fascino della ricerca mi avevano catturato nelle pagine di uno dei miei diari. L'autore era un matematico, cresciuto alla scuola di Renato Caccioppoli. Aveva convissuto con i numeri e con l'inquietudine febbrile della scoperta degli infiniti. Gli astronomi li frequentano, li cercano, li studiano. I filosofi li immaginano, li raccontano, li inventano. I matematici li rendono vivi, ci si avvicinano e li toccano.

WALTER VELTRONI, *La scoperta dell'alba*

Questo libro si propone di avvicinare il lettore a teorie che svolgono un ruolo centrale nella matematica moderna, quali l'*integrazione* e l'*analisi funzionale*. Nella loro essenza, queste teorie sono estensioni di concetti che si incontrano nei corsi di base di matematica – e, sempre più frequentemente, anche nella formazione pre-universitaria – quali quello di vettori ortogonali, trasformazioni lineari tra spazi euclidei e integrale di funzioni reali di variabile reale. In che cosa consiste allora l'estensione? Nel fatto che l'ambiente in cui si fanno vivere questi concetti diviene via via più generale: l'ortogonalità negli spazi di Hilbert, le trasformazioni lineari negli spazi di Banach, l'integrazione negli spazi di misura. Queste sono strutture che si spogliano delle caratteristiche particolari della retta reale o del piano cartesiano, mettendo in evidenza i requisiti fondamentali che occorrono per studiare le proprietà che ci interesseranno di volta in volta.

A questo punto è bene richiamare l'attenzione del lettore sul fatto che queste generalizzazioni non sono fini a se stesse, nè sono dettate da soli motivi estetici: procedendo in questo modo, come è tipico fare in matematica, da un lato si riassumono una grande quantità di risultati, talvolta classici, in pochi enunciati di portata molto generale che si dimostrano con argomenti essenziali, dall'altro si scoprono nuovi fenomeni e proprietà che altrimenti sarebbero totalmente al di là della portata delle nostre indagini. Nelle pagine che seguono abbiamo cercato di comunicare al lettore l'interesse per questa operazione culturale, illustrandola con numerosi esempi e applicazioni. Tra queste ultime, ci piace ricordare la deduzione del teorema di approssimazione di Weierstrass per funzioni continue dalle proprietà del prodotto di convoluzione.

Le ripetute riforme degli ordinamenti didattici di questi ultimi anni hanno modificato profondamente la struttura dei corsi di studio. Di conseguenza, si è reso necessario ridistribuire e aggiornare i contenuti degli insegnamenti per renderli più funzionali ad una rapida e matura acquisizione da parte degli studenti. Inoltre, l'accresciuta autonomia didattica degli atenei ha portato come conseguenza un divario notevole tra corsi di laurea di sedi diverse. Anche di queste considerazioni si è tenuto conto nella stesura di questo testo. Da una parte, esso è rivolto a studenti di corsi di laurea magistrale in matematica, ai quali si propone di fornire conoscenze avanzate che dovrebbero far parte della cultura standard di chi voglia proseguire con lo studio di questa disciplina. Dall'altra, esso aspira ad essere di supporto a studenti e ricercatori di materie diverse dalla matematica, non presupponendo la conoscenza preliminare di argomenti che possono risultare specialistici, quali l'integrazione di Lebesgue in $\mathbb{R}^n$ o i risultati di compattezza per famiglie di funzioni continue. Le appendici di fine trattazione spaziano su una variegata lista di argomenti, dalla funzione distanza al principio di Ekeland, rendendo il testo completamente autosufficiente per chiunque disponga delle nozioni di base di algebra lineare e analisi matematica.

Un altro aspetto che ci preme sottolineare è che le due direttrici di base di questo testo, cioè l'integrazione e l'analisi funzionale, non sono argomenti indipendenti e giustapposti, ma teorie profondamente legate fra loro. Caratteristiche, queste, che si evidenziano spesso negli esempi e negli esercizi, di cui presentiamo un'offerta piuttosto ampia e spesso corredata da generosi suggerimenti risolutivi. Volendo trattare i due argomenti in un unico corso, è possibile coprire buona parte dei capitoli dal primo al sesto in un unico semestre, forse con un po' di impegno da parte degli studenti. Volendo invece ripartire il materiale su due semestri, si possono aggiungere alcuni degli argomenti contenuti nella terza parte, che comprende la teoria delle funzioni a variazione limitata (di una variabile reale) e delle funzioni assolutamente continue, le misure con segno, il teorema di Radon-Nikodym, la caratterizzazione dei duali degli spazi di Lebesgue e alcuni cenni alla teoria delle funzioni multivoche.

Allo stesso tempo, il libro si presta, in larga misura, ad una presentazione indipendente dei due argomenti – scelta a volte obbligata dall'architettura dei corsi. I capitoli dal primo al quarto potranno allora fornire tutto il materiale necessario per un corso di teoria dell'integrazione rivolto non solo a studenti indirizzati verso l'analisi matematica. Ad esempio, la teoria della misura è sviluppata in astratto, per arrivare rapidamente al classico teorema di estensione delle funzioni d'insieme numerabilmente additive, strumento di uso frequentissimo in probabilità. I capitoli quinto e sesto costituiscono una introduzione all'analisi funzionale in cui si pone l'accento sugli aspetti geometrici degli spazi infinito-dimensionali. Per far sì che questa parte del testo, depurata dagli esempi ambientati in spazi di misura, possa essere ospitata in corsi di laurea sia triennale che magistrale, abbiamo curato abbastanza a fondo la presentazione degli spazi ℓ^p i quali, non richiedendo particolari nozioni di teoria dell'integrazione, fanno capire con immediatezza i fenomeni nuovi che si presentano in dimensione infinita.

In conclusione, vogliamo esprimere la nostra gratitudine verso tutti coloro che hanno contribuito alla realizzazione di quest'opera. In particolare, siamo molto riconoscenti a Giuseppe Da Prato che ha dato origine alla stesura di questo testo fornendoci utilissime ispirazioni sia per la scelta dei contenuti che per le metodologie. Ringraziamo l'amico Ciro Ciliberto per averci incoraggiato a far evolvere degli appunti di lezione – da noi redatti inizialmente in inglese – in un libro vero, scritto finalmente nella nostra lingua madre, e per averci messo in contatto con quella interlocutrice squisita che si è rivelata essere Francesca Bonadei. Siamo grati agli studenti del corso di Complementi di Analisi Matematica dell'Università di Roma "Tor Vergata" che hanno letto versioni preliminari del testo e hanno affrontato molti degli esercizi che qui proponiamo. Infine, un grazie di cuore (e molto di più) a Carlo Sinestrari e Francesca Tovena, che ci sono stati vicini con i loro preziosi consigli e la loro impagabile pazienza.

Roma, gennaio 2008

Piermarco Cannarsa
Teresa D'Aprile

Indice

Parte II Analisi funzionale

Parte III Capitoli scelti

Appendici

Parte I

Misura e integrazione

1

Spazi di misura

Algebre e σ–algebre di insiemi – Misure – Teorema di estensione – Misure di Borel in $\mathbb{R}^N$

Il concetto di *misura di un insieme* nasce dalla nozione classica di volume di un intervallo in $\mathbb{R}^N$. Partendo da questa nozione, mediante un processo di ricoprimento, è possibile associare a un generico insieme un numero non negativo che ne 'quantifichi l'estensione'. Tale associazione conduce alla definizione di una funzione di insieme, detta *misura esterna*, definita sulle parti di $\mathbb{R}^N$. La misura esterna è monotona, ma non additiva. Seguendo il metodo di Carathéodory, è poi possibile selezionare una sottoclasse di insiemi su cui la misura esterna ha ulteriori proprietà, in particolare è numerabilmente additiva; restringendo la misura esterna a questa sottoclasse si ottiene una *misura completa*. Questo procedimento porta alla costruzione della misura di Lebesgue in $\mathbb{R}^N$. La classe degli insiemi misurabili secondo Lebesgue è molto vasta: gli esempi di insiemi non misurabili sono ottenuti in maniera indiretta e non costruttiva.

La teoria della misura di Lebesgue, benché sviluppata originariamente per spazi euclidei, è indipendente dalla geometria dello spazio e si può applicare non solo a $\mathbb{R}^N$ ma anche a spazi astratti; ciò è importante per le applicazioni, poiché la nozione di misura, nata inizialmente nella teoria delle funzioni di variabile reale, è stata successivamente utilizzata ampiamente nell'analisi funzionale, nella teoria della probabilità, nella teoria dei sistemi dinamici e in altre branche della matematica.

Nel corso del capitolo svilupperemo la teoria della misura da un punto di vista astratto; infatti esporremo una generalizzazione del procedimento seguito per definire la misura di Lebesgue che permette di costruire un'ampia varietà di misure in un generico spazio X o nello stesso $\mathbb{R}^N$. Tra le misure in $\mathbb{R}^N$ particolare importanza ha la classe delle misure di Radon (a cui in particolare appartiene la misura di Lebesgue), che godono di interessanti proprietà di *regolarità*.

Cannarsa P, D'Aprile T: Introduzione alla teoria della misura e all'analisi funzionale.
© Springer-Verlag Italia, Milano, 2008

1.1 Algebre e σ–algebre di insiemi

1.1.1 Notazioni e preliminari

Denoteremo con X un insieme non vuoto, con $\mathscr{P}(X)$ l'insieme di tutte le parti (cioè, i sottoinsiemi) di X, e con $\varnothing$ l'insieme vuoto.

Per ogni sottoinsieme A di X denoteremo con A^c il suo complementare, ossia

$$A^c = \{x \in X \mid x \notin A\}.$$

Per ogni $A, B \in \mathscr{P}(X)$ poniamo $A \setminus B = A \cap B^c$.

Sia $(A_n)_n$ una successione in $\mathscr{P}(X)$. Vale la seguente identità di *De Morgan*:

$$\left(\bigcup_{n=1}^{\infty} A_n\right)^c = \bigcap_{n=1}^{\infty} A_n^c.$$

Definiamo[1]

$$\limsup_{n\to\infty} A_n = \bigcap_{n=1}^{\infty} \bigcup_{k=n}^{\infty} A_k, \qquad \liminf_{n\to\infty} A_n = \bigcup_{n=1}^{\infty} \bigcap_{k=n}^{\infty} A_k.$$

Se $L := \limsup_{n\to\infty} A_n = \liminf_{n\to\infty} A_n$, allora poniamo $L = \lim_{n\to\infty} A_n$, e diciamo che $(A_n)_n$ converge a L (in questo caso scriveremo $A_n \to L$).

Osservazione 1.1. (a) Si verifica facilmente che $\limsup_{n\to\infty} A_n$ (rispettivamente, $\liminf_{n\to\infty} A_n$) è costituito da quegli elementi di X che appartengono a infiniti A_n (rispettivamente, che appartengono a tutti i sottoinsiemi A_n tranne al più un numero finito). Pertanto

$$\liminf_{n\to\infty} A_n \subset \limsup_{n\to\infty} A_n.$$

(b) È anche immediato verificare che, se $(A_n)_n$ è crescente ($A_n \subset A_{n+1}$, $n \in \mathbb{N}$), allora

$$\lim_{n\to\infty} A_n = \bigcup_{n=1}^{\infty} A_n,$$

mentre, se $(A_n)_n$ è decrescente ($A_n \supset A_{n+1}$, $n \in \mathbb{N}$), allora

$$\lim_{n\to\infty} A_n = \bigcap_{n=1}^{\infty} A_n.$$

Nel primo caso scriveremo $A_n \uparrow L$, e nel secondo $A_n \downarrow L$.

---

[1] Si osservi l'analogia con il limite inferiore e superiore di una successione $(a_n)_n$ di numeri reali. Si ha: $\limsup_{n\to\infty} a_n = \inf_{n\in\mathbb{N}} \sup_{k\geq n} a_k$ e $\liminf_{n\to\infty} a_n = \sup_{n\in\mathbb{N}} \inf_{k\geq n} a_k$.

1.1.2 Algebre e σ–algebre

Definizione 1.2. *Un sottoinsieme non vuoto $\mathscr{A}$ di $\mathscr{P}(X)$ si chiama* algebra *in X se*

(a) $\varnothing, X \in \mathscr{A}$,
(b) $A, B \in \mathscr{A} \implies A \cup B \in \mathscr{A}$,
(c) $A \in \mathscr{A} \implies A^c \in \mathscr{A}$.

Osservazione 1.3. È facile vedere che, se $\mathscr{A}$ è un'algebra e $A, B \in \mathscr{A}$, allora $A \cap B$ e $A \setminus B$ appartengono a $\mathscr{A}$. Pertanto anche la differenza simmetrica

$$A \Delta B := (A \setminus B) \cup (B \setminus A)$$

appartiene a $\mathscr{A}$. Inoltre $\mathscr{A}$ è stabile rispetto all'unione e all'intersezione finita, cioè

$$A_1, \ldots, A_n \in \mathscr{A} \implies \begin{cases} A_1 \cup \cdots \cup A_n \in \mathscr{A}, \\ A_1 \cap \cdots \cap A_n \in \mathscr{A}. \end{cases}$$

Definizione 1.4. *Un'algebra $\mathscr{E}$ in X si chiama* σ–algebra *se, per ogni successione $(A_n)_n$ di elementi di $\mathscr{E}$, si ha $\bigcup_{n=1}^{\infty} A_n \in \mathscr{E}$. Se $\mathscr{E}$ è una σ–algebra in X, gli elementi di $\mathscr{E}$ si chiamano* insiemi misurabili *e la coppia $(X, \mathscr{E})$ si dice* spazio misurabile.

Esercizio 1.5. Provare che un'algebra $\mathscr{E}$ in X è una σ–algebra se e solo se, per ogni successione $(A_n)_n$ di elementi disgiunti di $\mathscr{E}$, si ha $\bigcup_{n=1}^{\infty} A_n \in \mathscr{E}$.

Suggerimento. Data $(A_n)_n$ una successione di elementi di $\mathscr{E}$, si ponga $B_1 = A_1$ e $B_n = A_n \setminus (B_1 \cup \ldots \cup B_{n-1})$ per $n \geq 2$. Allora $(B_n)_n$ è una successione di elementi disgiunti di $\mathscr{E}$ e $\cup_{n=1}^{\infty} A_n = \cup_{n=1}^{\infty} B_n \in \mathscr{E}$.

Si noti che, se $\mathscr{E}$ è una σ–algebra in X e $(A_n)_n \subset \mathscr{E}$, allora $\bigcap_{n=1}^{\infty} A_n \in \mathscr{E}$ grazie all'identità di De Morgan. Inoltre

$$\liminf_{n \to \infty} A_n \in \mathscr{E}, \quad \limsup_{n \to \infty} A_n \in \mathscr{E}.$$

Esempio 1.6. Gli esempi seguenti spiegano la differenza tra algebre e σ–algebre.

1. Banalmente, $\mathscr{P}(X)$ e $\mathscr{E} = \{\varnothing, X\}$ sono σ–algebre in X. Inoltre $\mathscr{P}(X)$ è le più grande σ–algebra in X, e $\mathscr{E}$ la più piccola.

2. In $X = [0, 1)$ la classe $\mathscr{A}$ costituita da $\varnothing$ e da tutte le unioni finite

$$A = \bigcup_{i=1}^{n} [a_i, b_i) \text{ con } 0 \leq a_i \leq b_i \leq a_{i+1} \leq 1 \tag{1.1}$$

è un'algebra in $[0, 1)$. Infatti, se A è del tipo (1.1), si ha

$$A^c = [0, a_1) \cup [b_1, a_2) \cup \cdots \cup [b_n, 1) \in \mathscr{A}.$$

Inoltre, per mostrare che $\mathscr{A}$ è stabile rispetto all'unione finita, è sufficiente osservare che l'unione di due intervalli (non necessariamente disgiunti) $[a, b), [c, d) \subset [0, 1)$ appartiene a $\mathscr{A}$.

3. In un insieme infinito X si consideri la classe

$$\mathscr{A} = \left\{ A \in \mathscr{P}(X) \mid A \text{ è finito, oppure } A^c \text{ è finito} \right\}.$$

Allora $\mathscr{A}$ è un'algebra in X. Per convincersi di ciò, l'unico punto che occorre verificare è che $\mathscr{A}$ è stabile rispetto all'unione finita. Siano $A, B \in \mathscr{A}$. Se A e B sono entrambi finiti, anche $A \cup B$ è finito. In tutti gli altri casi, $(A \cup B)^c$ è finito.

4. In un insieme non numerabile X si consideri la classe[2]

$$\mathscr{E} = \left\{ A \in \mathscr{P}(X) \mid A \text{ è numerabile, oppure } A^c \text{ è numerabile} \right\}.$$

Allora $\mathscr{E}$ è una σ-algebra in X. Infatti $\mathscr{E}$ è stabile rispetto all'unione numerabile: sia $(A_n)_n$ una successione in $\mathscr{E}$; se tutti gli A_n sono numerabili, anche $\cup_n A_n$ è numerabile; altrimenti, $(\cup_n A_n)^c$ è numerabile.

Esercizio 1.7. 1. Dimostrare che l'algebra $\mathscr{A}$ nell'Esempio 1.6.2 non è una σ-algebra.
2. Dimostrare che l'algebra $\mathscr{A}$ nell'Esempio 1.6.3 non è una σ-algebra.
3. Mostrare con un esempio che la σ-algebra $\mathscr{E}$ nell'Esempio 1.6.4 può essere strettamente più piccola di $\mathscr{P}(X)$.
4. Sia $\mathscr{K}$ un sottoinsieme di $\mathscr{P}(X)$. Dimostrare che l'intersezione di tutte le σ-algebre in X contenenti $\mathscr{K}$ è una σ-algebra in X (la σ-algebra minimale contenente $\mathscr{K}$).

Definizione 1.8. *Dato $\mathscr{K}$ un sottoinsieme di $\mathscr{P}(X)$, l'intersezione di tutte le σ-algebre in X contenenti $\mathscr{K}$ si chiama σ-algebra generata da $\mathscr{K}$ e si denota con $\sigma(\mathscr{K})$.*

Esercizio 1.9. 1. Provare che, se $\mathscr{E}$ è una σ-algebra in X, allora $\sigma(\mathscr{E}) = \mathscr{E}$.
2. Descrivere $\sigma(\mathscr{K})$ per $\mathscr{K} = \{\varnothing\}$ e $\mathscr{K} = \{X\}$.
3. Dati $\mathscr{K}, \mathscr{K}' \subset \mathscr{P}(X)$ con $\mathscr{K} \subset \mathscr{K}' \subset \sigma(\mathscr{K})$, dimostrare che

$$\sigma(\mathscr{K}') = \sigma(\mathscr{K}).$$

Esempio 1.10. 1. Sia X uno spazio metrico. La σ-algebra generata da tutti gli insiemi aperti in X si chiama *σ-algebra di Borel* e si denota con $\mathscr{B}(X)$. Evidentemente $\mathscr{B}(X)$ coincide con la σ-algebra generata da tutti i chiusi di X. Gli elementi di $\mathscr{B}(X)$ si chiamano *insiemi di Borel* o *boreliani*.

---

[2] Nel seguito per 'numerabile' si intenderà 'finito o numerabile'.

2. Sia $X = \mathbb{R}$ e $\mathscr{I}$ la classe di tutti gli intervalli $[a, b)$ con $a < b$. Allora $\sigma(\mathscr{I})$ coincide con $\mathscr{B}(\mathbb{R})$. Per vedere ciò, si osservi che ogni intervallo semi–chiuso $[a, b)$ appartiene a $\mathscr{B}(\mathbb{R})$ dato che

$$[a, b) = \bigcap_{n=1}^{\infty} \left(a - \frac{1}{n}, b\right).$$

Perciò $\sigma(\mathscr{I}) \subset \mathscr{B}(\mathbb{R})$. Viceversa, sia V un insieme aperto in $\mathbb{R}$. Come è noto, V è unione numerabile di una qualche famiglia di intervalli aperti[3]. Poiché ogni intervallo aperto (a, b) si può rappresentare come

$$(a, b) = \bigcup_{n=1}^{\infty} \left[a + \frac{1}{n}, b\right),$$

si deduce che $V \in \sigma(\mathscr{I})$. Pertanto $\mathscr{B}(\mathbb{R}) \subset \sigma(\mathscr{I})$.

Esercizio 1.11. Dimostrare che $\sigma(\mathscr{I}) = \mathscr{B}(\mathbb{R})$ dove $\mathscr{I}$ è una delle seguenti classi:

$$\mathscr{I} = \{(a, b) \,|\, a, b \in \mathbb{R}, \, a < b\},$$
$$\mathscr{I} = \{(a, \infty) \,|\, a \in \mathbb{R}\},$$
$$\mathscr{I} = \{(-\infty, a] \,|\, a \in \mathbb{R}\}.$$

Esercizio 1.12. Sia $\mathscr{E}$ una σ–algebra in X e $X_0 \subset X$.

1. Dimostrare che $\mathscr{E}_0 = \{A \cap X_0 \mid A \in \mathscr{E}\}$ è una σ–algebra in X_0.
2. Dimostrare che, se $\mathscr{E} = \sigma(\mathscr{K})$, allora $\mathscr{E}_0 = \sigma(\mathscr{K}_0)$, dove

$$\mathscr{K}_0 = \{A \cap X_0 \mid A \in \mathscr{K}\}.$$

Suggerimento. L'inclusione $\mathscr{E}_0 \supset \sigma(\mathscr{K}_0)$ segue dal punto 1. Per provare l'inclusione inversa, si mostri che

$$\mathscr{F} := \{A \in \mathscr{E} \mid A \cap X_0 \in \sigma(\mathscr{K}_0)\}$$

è una σ–algebra in X contenente $\mathscr{K}$.

1.2 Misure

1.2.1 Funzioni additive e σ–additive

Definizione 1.13. *Sia $\mathscr{A}$ un'algebra in X e $\mu : \mathscr{A} \to [0, \infty]$ una funzione tale che $\mu(\varnothing) = 0$.*

---

[3] Infatti ogni punto $x \in V$ ha un intervallo $(p_x, q_x) \subset V$ con $x \in (p_x, q_x)$ e $p_x, q_x \in \mathbb{Q}$. Pertanto V è contenuto nell'unione della famiglia $\{(p, q) \mid p, q \in \mathbb{Q}, \, (p, q) \subset V\}$, e tale famiglia è numerabile.

- μ *si dice* additiva *se, per ogni famiglia finita* $A_1, \ldots, A_n \in \mathscr{A}$ *di insiemi disgiunti, si ha*

$$\mu\left(\bigcup_{k=1}^{n} A_k\right) = \sum_{k=1}^{n} \mu(A_k).$$

- μ *si dice* σ–additiva *o numerabilmente additiva se, per ogni successione* $(A_n)_n \subset \mathscr{A}$ *di insiemi disgiunti tale che* $\bigcup_{n=1}^{\infty} A_n \in \mathscr{A}$, *si ha*

$$\mu\left(\bigcup_{n=1}^{\infty} A_n\right) = \sum_{n=1}^{\infty} \mu(A_n).$$

- μ *si dice* σ–subadditiva *(o numerabilmente subadditiva) se, per ogni successione* $(A_n)_n \subset \mathscr{A}$ *tale che* $\bigcup_{n=1}^{\infty} A_n \in \mathscr{A}$, *risulta*

$$\mu\left(\bigcup_{n=1}^{\infty} A_n\right) \leq \sum_{n=1}^{\infty} \mu(A_n).$$

Osservazione 1.14. Sia $\mathscr{A}$ un'algebra in X.

1. Ogni funzione σ–additiva su $\mathscr{A}$ è anche additiva.
2. Se μ è una funzione additiva su $\mathscr{A}$, $A, B \in \mathscr{A}$, e $A \supset B$, allora $\mu(A) = \mu(B) + \mu(A \setminus B)$. Pertanto $\mu(A) \geq \mu(B)$.
3. Sia μ una funzione additiva su $\mathscr{A}$, e sia $(A_n)_n \subset \mathscr{A}$ una successione di insiemi disgiunti tale che $\bigcup_{n=1}^{\infty} A_n \in \mathscr{A}$. Allora

$$\mu\left(\bigcup_{n=1}^{\infty} A_n\right) \geq \sum_{n=1}^{m} \mu(A_n) \quad \text{per ogni } m \in \mathbb{N}.$$

Quindi

$$\mu\left(\bigcup_{n=1}^{\infty} A_n\right) \geq \sum_{n=1}^{\infty} \mu(A_n).$$

4. Ogni funzione σ–additiva μ su $\mathscr{A}$ è anche σ–*subadditiva*. Infatti, sia $(A_n)_n \subset \mathscr{A}$ una successione tale che $\bigcup_{n=1}^{\infty} A_n \in \mathscr{A}$ e si definisca $B_1 = A_1$ e $B_n = A_n \setminus (B_1 \cup \ldots \cup B_{n-1})$ per $n \geq 2$. Allora $(B_n)_n$ è una successione di elementi disgiunti di $\mathscr{A}$, $\cup_n A_n = \cup_n B_n \in \mathscr{A}$ e $\mu(B_n) \leq \mu(A_n)$ per la monotonia di μ. Pertanto $\mu(\cup_n A_n) = \mu(\cup_n B_n) = \sum_n \mu(B_n) \leq \sum_n \mu(A_n)$.
5. Combinando i punti 3 e 4 si deduce che una funzione additiva su $\mathscr{A}$ è σ–additiva se e solo se è σ–*subadditiva*.

Definizione 1.15. *Una funzione additiva μ su un'algebra $\mathscr{A} \subset \mathscr{P}(X)$ si dice:*

- finita *se* $\mu(X) < \infty$;
- σ-finita *se esiste una successione* $(A_n)_n \subset \mathscr{A}$ *tale che* $\bigcup_{n=1}^{\infty} A_n = X$ *e* $\mu(A_n) < \infty$ *per ogni* $n \in \mathbb{N}$.

Esercizio 1.16. In $X = \mathbb{N}$ si consideri l'algebra

$$\mathscr{A} = \left\{ A \in \mathscr{P}(X) \mid A \text{ è finito, oppure } A^c \text{ è finito} \right\}$$

dell'Esempio 1.6. Dimostrare che

- la funzione $\mu : \mathscr{A} \to [0, \infty]$ definita da

$$\mu(A) = \begin{cases} \#A & \text{se } A \text{ è finito,} \\ \infty & \text{se } A^c \text{ è finito} \end{cases}$$

  (dove il simbolo $\#A$ denota il numero degli elementi di A) è σ-additiva;
- la funzione $\nu : \mathscr{A} \to [0, \infty]$ definita da

$$\nu(A) = \begin{cases} \displaystyle\sum_{n \in A} \frac{1}{2^n} & \text{se } A \text{ è finito,} \\ \infty & \text{se } A^c \text{ è finito} \end{cases}$$

  è additiva ma non σ-additiva.

Per una funzione additiva la σ-additività è equivalente alla continuità nel senso della seguente proposizione.

Proposizione 1.17. *Sia μ una funzione additiva su un'algebra $\mathscr{A}$. Allora* $(i) \Leftrightarrow (ii)$, *dove:*

(i) μ *è σ-additiva;*
(ii) $(A_n)_n, \subset \mathscr{A}$, $A \in \mathscr{A}$, $A_n \uparrow A \implies \mu(A_n) \uparrow \mu(A)$.

Dimostrazione. Si consideri dapprima l'implicazione (i)$\Rightarrow$(ii). Sia $(A_n)_n \subset \mathscr{A}$, $A \in \mathscr{A}$, $A_n \uparrow A$. Allora

$$A = A_1 \cup \bigcup_{n=1}^{\infty} (A_{n+1} \setminus A_n),$$

con unione disgiunta. Poiché μ è σ-additiva, si deduce

$$\mu(A) = \mu(A_1) + \sum_{n=1}^{\infty} (\mu(A_{n+1}) - \mu(A_n)) = \lim_{n \to \infty} \mu(A_n);$$

ne segue la (ii).

Si passa ora a provare (ii)⇒(i). Sia $(A_n)_n \subset \mathscr{A}$ una successione di insiemi disgiunti tali che $A = \bigcup_{n=1}^{\infty} A_n \in \mathscr{A}$. Si definisca

$$B_n = \bigcup_{k=1}^{n} A_k.$$

Allora $B_n \uparrow A$. Pertanto, per la (ii), $\mu(B_n) = \sum_{k=1}^{n} \mu(A_k) \uparrow \mu(A)$. Ciò implica (i). □

Proposizione 1.18. *Sia μ una funzione σ–additiva su un'algebra $\mathscr{A}$. Se $(A_n)_n \subset \mathscr{A}$, $A \in \mathscr{A}$, $\mu(A_1) < \infty$ e $A_n \downarrow A$, allora $\mu(A_n) \downarrow \mu(A)$.*

Dimostrazione. Si ha

$$A_1 = \bigcup_{n=1}^{\infty} (A_n \setminus A_{n+1}) \cup A$$

con unione disgiunta. Di conseguenza

$$\mu(A_1) = \sum_{n=1}^{\infty} \big(\mu(A_n) - \mu(A_{n+1})\big) + \mu(A) = \mu(A_1) - \lim_{n \to \infty} \mu(A_n) + \mu(A).$$

Poiché $\mu(A_1) < \infty$, ne segue la tesi. □

Esempio 1.19. La conclusione della Proposizione 1.18 è falsa, in generale, senza l'ipotesi $\mu(A_1) < \infty$. Ciò si vede facilmente prendendo $\mathscr{A}$ e μ come nell'Esercizio 1.16 e $A_n = \{m \in \mathbb{N} \mid m \geq n\}$.

1.2.2 Spazi di misura

Definizione 1.20. *Sia $\mathscr{E}$ una σ–algebra in X.*

- *Una funzione σ–additiva $\mu : \mathscr{E} \to [0, \infty]$ si chiama* misura *su $\mathscr{E}$.*
- *La terna $(X, \mathscr{E}, \mu)$, dove μ è una misura su $\mathscr{E}$, si chiama* spazio di misura.
- *Una misura μ su $\mathscr{E}$ si chiama* misura di probabilità *se $\mu(X) = 1$.*

Definizione 1.21. *Una misura μ su una σ–algebra $\mathscr{E} \subset \mathscr{P}(X)$ si dice*

- finita *se $\mu(X) < \infty$;*
- σ–finita *se esiste una successione $(A_n)_n \subset \mathscr{E}$ tale che $\bigcup_{n=1}^{\infty} A_n = X$ e $\mu(A_n) < \infty$ per ogni $n \in \mathbb{N}$;*
- completa *se*

$$A \in \mathscr{E}, \ B \subset A, \ \mu(A) = 0 \implies B \in \mathscr{E}$$

(e quindi $\mu(B) = 0$);
- concentrata *su un insieme $A \in \mathscr{E}$ se $\mu(A^c) = 0$. In questo caso si dice che A è un* supporto *di μ.*

Esempio 1.22. Sia $x \in X$. Si definisca, per ogni $A \in \mathscr{P}(X)$,

$$\delta_x(A) = \begin{cases} 1 & \text{se } x \in A, \\ 0 & \text{se } x \notin A. \end{cases}$$

Allora δ_x è una misura su $\mathscr{P}(X)$, chiamata *misura di Dirac in x*. Tale misura è concentrata sull'insieme $\{x\}$.

Esempio 1.23. Si definisca, per ogni $A \in \mathscr{P}(X)$,

$$\mu^{\#}(A) = \begin{cases} \#A & \text{se } A \text{ è finito}, \\ \infty & \text{se } A \text{ è infinito} \end{cases}$$

(si veda l'Esercizio 1.16). Allora $\mu^{\#}$ è una misura su $\mathscr{P}(X)$, chiamata *misura che conta*. Evidentemente $\mu^{\#}$ è finita se e solo se X è finito, e $\mu^{\#}$ è σ–finita se e solo se X è numerabile.

Definizione 1.24. *Dato $(X, \mathscr{E}, \mu)$ uno spazio di misura e $A \in \mathscr{E}$, la restrizione di μ a A (o μ ristretta a A), denotata con $\mu \llcorner A$, è la funzione di insieme[4]*

$$(\mu \llcorner A)(B) = \mu(A \cap B) \qquad \forall B \in \mathscr{E}.$$

Esercizio 1.25. Nelle ipotesi della Definizione 1.24, dimostrare che $\mu \llcorner A$ è una misura su $\mathscr{E}$.

Osservazione 1.26. Si osservi che, dato $(X, \mathscr{E}, \mu)$ uno spazio di misura, ogni sottoinsieme $A \in \mathscr{E}$ si può dotare, in modo naturale, di una struttura di spazio di misura: più precisamente, la nuova σ–algebra sarà $\mathscr{E} \cap A$, ovvero la classe dei sottoinsiemi misurabili di X che sono contenuti in A, e la nuova misura, detta *misura indotta* su A, che continuerà a denotarsi con μ, rimane inalterata, a parte la restrizione del suo dominio. Lo spazio di misura $(A, \mathscr{E} \cap A, \mu)$ si chiama *sottospazio di misura* di $(X, \mathscr{E}, \mu)$.

Come corollario della Proposizione 1.18 si ha il seguente risultato.

Proposizione 1.27. *Sia μ una misura finita su una σ–algebra $\mathscr{E}$. Allora, per ogni successione $(A_n)_n \subset \mathscr{E}$, risulta*

$$\mu\left(\liminf_{n \to \infty} A_n\right) \leq \liminf_{n \to \infty} \mu(A_n) \leq \limsup_{n \to \infty} \mu(A_n) \leq \mu\left(\limsup_{n \to \infty} A_n\right). \qquad (1.2)$$

In particolare, $A_n \to A \implies \mu(A_n) \to \mu(A)$.

Dimostrazione. Si ponga $L = \limsup_{n \to \infty} A_n$. Allora $L = \bigcap_{n=1}^{\infty} B_n$, dove $B_n = \bigcup_{k=n}^{\infty} A_k \downarrow L$. Dalla Proposizione 1.18 segue che

---

[4] In generale, si chiama *funzione di insieme* un'applicazione $\mathscr{D} \to [-\infty, +\infty]$ dove $\mathscr{D} \subset \mathscr{P}(X)$ è una famiglia contenente l'insieme vuoto.

$$\mu(L) = \lim_{n \to \infty} \mu(B_n) = \inf_{n \in \mathbb{N}} \mu(B_n) \geq \inf_{n \in \mathbb{N}} \sup_{k \geq n} \mu(A_k) = \limsup_{n \to \infty} \mu(A_n).$$

Pertanto

$$\limsup_{n \to \infty} \mu(A_n) \leq \mu\left(\limsup_{n \to \infty} A_n \right).$$

L'altra disuguaglianza nella (1.2) si dimostra analogamente.   □

1.2.3 Lemma di Borel–Cantelli

Vale la seguente utile proprietà delle misure.

Lemma 1.28. *Sia μ una misura su una σ–algebra $\mathscr{E}$. Allora, per ogni successione $(A_n)_n \subset \mathscr{E}$ che verifica $\sum_{n=1}^{\infty} \mu(A_n) < \infty$, si ha*

$$\mu\left(\limsup_{n \to \infty} A_n \right) = 0.$$

Dimostrazione. Si ponga $L = \limsup_{n \to \infty} A_n$. Allora $L = \bigcap_{n=1}^{\infty} B_n$, dove $B_n = \bigcup_{k=n}^{\infty} A_k \downarrow L$. Di conseguenza, essendo μ σ–subadditiva, si ottiene

$$\mu(L) \leq \mu(B_n) \leq \sum_{k=n}^{\infty} \mu(A_k)$$

per ogni $n \in \mathbb{N}$. Passando al limite $n \to \infty$, si deduce $\mu(L) = 0$.   □

1.3 Teorema di estensione

Sia nella teoria che nelle applicazioni sorge naturale la seguente questione.

Problema 1.29. Sia $\mathscr{A}$ un'algebra in X e μ una funzione additiva su $\mathscr{A}$. Esiste una σ–algebra $\mathscr{E}$ contenente $\mathscr{A}$ e una misura $\overline{\mu}$ su $\mathscr{E}$ che estende μ, cioè

$$\overline{\mu}(A) = \mu(A) \qquad \forall A \in \mathscr{A}?$$

Se tale problema ammettesse soluzione, si potrebbe prendere $\mathscr{E} = \sigma(\mathscr{A})$ dato che $\sigma(\mathscr{A})$ sarebbe in ogni caso incluso in $\mathscr{E}$. Inoltre, per ogni successione $(A_n)_n \subset \mathscr{A}$ di insiemi disgiunti tali che $\bigcup_{n=1}^{\infty} A_n \in \mathscr{A}$, si avrebbe

$$\mu\left(\bigcup_{n=1}^{\infty} A_n \right) = \overline{\mu}\left(\bigcup_{n=1}^{\infty} A_n \right) = \sum_{n=1}^{\infty} \overline{\mu}(A_n) = \sum_{n=1}^{\infty} \mu(A_n).$$

Pertanto condizione necessaria affinché il Problema 1.29 abbia soluzione è che μ sia σ–additiva. Il seguente teorema mostra che tale proprietà è anche sufficiente per l'esistenza di un'estensione. Vedremo più avanti in questo capitolo un'importante applicazione di questo risultato alla costruzione della misura di Lebesgue.

Teorema 1.30. *Sia $\mathscr{A}$ un'algebra in X e $\mu\colon \mathscr{A} \to [0,\infty]$ una funzione σ-additiva. Allora μ ammette un'estensione a una misura su $\sigma(\mathscr{A})$. Inoltre tale estensione è unica se μ è σ-finita.*

Per la dimostrazione occorrerà introdurre due fondamentali strumenti, ovvero il Teorema di Halmos sulle classi monotone, per provare l'unicità, e i concetti di misura esterna e insieme additivo per l'esistenza.

1.3.1 Classi monotone

Definizione 1.31. *Una classe non vuota $\mathscr{M} \subset \mathscr{P}(X)$ si chiama* classe monotona *se, per ogni successione $(A_n)_n \subset \mathscr{M}$,*

- $A_n \uparrow A \implies A \in \mathscr{M}$,
- $A_n \downarrow A \implies A \in \mathscr{M}$.

Osservazione 1.32. Evidentemente ogni σ-algebra è una classe monotona, ma non vale il viceversa come si può vedere considerando l'esempio banale $\mathscr{M} = \{\varnothing\}$. È vero però che, se una classe monotona $\mathscr{M}$ è anche un'algebra in X, allora $\mathscr{M}$ è una σ-algebra in X. Infatti, data una successione $(A_n)_n \subset \mathscr{M}$, si ha $B_n := \cup_{k=1}^n A_k \in \mathscr{M}$ e $B_n \uparrow A := \cup_{k=1}^\infty A_k$. Dunque $A \in \mathscr{M}$.

Si ha il risultato seguente.

Teorema 1.33 (Halmos). *Sia $\mathscr{A}$ un'algebra in X e $\mathscr{M}$ una classe monotona contenente $\mathscr{A}$. Allora $\sigma(\mathscr{A}) \subset \mathscr{M}$.*

Dimostrazione. Sia $\mathscr{M}_0$ la più piccola classe monotona[5] in X contenente $\mathscr{A}$. Proveremo che $\mathscr{M}_0$ è un'algebra in X, e da ciò seguirà la tesi grazie all'Osservazione 1.32.

Si osservi in primo luogo che $\varnothing$ e X appartengono a $\mathscr{M}_0$. Si definisca, per ogni $A \in \mathscr{M}_0$,

$$\mathscr{M}_A = \{B \in \mathscr{M}_0 \mid A \cup B, \, A \setminus B, \, B \setminus A \in \mathscr{M}_0\}.$$

Mostriamo che $\mathscr{M}_A$ è una classe monotona. A tale scopo sia $(B_n)_n \subset \mathscr{M}_A$ una successione crescente tale che $B_n \uparrow B$. Allora

$$A \cup B_n \uparrow A \cup B, \quad A \setminus B_n \downarrow A \setminus B, \quad B_n \setminus A \uparrow B \setminus A.$$

Dato che $\mathscr{M}_0$ è una classe monotona, si deduce

$$B, \, A \cup B, \, A \setminus B, \, B \setminus A \in \mathscr{M}_0.$$

Pertanto $B \in \mathscr{M}_A$. Un analogo ragionamento mostra che

---

[5] Si vede facilmente che l'intersezione di tutte le classi monotone in X contenenti $\mathscr{A}$ è ancora una classe monotona.

$$(B_n)_n \subset \mathcal{M}_A, \quad B_n \downarrow B \quad \Longrightarrow \quad B \in \mathcal{M}_A.$$

Ne segue che $\mathcal{M}_A$ è una classe monotona.

Si consideri ora $A \in \mathcal{A}$. Allora $\mathcal{A} \subset \mathcal{M}_A$ dato che ogni $B \in \mathcal{A}$ appartiene a $\mathcal{M}_0$ e verifica

$$A \cup B, \; A \setminus B, \; B \setminus A \in \mathcal{M}_0. \tag{1.3}$$

D'altronde $\mathcal{M}_0$ è la classe monotona minimale contenente $\mathcal{A}$, quindi deve essere $\mathcal{M}_0 \subset \mathcal{M}_A$. Pertanto $\mathcal{M}_0 = \mathcal{M}_A$ o, equivalentemente, la (1.3) vale per ogni $A \in \mathcal{A}$ e $B \in \mathcal{M}_0$.

Infine sia $A \in \mathcal{M}_0$. Poiché la (1.3) è verificata da ogni $B \in \mathcal{A}$, si deduce che $\mathcal{A} \subset \mathcal{M}_A$. Allora $\mathcal{M}_A = \mathcal{M}_0$. Ciò implica che $\mathcal{M}_0$ è un'algebra. □

Dimostrazione del Teorema 1.30: unicità. Sia $\mathcal{E} = \sigma(\mathcal{A})$ e siano μ_1, μ_2 due misure che estendono μ a $\mathcal{E}$. Si assuma dapprima che μ sia finita e si ponga

$$\mathcal{M} = \big\{ A \in \mathcal{E} \mid \mu_1(A) = \mu_2(A) \big\}.$$

Proviamo che $\mathcal{M}$ è una classe monotona contenente $\mathcal{A}$. Infatti, per ogni successione $(A_n)_n \subset \mathcal{M}$, usando le Proposizioni 1.17 e 1.18 si ottiene

$$A_n \uparrow A \quad \Longrightarrow \quad \mu_1(A) = \lim_n \mu_i(A_n) = \mu_2(A) \quad (i = 1, 2),$$

$$A_n \downarrow A, \; \mu_1(X), \mu_2(X) < \infty \quad \Longrightarrow \quad \mu_1(A) = \lim_n \mu_i(A_n) = \mu_2(A) \quad (i = 1, 2).$$

Pertanto, grazie al Teorema di Halmos, $\mathcal{M} = \mathcal{E}$, e ciò implica $\mu_1 = \mu_2$.

Nel caso generale in cui μ è σ–finita, si ha che $X = \bigcup_{n=1}^{\infty} X_n$ per qualche $(X_n)_n \subset \mathcal{A}$ tale che $\mu(X_n) < \infty$ per ogni $n \in \mathbb{N}$. Non è restrittivo assumere che la successione $(X_n)_n$ sia crescente. Si definisca ora $\mu_n = \mu \llcorner X_n$, $\mu_{i,n} = \mu_i \llcorner X_n$ per $i = 1, 2$ (si veda la Definizione 1.24). Si verifica facilmente che μ_n è una funzione σ–additiva finita su $\mathcal{A}$, e $\mu_{1,n}, \mu_{2,n}$ sono misure che estendono μ_n a $\mathcal{E}$. Pertanto, per la prima parte della dimostrazione, $\mu_{1,n} = \mu_{2,n}$. Se $A \in \mathcal{E}$, allora $A \cap X_n \uparrow A$, e quindi, nuovamente per la Proposizione 1.17,

$$\mu_1(A) = \lim_{n \to \infty} \mu_1(A \cap X_n) = \lim_{n \to \infty} \mu_{1,n}(A)$$

$$= \lim_{n \to \infty} \mu_{2,n}(A) = \lim_{n \to \infty} \mu_2(A \cap X_n) = \mu_2(A).$$

La dimostrazione è così completa. □

Esempio 1.34. Se la funzione μ non è σ–finita, in generale l'estensione non è unica. Per convincersene, si consideri l'algebra $\mathcal{A}$ dell'Esempio 1.6.2 e la funzione σ–additiva μ su $\mathcal{A}$ definita da

$$\mu(A) = \begin{cases} 0 & \text{se} \quad A = \varnothing, \\ \infty & \text{se} \quad A \neq \varnothing. \end{cases} \tag{1.4}$$

Ragionando come nell'Esempio 1.10.2, si vede facilmente che $\sigma(\mathcal{A}) = \mathcal{B}([0,1))$. Un'estensione banale di μ a $\mathcal{B}([0,1))$ è data dalla (1.4) stessa. Per costruirne un'altra, si consideri una enumerazione $(q_n)_{n \in \mathbb{N}}$ di $\mathbb{Q} \cap [0,1)$ e si ponga

$$\widehat{\mu}(A) = \sum_{n=1}^{\infty} \delta_{q_n}(A) \qquad \forall A \in \mathscr{B}([0,1))$$

dove δ_x è la misura di Dirac in x. Allora, $\widehat{\mu} = \mu$ su $\mathscr{A}$, ma $\widehat{\mu}(\{q_1\}) = 1$ mentre $\mu(\{q_1\}) = \infty$. Per provare la σ-additività di $\widehat{\mu}$, si osservi innanzitutto che $\widehat{\mu}$ è additiva. Inoltre, per ogni successione $(A_k)_k \subset \mathscr{B}([0,1))$, poiché ogni δ_{q_n} è σ-subadditiva, si ha

$$\widehat{\mu}\left(\bigcup_{k=1}^{\infty} A_k\right) = \sum_{n=1}^{\infty} \delta_{q_n}\left(\bigcup_{k=1}^{\infty} A_k\right) \le \sum_{n=1}^{\infty}\sum_{k=1}^{\infty} \delta_{q_n}(A_k)$$

$$= \lim_{N\to\infty} \sum_{n=1}^{N}\sum_{k=1}^{\infty} \delta_{q_n}(A_k) = \lim_{N\to\infty} \sum_{k=1}^{\infty}\sum_{n=1}^{N} \delta_{q_n}(A_k)$$

$$\le \sum_{k=1}^{\infty}\sum_{n=1}^{\infty} \delta_{q_n}(A_k) = \sum_{k=1}^{\infty} \widehat{\mu}(A_k).$$

Pertanto $\widehat{\mu}$ è σ-subadditiva, e quindi anche σ-additiva in virtù dell'Osservazione 1.14.5.

1.3.2 Misure esterne

Definizione 1.35. *Una funzione* $\mu^* : \mathscr{P}(X) \to [0,\infty]$ *si chiama* misura esterna *su* X *se* $\mu^*(\varnothing) = 0$ *e se* μ^* *è monotona e* σ-subadditiva, cioè

$$E_1 \subset E_2 \implies \mu^*(E_1) \le \mu^*(E_2),$$

$$\mu^*\left(\bigcup_{n=1}^{\infty} E_n\right) \le \sum_{n=1}^{\infty} \mu^*(E_n) \qquad \forall (E_n)_n \subset \mathscr{P}(X).$$

La proposizione seguente introduce un esempio di misura esterna che sarà essenziale per la dimostrazione del Teorema 1.30.

Proposizione 1.36. *Sia* μ *una funzione* σ-additiva *su un'algebra* $\mathscr{A} \subset \mathscr{P}(X)$. *Si definisca, per ogni* $E \in \mathscr{P}(X)$,

$$\mu^*(E) = \inf\left\{\sum_{n=1}^{\infty} \mu(A_n) \;\middle|\; (A_n)_n \subset \mathscr{A},\, E \subset \bigcup_{n=1}^{\infty} A_n\right\}. \qquad (1.5)$$

Allora

1. μ^* *è finita se* μ *è finita;*
2. μ^* *è un'estensione di* μ, *cioè*

$$\mu^*(A) = \mu(A), \quad \forall A \in \mathscr{A}; \qquad (1.6)$$

3. μ^* *è una misura esterna su* X.

Dimostrazione. Essendo ovvia la prima affermazione, si passa a provare la
(1.6). Si osservi che la disuguaglianza $\mu^*(A) \le \mu(A)$ è immediata per ogni
$A \in \mathscr{A}$. Per provare la disuguaglianza inversa, sia $(A_n)_n \subset \mathscr{A}$ un ricoprimento numerabile di un insieme $A \in \mathscr{A}$. Allora anche $(A_n \cap A)_n \subset \mathscr{A}$ è un
ricoprimento numerabile di A e verifica $\cup_{n=1}^\infty (A_n \cap A) = A \in \mathscr{A}$. Essendo μ
σ–subadditiva, si ottiene

$$\mu(A) \le \sum_{n=1}^\infty \mu(A_n \cap A) \le \sum_{n=1}^\infty \mu(A_n),$$

da cui, prendendo l'estremo inferiore come in (1.5), si ha $\mu^*(A) \ge \mu(A)$.

La monotonia di μ^* segue dalla definizione (1.6) poiché, se $E_1 \subset E_2$,
ogni ricoprimento numerabile per E_2 è anche un ricoprimento per E_1. Resta
infine da mostrare che μ^* è σ–subadditiva. Sia $(E_n)_n \subset \mathscr{P}(X)$, e si ponga
$E = \bigcup_{n=1}^\infty E_n$. La disuguaglianza $\mu^*(E) \le \sum_{n=1}^\infty \mu^*(E_n)$ è ovvia se il secondo
membro è infinito. Si assuma pertanto che tutti i valori $\mu^*(E_n)$ siano finiti.
Allora per ogni $n \in \mathbb{N}$ e per ogni $\varepsilon > 0$ esiste $(A_{n,k})_k \subset \mathscr{A}$ tale che

$$\sum_{k=1}^\infty \mu(A_{n,k}) < \mu^*(E_n) + \frac{\varepsilon}{2^n}, \quad E_n \subset \bigcup_{k=1}^\infty A_{n,k}.$$

Di conseguenza

$$\sum_{n=1}^\infty \sum_{k=1}^\infty \mu(A_{n,k}) \le \sum_{n=1}^\infty \mu^*(E_n) + \varepsilon.$$

Poiché $E \subset \bigcup_{n,k} A_{n,k}$, si ha[6]

$$\mu^*(E) \le \sum_{(n,k) \in \mathbb{N}^2} \mu(A_{n,k}) = \sum_{n=1}^\infty \sum_{k=1}^\infty \mu(A_{n,k}) \le \sum_{n=1}^\infty \mu^*(E_n) + \varepsilon.$$

La conclusione segue dall'arbitrarietà di ε.   □

Esercizio 1.37.   1. Sia μ^* una misura esterna su X e $Z \in \mathscr{P}(X)$. Dimostrare
che

$$\nu^*(E) = \mu^*(Z \cap E) \qquad \forall E \in \mathscr{P}(X)$$

è una misura esterna su X.

2. Sia $(\mu_n^*)_n$ una successione di misure esterne su X. Dimostrare che

$$\mu^*(E) = \sum_{n=1}^\infty \mu_n^*(E) \quad \text{e} \quad \mu_\infty^*(E) = \sup_{n \in \mathbb{N}} \mu^*(E) \qquad \forall E \in \mathscr{P}(X)$$

sono misure esterne su X.

---

[6] Si osservi che, se $(a_{n,k})_{n,k}$ è una successione di numeri reali tali che $a_{nk} \ge 0$,
allora

$$\sum_{(n,k) \in \mathbb{N}^2} a_{n,k} = \sum_{n=1}^\infty \sum_{k=1}^\infty a_{n,k} = \sum_{k=1}^\infty \sum_{n=1}^\infty a_{n,k}.$$

Definizione 1.38. *Data una misura esterna μ^* su X, un insieme $A \in \mathscr{P}(X)$ si dice* additivo *(o μ^*-misurabile) se*

$$\mu^*(E) = \mu^*(E \cap A) + \mu^*(E \cap A^c) \quad \forall E \in \mathscr{P}(X). \tag{1.7}$$

Si denoti con $\mathscr{G}$ la famiglia di tutti gli insiemi additivi.

Osservazione 1.39. (a) Essendo μ^* σ-subadditiva, la (1.7) è equivalente a

$$\mu^*(E) \geq \mu^*(E \cap A) + \mu^*(E \cap A^c) \quad \forall E \in \mathscr{P}(X). \tag{1.8}$$

(b) Dato che l'uguaglianza (1.7) è simmetrica per lo scambio $A \leftrightarrow A^c$, segue che $A^c \in \mathscr{G}$ per ogni $A \in \mathscr{G}$.

Teorema 1.40 (Carathéodory). *Sia μ^* una misura esterna su X. Allora $\mathscr{G}$ è una σ-algebra in X e μ^* è una misura su $\mathscr{G}$.*

Prima di provare il Teorema di Carathéodory, vediamo come da questo segue immediatamente la dimostrazione dell'esistenza nel Teorema 1.30.

Dimostrazione del Teorema 1.30: esistenza. Data una funzione σ-additiva μ su un'algebra $\mathscr{A}$, si definisca la misura esterna μ^* come nella Proposizione 1.36. Allora $\mu^*(A) = \mu(A)$ per ogni $A \in \mathscr{A}$. Inoltre, grazie al Teorema 1.40, μ^* è una misura sulla σ-algebra $\mathscr{G}$ degli insiemi additivi. Per completare la dimostrazione basterà provare che $\mathscr{A} \subset \mathscr{G}$. Infatti, in tal caso, $\sigma(\mathscr{A})$ risulterà inclusa in $\mathscr{G}$, e l'estensione richiesta sarà data dalla restrizione di μ^* a $\sigma(\mathscr{A})$.

Siano $A \in \mathscr{A}$ e $E \in \mathscr{P}(X)$. Si assuma $\mu^*(E) < \infty$ (altrimenti la (1.8) è ovvia) e si fissi $\varepsilon > 0$. Allora esiste $(A_n)_n \subset \mathscr{A}$ tale che $E \subset \bigcup_{n=1}^{\infty} A_n$ e

$$\mu^*(E) + \varepsilon > \sum_{n=1}^{\infty} \mu(A_n) = \sum_{n=1}^{\infty} \mu(A_n \cap A) + \sum_{n=1}^{\infty} \mu(A_n \cap A^c)$$
$$\geq \mu^*(E \cap A) + \mu^*(E \cap A^c).$$

Per l'arbitrarietà di ε si ha $\mu^*(E) \geq \mu^*(E \cap A) + \mu^*(E \cap A^c)$. Pertanto, dall'Osservazione 1.39.(a) si deduce che $A \in \mathscr{G}$. □

Si passa ora a dimostrare il Teorema di Carathéodory.

Dimostrazione del Teorema 1.40. È opportuno dividere la dimostrazione in quattro passi.

1. $\mathscr{G}$ è un'algebra.

   Si noti che $\varnothing$ e X appartengono a $\mathscr{G}$. Grazie all'Osservazione 1.39(b) $A \in \mathscr{G}$ implica $A^c \in \mathscr{G}$. Proviamo ora che, se $A, B \in \mathscr{G}$, allora $A \cup B \in \mathscr{G}$. Per ogni $E \in \mathscr{P}(X)$ si ha

$$\mu^*(E) = \mu^*(E \cap A) + \mu^*(E \cap A^c)$$

$$= \mu^*(E \cap A) + \mu^*(E \cap A^c \cap B) + \mu^*(E \cap A^c \cap B^c) \qquad (1.9)$$

$$= \big(\mu^*(E \cap A) + \mu^*(E \cap A^c \cap B)\big) + \mu^*(E \cap (A \cup B)^c).$$

Poiché

$$(E \cap A) \cup (E \cap A^c \cap B) = E \cap (A \cup B),$$

per subadditività segue che

$$\mu^*(E \cap A) + \mu^*(E \cap A^c \cap B) \ge \mu^*(E \cap (A \cup B)).$$

Pertanto, usando la (1.9),

$$\mu^*(E) \ge \mu^*(E \cap (A \cup B)) + \mu^*(E \cap (A \cup B)^c),$$

da cui $A \cup B \in \mathscr{G}$ come richiesto.

2. μ^* è additiva su $\mathscr{G}$.

Proviamo che, se $A, B \in \mathscr{G}$ e $A \cap B = \varnothing$, allora

$$\mu^*(E \cap (A \cup B)) = \mu^*(E \cap A) + \mu^*(E \cap B) \quad \forall E \in \mathscr{P}(X). \qquad (1.10)$$

Infatti, sostituendo E con $E \cap (A \cup B)$ nella (1.7), si ricava

$$\mu^*(E \cap (A \cup B)) = \mu^*(E \cap (A \cup B) \cap A) + \mu^*(E \cap (A \cup B) \cap A^c),$$

che è equivalente alla (1.10) poiché $A \cap B = \varnothing$. In particolare, prendendo $E = X$, segue che μ^* è additiva su $\mathscr{G}$.

3. $\mathscr{G}$ è una σ-algebra.

Sia $(A_k)_k \subset \mathscr{G}$ una successione di insiemi disgiunti. Mostreremo che $S := \bigcup_{k=1}^{\infty} A_k \in \mathscr{G}$. A tale scopo si ponga $S_n := \bigcup_{k=1}^{n} A_k$, $n \in \mathbb{N}$. Usando la σ-subadditività di μ^*, per ogni $n \in \mathbb{N}$ si ha

$$\mu^*(E \cap S) + \mu^*(E \cap S^c) \le \sum_{k=1}^{\infty} \mu^*(E \cap A_k) + \mu^*(E \cap S^c)$$

$$= \lim_{n \to \infty} \left(\sum_{k=1}^{n} \mu^*(E \cap A_k) + \mu^*(E \cap S^c) \right)$$

$$= \lim_{n \to \infty} \big(\mu^*(E \cap S_n) + \mu^*(E \cap S^c) \big)$$

per la (1.10). Dato che $S^c \subset S_n^c$, ne segue che

$$\mu^*(E \cap S) + \mu^*(E \cap S^c) \le \limsup_{n \to \infty} \big(\mu^*(E \cap S_n) + \mu^*(E \cap S_n^c) \big) = \mu^*(E).$$

Pertanto $S \in \mathscr{G}$, e quindi, essendo $\mathscr{G}$ un'algebra, si deduce che $\mathscr{G}$ è una σ-algebra (si veda l'Esercizio 1.5).

4. μ^* è σ–additiva su $\mathscr{G}$.

Essendo μ^* σ–subadditiva e additiva per il Passo 2, la conclusione segue dall'Osservazione 1.14.5.   □

Osservazione 1.41. Si osservi che ogni insieme con misura esterna 0 è additivo. Infatti, per ogni $Z \in \mathscr{P}(X)$ con $\mu^*(Z) = 0$, e ogni $E \in \mathscr{P}(X)$, si ha

$$\mu^*(E \cap Z) + \mu^*(E \cap Z^c) = \mu^*(E \cap Z^c) \le \mu^*(E)$$

per la monotonia di μ^*. Pertanto $Z \in \mathscr{G}$. Ne segue che la misura μ^* sulla σ–algebra $\mathscr{G}$ è *completa* (si veda la Definizione 1.21).

Osservazione 1.42. Data una funzione σ–additiva μ su un'algebra $\mathscr{A}$, la σ–algebra $\mathscr{G}$ degli insiemi additivi rispetto alla misura esterna μ^* definita nella Proposizione 1.36 soddisfa le inclusioni

$$\sigma(\mathscr{A}) \subset \mathscr{G} \subset \mathscr{P}(X). \tag{1.11}$$

Vedremo più avanti che tali inclusioni sono strette, in generale.

1.4 Misure di Borel in $\mathbb{R}^N$

Definizione 1.43. *Sia (X, d) uno spazio metrico. Una misura μ su $\mathscr{B}(X)$ si chiama* misura di Borel. *Una misura di Borel μ si chiama* misura di Radon *se $\mu(K) < \infty$ per ogni insieme compatto $K \subset X$.*

In questo paragrafo studieremo specifiche proprietà delle misure di Borel su $\mathbb{R}^N$. Iniziamo con l'introdurre la misura di Lebesgue nell'intervallo unitario.

1.4.1 Misura di Lebesgue in $[0, 1)$

Sia $\mathscr{I}$ la classe di tutti gli intervalli semi–chiusi $[a, b)$ con $0 \le a \le b < 1$ e sia $\mathscr{A}_0$ l'algebra di tutte le unioni finite disgiunte di elementi di $\mathscr{I}$ (si veda l'Esempio 1.6.2). Allora $\sigma(\mathscr{I}) = \sigma(\mathscr{A}_0) = \mathscr{B}([0, 1))$.

Su $\mathscr{I}$ si consideri la funzione di insieme

$$m([a, b)) := b - a, \quad 0 \le a \le b < 1. \tag{1.12}$$

Se $a = b$, allora $[a, b)$ si riduce all'insieme vuoto, e si ha $m([a, b)) = 0$.

Esercizio 1.44. Sia $[a, b)$ contenuto in $[a_1, b_1) \cup \cdots \cup [a_n, b_n)$, con $-\infty < a \le b < \infty$ e $-\infty < a_i \le b_i < \infty$. Provare che

$$b - a \le \sum_{i=1}^{n} (b_i - a_i).$$

Proposizione 1.45. *La funzione di insieme m definita nella (1.12) è σ-additiva su $\mathscr{I}$, cioè, per ogni successione $(I_k)_k$ di insiemi disgiunti in $\mathscr{I}$ tale che $\cup_{k=1}^\infty I_k \in \mathscr{I}$, si ha:*

$$\mu\left(\bigcup_{k=1}^\infty I_k\right) = \sum_{k=1}^\infty m(I_k).$$

Dimostrazione. Sia $(I_k)_k$ una successione di insiemi disgiunti in $\mathscr{I}$, con $I_k = [a_k, b_k)$, e si supponga $I = [a_0, b_0) = \cup_{k=1}^\infty I_k \in \mathscr{I}$. Allora, per ogni $n \in \mathbb{N}$, si ha

$$\sum_{k=1}^n m(I_k) = \sum_{k=1}^n (b_k - a_k) \leq b_0 - a_0 = m(I).$$

Pertanto

$$\sum_{k=1}^\infty m(I_k) \leq m(I).$$

Per provare la disuguaglianza inversa, si assuma $a_0 < b_0$. Per ogni $\varepsilon < b_0 - a_0$ risulta

$$[a_0, b_0 - \varepsilon] \subset \bigcup_{k=1}^\infty \left(a_k - \varepsilon 2^{-k}, b_k\right).$$

Allora il Teorema di Heine–Borel implica che, per qualche $k_0 \in \mathbb{N}$,

$$[a_0, b_0 - \varepsilon) \subset [a_0, b_0 - \varepsilon] \subset \bigcup_{k=1}^{k_0} \left(a_k - \varepsilon 2^{-k}, b_k\right).$$

Di conseguenza, grazie al risultato dell'Esercizio 1.44,

$$m(I) - \varepsilon = (b_0 - a_0) - \varepsilon \leq \sum_{k=1}^{k_0} \left(b_k - a_k + \varepsilon 2^{-k}\right) \leq \sum_{k=1}^\infty m(I_k) + \varepsilon.$$

Dall'arbitrarietà di ε segue

$$m(I) \leq \sum_{k=1}^\infty m(I_k).$$

$\square$

Si passa ora a estendere m a $\mathscr{A}_0$. Per ogni insieme $A \in \mathscr{A}_0$ tale che $A = \cup_{i=1}^k I_i$, dove $I_1, \ldots, I_k$ sono insiemi disgiunti in $\mathscr{I}$, si definisca

$$m(A) := \sum_{i=1}^k m(I_i). \tag{1.13}$$

Si verifica facilmente che tale definizione è indipendente dalla rappresentazione di A come unione finita disgiunta di elementi di $\mathscr{I}$.

Esercizio 1.46. Dimostrare che, se $J_1, \ldots, J_h$ è un'altra famiglia di insiemi disgiunti in $\mathscr{I}$ tale che $A = \cup_{j=1}^{h} J_j$, allora

$$\sum_{i=1}^{k} m(I_i) = \sum_{j=1}^{h} m(J_j).$$

Teorema 1.47. m è σ-additiva su $\mathscr{A}_0$.

Dimostrazione. Sia $(A_n)_n \subset \mathscr{A}_0$ una successione di insiemi disgiunti tale che

$$A := \bigcup_{n=1}^{\infty} A_n \in \mathscr{A}_0.$$

Allora

$$A = \bigcup_{i=1}^{k} I_i \qquad A_n = \bigcup_{j=1}^{k_n} I_{n,j} \qquad (\forall n \in \mathbb{N})$$

per opportuni insiemi disgiunti $I_1, \ldots, I_n$ e $I_{n,1}, \ldots, I_{n,k_n}$ in $\mathscr{I}$. Si osservi che per ogni $i = 1, \ldots, k$

$$I_i = I_i \cap A = \bigcup_{n=1}^{\infty} (I_i \cap A_n) = \bigcup_{n=1}^{\infty} \bigcup_{j=1}^{k_n} (I_i \cap I_{n,j}),$$

e, poiché $(I_i \cap I_{n,j})_{n,j}$ è una famiglia numerabile di elementi disgiunti in $\mathscr{I}$, applicando la Proposizione 1.45 si ottiene

$$m(I_i) = \sum_{n=1}^{\infty} \sum_{j=1}^{k_n} m(I_i \cap I_{n,j}).$$

Pertanto

$$m(A) = \sum_{i=1}^{k} m(I_i) = \sum_{i=1}^{k} \sum_{n=1}^{\infty} \sum_{j=1}^{k_n} m(I_i \cap I_{n,j}) = \sum_{n=1}^{\infty} \sum_{i=1}^{k} \sum_{j=1}^{k_n} m(I_i \cap I_{n,j}).$$

Poiché $A_n = \cup_{i=1}^{k} \cup_{j=1}^{k_n} I_i \cap I_{n,j}$ con unione disgiunta, dalla definizione (1.13) segue che $m(A_n) = \sum_{i=1}^{k} \sum_{j=1}^{k_n} m(I_i \cap I_{n,j})$. $\qquad\square$

Grazie al Teorema 1.30, si conclude che m si estende a un'unica misura sulla σ-algebra $\mathscr{B}([0,1))$. Tale estensione si chiama *misura di Lebesgue* in $[0,1)$.

1.4.2 Misura di Lebesgue in $\mathbb{R}$

Passiamo ora a costruire la misura di Lebesgue in $\mathbb{R}$. Tale costruzione è di solito impostata con una procedura intrinseca, applicando un risultato di estensione per funzioni di insieme σ-additive su *semi-anelli*. In questo testo seguiremo una scorciatoia, basata sui seguenti semplici passi; per approcci alternativi si vedano, ad esempio, [Br83], [KF75], [Ru74], [Ru64], [Wi62], [WZ77], ecc.

Seguendo il procedimento esposto nel paragrafo precedente, si può definire la misura di Lebesgue in $[a, b)$ per ogni intervallo $[a, b) \subset \mathbb{R}$. Tale misura sarà denotata con $m_{[a,b)}$. Iniziamo con il caratterizzare gli insiemi di Borel in $[a, b)$. Vale il seguente risultato generale.

Proposizione 1.48. *Dato* $A \in \mathscr{B}(\mathbb{R}^N)$, *allora*

$$\mathscr{B}(A) = \{B \in \mathscr{B}(\mathbb{R}^N) \mid B \subset A\}.$$

Dimostrazione. Si consideri la classe $\mathscr{E} := \mathscr{B}(A) \cap \mathscr{B}(\mathbb{R}^N)$. È immediato vedere che $\mathscr{E}$ è una σ–algebra in A. Poiché $\mathscr{E}$ contiene tutti i sottoinsiemi di A aperti nella topologia relativa, si conclude che $\mathscr{B}(A) \subset \mathscr{E}$. Ciò dimostra l'inclusione $\mathscr{B}(A) \subset \mathscr{B}(\mathbb{R}^N)$.

Per provare l'altra inclusione, sia $\mathscr{F} := \{B \in \mathscr{B}(\mathbb{R}^N) \mid B \cap A \in \mathscr{B}(A)\}$. Verifichiamo che $\mathscr{F}$ è una σ–algebra in $\mathbb{R}^N$.

1. $\varnothing, \mathbb{R}^N \in \mathscr{F}$ per definizione.
2. Sia $B \in \mathscr{F}$. Essendo $B \cap A \in \mathscr{B}(A)$, si ha $B^c \cap A = A \setminus (B \cap A) \in \mathscr{B}(A)$. Pertanto $B^c \in \mathscr{F}$.
3. Sia $(B_n)_n \subset \mathscr{F}$. Allora $(\cup_{n=1}^{\infty} B_n) \cap A = \cup_{n=1}^{\infty} (B_n \cap A) \in \mathscr{B}(A)$. Quindi $\cup_{n=1}^{\infty} B_n \in \mathscr{F}$.

Dato che $\mathscr{F}$ contiene tutti gli insiemi aperti in $\mathbb{R}^N$, si conclude che $\mathscr{B}(\mathbb{R}^N) \subset \mathscr{F}$. La dimostrazione è così completa. $\qquad\square$

Pertanto, per ogni coppia di intervalli $[a, b) \subset [c, d) \subset \mathbb{R}$ si ha $\mathscr{B}([a, b)) \subset \mathscr{B}([c, d))$. Inoltre l'unicità dell'estensione implica

$$m_{[a,b)}(A) = m_{[c,d)}(A) \qquad \forall A \in \mathscr{B}([a, b)). \tag{1.14}$$

Ora, essendo $\mathbb{R} = \bigcup_{k=1}^{\infty} [-k, k)$, è naturale definire la misura di Lebesgue in $\mathbb{R}$ come

$$m(A) := \lim_{k \to \infty} m_{[-k,k)}(A \cap [-k, k)) \qquad \forall A \in \mathscr{B}(\mathbb{R}). \tag{1.15}$$

Si osservi che, grazie alla (1.14), si ha

$$m_{[-k,k)}(A \cap [-k, k)) = m_{[-k-1,k+1)}(A \cap [-k, k))$$
$$\leq m_{[-k-1,k+1)}(A \cap [-k - 1, k + 1)),$$

da cui si deduce che l'applicazione $k \mapsto m_{[-k,k)}(A \cap [-k, k))$ è nondecrescente; pertanto, per ogni $A \in \mathscr{B}(\mathbb{R})$ esiste il limite (1.15) (eventualmente infinito).

Il risultato del prossimo esercizio mostra che la definizione di m risulterebbe identica prendendo qualunque successione di intervalli che 'invadono' $\mathbb{R}$.

Esercizio 1.49. Siano $(a_k)_k$ e $(b_k)_k$ successioni di numeri reali tali che

$$a_k < b_k, \qquad a_k \downarrow -\infty, \qquad b_k \uparrow \infty.$$

Dimostrare che

$$m(A) = \lim_{k \to \infty} m_{[a_k, b_k)}(A \cap [a_k, b_k)) \qquad \forall A \in \mathscr{B}(\mathbb{R}).$$

Per provare che m è una misura su $\mathscr{B}(\mathbb{R})$, occorre verificare la σ-additività.

Proposizione 1.50. *La funzione di insieme definita nella* (1.15) *è σ-additiva su $\mathscr{B}(\mathbb{R})$.*

Dimostrazione. Proviamo dapprima che m è additiva su $\mathscr{B}(\mathbb{R})$. Infatti, siano $A_1, \ldots, A_n \in \mathscr{B}(\mathbb{R})$ insiemi disgiunti e sia $A = \cup_{i=1}^n A_i$. Allora, per l'additività di $m_{[-k,k)}$,

$$m(A) = \lim_{k \to \infty} m_{[-k,k)}(A \cap [-k, k)) = \lim_{k \to \infty} \sum_{i=1}^n m_{[-k,k)}(A_i \cap [-k, k))$$

$$= \sum_{i=1}^n \lim_{k \to \infty} m_{[-k,k)}(A_i \cap [-k, k)) = \sum_{i=1}^n m(A_i).$$

Sia ora $(B_n)_n \subset \mathscr{B}(\mathbb{R})$ una successione di insiemi e sia $B = \cup_{n=1}^\infty B_n$. Allora, usando la σ-subadditività di $m_{[-k,k)}$,

$$m(B) = \lim_{k \to \infty} m_{[-k,k)}(B \cap [-k, k)) \leq \lim_{k \to \infty} \sum_{n=1}^\infty m_{[-k,k)}(B_n \cap [-k, k))$$

$$\leq \sum_{n=1}^\infty m(B_n),$$

essendo $m_{[-k,k)}(B_n \cap [-k, k)) \leq m(B_n)$ per ogni n, k. Ciò dimostra che m è σ-subadditiva, e quindi anche σ-additiva in virtù dell'Osservazione 1.14.5. $\qquad \square$

Essendo m limitata su insiemi limitati, segue che la misura di Lebesgue in $\mathbb{R}$ è una misura di Radon. Un'altra interessante proprietà è l'*invarianza per traslazioni*.

Proposizione 1.51. *Sia $A \in \mathscr{B}(\mathbb{R})$. Allora, per ogni $x \in \mathbb{R}$,*

$$A + x := \{a + x \mid a \in A\} \in \mathscr{B}(\mathbb{R}), \tag{1.16}$$

$$m(A + x) = m(A). \tag{1.17}$$

Dimostrazione. Si definisca, per ogni $x \in \mathbb{R}$,

$$\mathscr{E}_x = \{A \in \mathscr{P}(\mathbb{R}) \mid A + x \in \mathscr{B}(\mathbb{R})\}.$$

Mostriamo che $\mathscr{E}_x$ è una σ-algebra in $\mathbb{R}$:

1. È evidente che $\varnothing, \mathbb{R} \in \mathscr{E}_x$.
2. Sia $A \in \mathscr{E}_x$. Poichè $A^c + x = (A + x)^c \in \mathscr{B}(\mathbb{R})$, si deduce che $A^c \in \mathscr{E}_x$.
3. Sia $(A_n)_n \subset \mathscr{E}_x$. Allora $(\cup_{n=1}^{\infty} A_n) + x = \cup_{n=1}^{\infty} (A_n + x) \in \mathscr{B}(\mathbb{R})$. Quindi $\cup_{n=1}^{\infty} A_n \in \mathscr{E}_x$.

Dato che $\mathscr{E}_x$ contiene tutti gli insiemi aperti in $\mathbb{R}$, si ha $\mathscr{B}(\mathbb{R}) \subset \mathscr{E}_x$ per ogni $x \in \mathbb{R}$. Ciò dimostra la (1.16).

Si passa ora a provare la (1.17). Si fissi $x \in \mathbb{R}$ e si definisca

$$m_x(A) = m(A + x) \qquad \forall A \in \mathscr{B}(\mathbb{R}).$$

È facile verificare che m_x e m coincidono sulla classe

$$\mathscr{I}_{\mathbb{R}} := \big\{ (-\infty, a) \mid -\infty < a \le \infty \big\} \bigcup \big\{ [a, b) \mid -\infty < a \le b \le \infty \big\}.$$

Pertanto m_x e m coincidono anche sull'algebra $\mathscr{A}_{\mathbb{R}}$ delle unioni finite disgiunte di elementi di $\mathscr{I}_{\mathbb{R}}$. Poiché $\sigma(\mathscr{A}_{\mathbb{R}}) = \mathscr{B}(\mathbb{R})$, dal risultato di unicità del Teorema 1.30 si conclude che $m_x(A) = m(A)$ per ogni $A \in \mathscr{B}(\mathbb{R})$. $\qquad \square$

1.4.3 Misura di Lebesgue in $\mathbb{R}^N$

Nei paragrafi 1.4.1-1.4.2 abbiamo costruito la misura di Lebesgue in $\mathbb{R}$, partendo da una funzione σ–additiva definita sull'algebra delle unioni finite disgiunte di intervalli semi–chiusi $[a, b) \subset [0, 1)$. Un'analoga costruzione si può impostare, con opportune modifiche, nel caso di un generico spazio euclideo $\mathbb{R}^N$ ($N \ge 1$), conducendo alla definizione di *misura di Lebesgue m in $\mathbb{R}^N$*. Più precisamente, gli intervalli semi–chiusi usati nel caso $N = 1$ sono ora sostituiti dai *rettangoli N–dimensionali semi-chiusi* della forma

$$R = \prod_{i=1}^{N} [a_i, b_i) = \big\{ (x_1, \dots, x_N) \mid a_i \le x_i < b_i, \ i = 1, \dots, N \big\}$$

dove $a_i \le b_i$, $i = 1, \dots, N$. Se le lunghezze dei lati $b_i - a_i$ sono tutte uguali, R si chiama *cubo N-dimensionale semi-chiuso*. I cubi saranno solitamente denotati con la lettera Q. Per definizione, la *misura di Lebesgue* di un rettangolo $R = \prod_{i=1}^{N} [a_i, b_i)$ è

$$m(R) = \prod_{i=1}^{N} (b_i - a_i).$$

Procedendo come nei paragrafi precedenti, partiamo dalla funzione di insieme m definita sulla classe dei rettangoli N–dimensionali semi–chiusi contenuti nel cubo $[0, 1)^N := [0, 1) \times \dots \times [0, 1)$; estendiamo poi la definizione per additività all'algebra delle unioni finite disgiunte di tali rettangoli e, infine, utilizzando il Teorema 1.30, estendiamo m a una misura su $\mathscr{B}([0, 1)^N)$, chiamata misura di Lebesgue in $[0, 1)^N$. Analogamente si può definire la misura di Lebesgue in

R per ogni rettangolo $R \subset \mathbb{R}^N$. Tale misura sarà denotata con m_R. Allora la misura di Lebesgue m in $\mathbb{R}^N$ sarà così definita

$$m(A) := \lim_{k \to \infty} m_{[-k,k)^N}(A \cap [-k,k)^N) \qquad \forall A \in \mathscr{B}(\mathbb{R}^N).$$

Le considerazioni ulteriori valgono come nel caso $N = 1$: in particolare la misura di Lebesgue in $\mathbb{R}^N$ è una misura di Radon ed è invariante per traslazioni, come mostra il seguente risultato, analogo alla Proposizione 1.51.

Proposizione 1.52. *Sia $A \in \mathscr{B}(\mathbb{R}^N)$. Allora, per ogni $x \in \mathbb{R}^N$,*

$$A + x := \{a + x \mid a \in A\} \in \mathscr{B}(\mathbb{R}^N),$$
$$m(A + x) = m(A).$$

Definizione 1.53. *Gli elementi della σ–algebra $\mathscr{G}$ di tutti gli insiemi additivi in $\mathbb{R}^N$ (rispetto alla misura esterna m^* definita nella Proposizione 1.36) si chiamano insiemi misurabili secondo Lebesgue in $\mathbb{R}^N$.*

Osservazione 1.54. Sostituiamo ora $m^*(A)$ con $m(A)$ per $A \in \mathscr{G}$. Allora m, definita in origine solo su $\mathscr{B}(\mathbb{R}^N)$, si estende a una misura sulla σ–algebra $\mathscr{G}$ di tutti gli insiemi misurabili secondo Lebesgue. Tale misura è completa (si veda l'Osservazione 1.41) e continuerà a chiamarsi *misura di Lebesgue* in $\mathbb{R}^N$.

Utilizzeremo ora la nozione di cubo per ottenere una fondamentale decomposizione degli insiemi aperti in $\mathbb{R}^N$. Per ogni $n \in \mathbb{N}$ sia $\mathscr{Q}_n$ la famiglia di cubi

$$\mathscr{Q}_n = \left\{ \prod_{i=1}^N \left[\frac{a_i}{2^n}, \frac{a_i + 1}{2^n} \right) \,\middle|\, a_i \in \mathbb{Z} \right\}.$$

In altre parole, $\mathscr{Q}_0$ è la famiglia di cubi che hanno lato 1 e vertici nei punti con coordinate intere. Bisecando ogni lato di un cubo in $\mathscr{Q}_0$, si ottengono 2^N sottocubi di lato $\frac{1}{2}$. L'insieme di tutti questi sottocubi forma la famiglia $\mathscr{Q}_1$ di cubi. Se si continua a bisecare, si ottiene una famiglia sempre più fine $\mathscr{Q}_n$ di cubi tali che ogni cubo in $\mathscr{Q}_n$ ha lato 2^{-n} ed è unione di 2^N cubi disgiunti in $\mathscr{Q}_{n+1}$.

Definizione 1.55. *I cubi della famiglia*

$$\{Q \mid Q \in \mathscr{Q}_n, n = 0, 1, 2, \dots\}$$

si chiamano cubi diadici.

Osservazione 1.56. Valgono le seguenti proprietà:

(a) per ogni n $\mathbb{R}^N = \cup_{Q \in \mathscr{Q}_n} Q$ con unione disgiunta;
(b) se $Q \in \mathscr{Q}_n$ e $P \in \mathscr{Q}_k$ con $k \leq n$, allora $Q \subset P$ o $P \cap Q = \emptyset$;
(c) se $Q \in \mathscr{Q}_n$, allora $m(Q) = 2^{-nN}$.

Lemma 1.57. *Ogni insieme aperto in $\mathbb{R}^N$ è unione numerabile di cubi diadici disgiunti.*

Dimostrazione. Sia V un insieme aperto non vuoto in $\mathbb{R}^N$. Sia $\mathscr{S}_0$ la famiglia di tutti i cubi in $\mathscr{Q}_0$ che sono contenuti in V. Sia $\mathscr{S}_1$ la famiglia dei cubi in $\mathscr{Q}_1$ che sono contenuti in V ma che non sono sottocubi di alcun cubo in $\mathscr{S}_0$. Più in generale, per $n \geq 1$, sia $\mathscr{S}_n$ la famiglia dei cubi in $\mathscr{Q}_n$ che sono contenuti in V ma che non sono sottocubi di alcun cubo in $\mathscr{S}_0, \mathscr{S}_1, \ldots, \mathscr{S}_{n-1}$. Se $\mathscr{S}$ è l'insieme di tutti i cubi in tutte le famiglie $\mathscr{S}_n$, allora $\mathscr{S}$ è numerabile poiché ciascun $\mathscr{Q}_n$ è numerabile, e i cubi in $\mathscr{S}$ sono disgiunti per costruzione. Inoltre, dato che V è aperto e che i cubi in $\mathscr{Q}_n$ diventano arbitrariamente piccoli quando $n \to \infty$, allora per l'Osservazione 1.56(a) ogni punto di V apparterrà a un cubo in qualche $\mathscr{S}_n$. Pertanto $V = \cup_{Q \in \mathscr{S}} Q$ e la dimostrazione è così completa. $\square$

Osservazione 1.58. Dal Lemma 1.57 segue facilmente che la famiglia degli insiemi aperti in $\mathbb{R}^N$ ha la potenza del continuo. Si può dimostrare che anche $\mathscr{B}(\mathbb{R}^N)$ ha la potenza del continuo. Per convincersi di ciò, è sufficiente osservare che ogni insieme in $\mathscr{B}(\mathbb{R}^N)$ si può costruire con una infinità numerabile di operazioni, a partire da insiemi aperti, dove ognuna di queste operazioni consiste nell'unione numerabile, nell'intersezione numerabile o nel passaggio al complementare.

1.4.4 Esempi

In questo paragrafo costruiremo tre esempi di insiemi difficili da visualizzare ma che possiedono proprietà molto interessanti.

Esempio 1.59 (Due eccezionali insiemi di Borel). Sia $(r_n)_n$ una enumerazione di $\mathbb{Q} \cap [0, 1]$. Fissato $\varepsilon > 0$, si ponga

$$V = \bigcup_{n=1}^{\infty} \left(r_n - \frac{\varepsilon}{2^n}, r_n + \frac{\varepsilon}{2^n} \right).$$

Allora $V \cap [0, 1]$ è *aperto* (rispetto alla topologia di $[0, 1]$) e denso in $[0, 1]$. Per σ–subadditività si ha $0 < m(V \cap [0, 1]) < 2\varepsilon$. Inoltre l'insieme *compatto* $K := [0, 1] \setminus V$ ha interno vuoto e misura *quasi* 1.

Esempio 1.60 (Insieme ternario di Cantor). In primo luogo si osservi che ogni $x \in [0, 1]$ ammette uno sviluppo ternario della forma

$$x = \sum_{i=1}^{\infty} \frac{a_i}{3^i} \qquad a_i = 0, 1, 2. \tag{1.18}$$

Tale rappresentazione non è unica a causa della presenza di sviluppi periodici. Si può tuttavia scegliere un'unica rappresentazione della forma (1.18) prendendo, nei casi ambigui, lo sviluppo[7] con meno cifre uguali a 1. Allora l'insieme

$$C_1 := \left\{ x \in [0,1] \,\Big|\, x = \sum_{i=1}^{\infty} \frac{a_i}{3^i} \text{ con } a_1 \neq 1 \right\}$$

si ottiene da $[0,1]$ eliminando il *'terzo centrale'* $(\frac{1}{3}, \frac{2}{3})$. Pertanto C_1 è l'unione di due intervalli chiusi disgiunti di lunghezza $\frac{1}{3}$. Più in generale, per ogni $n \in \mathbb{N}$, l'insieme

$$C_n := \left\{ x \in [0,1] \,\Big|\, x = \sum_{i=1}^{\infty} \frac{a_i}{3^i} \text{ con } a_1, \ldots, a_n \neq 1 \right\}$$

è l'unione di 2^n intervalli chiusi disgiunti di lunghezza $\left(\frac{1}{3}\right)^n$. Ne segue

$$C_n \downarrow C := \left\{ x \in [0,1] \,\Big|\, x = \sum_{i=1}^{\infty} \frac{a_i}{3^i} \text{ con } a_i \neq 1 \ \forall i \in \mathbb{N} \right\},$$

dove C è il cosiddetto *insieme di Cantor*. C è un insieme chiuso per costruzione e ha misura 0 poiché

$$m(C) \leq m(C_n) \leq \left(\frac{2}{3}\right)^n \qquad \forall n \in \mathbb{N}.$$

Tuttavia C non è *numerabile*. Infatti la funzione

$$f\left(\sum_{i=1}^{\infty} \frac{a_i}{3^i} \right) = \sum_{i=1}^{\infty} a_i 2^{-(i+1)} \tag{1.19}$$

trasforma C in $[0,1]$.

Esercizio 1.61. Dimostrare che $f : C \to [0,1]$ definita dalla (1.19) è bigettiva.

Osservazione 1.62. Dato che l'insieme di Cantor C ha misura nulla e la misura di Lebesgue m sulla σ–algebra $\mathscr{G}$ (costituita da tutti gli insiemi misurabili secondo Lebesgue in $\mathbb{R}$) è completa (si veda l'Osservazione 1.54), ogni sottoinsieme di C è misurabile secondo Lebesgue:

$$\mathscr{P}(C) \subset \mathscr{G}.$$

Si ha perciò

$$\#\mathscr{P}(C) \leq \#\mathscr{G}.$$

Essendo C non numerabile, segue che la potenza di $\mathscr{G}$ è strettamente più grande della potenza del continuo. Utilizzando l'Osservazione 1.58 si deduce che l'inclusione $\mathscr{B}(\mathbb{R}) \subset \mathscr{G}$ è stretta.

---

[7] Per esempio, si sceglie il secondo dei due seguenti sviluppi ternari per $x = \frac{1}{3}$:

$$\frac{1}{3} = \frac{1}{3} + \frac{0}{3^2} + \frac{0}{3^3} + \frac{0}{3^4} + \ldots, \quad \frac{1}{3} = \frac{0}{3} + \frac{2}{3^2} + \frac{2}{3^3} + \frac{2}{3^4} + \frac{2}{3^5} + \ldots.$$

Esempio 1.63 (Un insieme non misurabile secondo Lebesgue). Mostreremo ora che $\mathscr{G}$ è strettamente incluso in $\mathscr{P}(\mathbb{R})$. In $[0, 1)$ definiamo x e y equivalenti se $x - y \in \mathbb{Q}$. Per l'Assioma della Scelta esiste un insieme $P \subset [0, 1)$ tale che P contiene esattamente un rappresentante per ciascuna classe di equivalenza. Allora P fornisce un esempio di insieme non misurabile secondo Lebesgue. Infatti, si consideri la famiglia numerabile $(P_n)_n \subset \mathscr{P}(\mathbb{R})$, dove $P_n = P + r_n$ e $(r_n)_n$ è una enumerazione di $\mathbb{Q} \cap (-1, 1)$. Si osservi quanto segue.

1. $(P_n)_n$ è una famiglia disgiunta. Infatti, supponiamo $p, q \in P$ tali che $p + r_n = q + r_m$ con $n \neq m$; si ha $p - q \in \mathbb{Q}$ e $p - q = r_m - r_n \neq 0$. Risulta allora che P contiene due punti distinti equivalenti, in contraddizione con la definizione di P.

2. $[0, 1) \subset \cup_{n=1}^{\infty} P_n \subset [-1, 2)$. Infatti, si consideri $x \in [0, 1)$. Poiché x è equivalente a qualche elemento di P, si ha $x - p = r$ per opportuni $p \in P$ e $r \in \mathbb{Q}$ con $|r| < 1$. Allora $r = r_n$ per qualche $n \in \mathbb{N}$, da cui segue $x \in P_n$. L'altra inclusione è ovvia.

Se P fosse misurabile secondo Lebesgue, per la monotonia e la σ-additività di m si avrebbe $1 = m([0, 1)) \leq \sum_{n=1}^{\infty} m(P_n) \leq m([-1, 2)) = 3$. Ma ciò è impossibile dato che $m(P_n) = m(P)$ per ogni n, e pertanto la somma $\sum_{n=1}^{\infty} m(P_n)$ è 0 oppure ∞.

1.4.5 Regolarità delle misure di Radon

L'obiettivo di questo paragrafo è analizzare alcune proprietà di regolarità delle misure di Radon in $\mathbb{R}^N$. Si consideri dapprima il caso di misure finite.

Proposizione 1.64. *Sia μ una misura di Borel finita in $\mathbb{R}^N$. Allora, per ogni $A \in \mathscr{B}(\mathbb{R}^N)$,*

$$\mu(A) = \sup\{\mu(F) \,|\, F \subset A, \ F \text{ chiuso}\} = \inf\{\mu(V) \,|\, V \supset A, \ V \text{ aperto}\}. \quad (1.20)$$

Dimostrazione. Si osservi in primo luogo che, essendo μ finita, una formulazione equivalente della (1.20) è la seguente:

$$\forall \varepsilon > 0 \ \exists V \text{ aperto, } F \text{ chiuso t.c. } F \subset A \subset V \text{ e } \mu(V \setminus F) < \varepsilon. \quad (1.21)$$

Si consideri l'insieme

$$\mathscr{E} = \{A \in \mathscr{B}(\mathbb{R}^N) \,|\, A \text{ verifica la (1.21)}\}.$$

Sarà sufficiente provare che $\mathscr{E}$ è una σ-algebra in $\mathbb{R}^N$ contenente tutti gli insiemi aperti. Evidentemente $\mathscr{E}$ contiene $\mathbb{R}^N$ e $\varnothing$. Inoltre è facile verificare che, se $A \in \mathscr{E}$, allora anche il suo complementare A^c appartiene a $\mathscr{E}$. Si passa ora a provare l'implicazione $(A_n)_n \subset \mathscr{E} \Rightarrow \bigcup_{n=1}^{\infty} A_n \in \mathscr{E}$.

Poiché $A_n \in \mathscr{E}$, per ogni $n \in \mathbb{N}$ esistono un insieme aperto V_n e un insieme chiuso F_n tali che

$$F_n \subset A_n \subset V_n, \qquad \mu(V_n \setminus F_n) \le \frac{\varepsilon}{2^{n+1}}.$$

Si definisca $V = \bigcup_{n=1}^{\infty} V_n$ e $S = \bigcup_{n=1}^{\infty} F_n$; si ha $S \subset \bigcup_{n=1}^{\infty} A_n \subset V$ e, per σ–subadditività,

$$\mu(V \setminus S) \le \sum_{n=1}^{\infty} \mu(V_n - S) \le \sum_{n=1}^{\infty} \mu(V_n - F_n) \le \frac{\varepsilon}{2}.$$

Tuttavia V è aperto ma S non è necessariamente chiuso. Per ovviare a questa difficoltà, si approssimi S con la successione $S_n = \bigcup_{k=1}^{n} F_k$. Per ogni $n \in \mathbb{N}$ S_n è ovviamente chiuso; inoltre $S_n \uparrow S$ e quindi, per la Proposizione 1.17, $\mu(S_n) \uparrow \mu(S)$. Pertanto esisterà $n_\varepsilon \in \mathbb{N}$ tale che $\mu(S \setminus S_{n_\varepsilon}) < \frac{\varepsilon}{2}$. L'insieme $F := S_{n_\varepsilon}$ verifica $F \subset \bigcup_{n=1}^{\infty} A_n \subset V$ e $\mu(V \setminus F) = \mu(V \setminus S) + \mu(S \setminus F) < \varepsilon$. Ne segue che $\mathscr{E}$ è una σ–algebra.

Resta da provare che $\mathscr{E}$ contiene gli insiemi aperti in $\mathbb{R}^N$. A tale scopo, sia V un aperto, e si ponga

$$F_n = \left\{ x \in \mathbb{R}^N \;\middle|\; d_{V^c}(x) \ge \frac{1}{n} \right\},$$

dove $d_{V^c}(x)$ è la distanza di x da V^c. Essendo d_{V^c} una funzione continua, F_n è un insieme chiuso in $\mathbb{R}^N$ (si veda l'Appendice A). Inoltre $F_n \uparrow V$. Perciò, applicando la Proposizione 1.18, si conclude $\mu(V \setminus F_n) \downarrow 0$.   □

Il prossimo risultato è una conseguenza immediata della Proposizione 1.64.

Corollario 1.65. *Siano μ e ν misure di Borel finite in $\mathbb{R}^N$ tali che $\mu(F) = \nu(F)$ per ogni insieme chiuso F in $\mathbb{R}^N$. Allora $\mu = \nu$.*

Si passa ora a estendere la Proposizione 1.64 alle misure di Radon.

Teorema 1.66. *Sia μ una misura di Radon in $\mathbb{R}^N$ e sia A un insieme di Borel. Allora*

$$\mu(A) = \inf\{\mu(V) \mid V \supset A, \, V \text{ aperto}\}, \tag{1.22}$$

$$\mu(A) = \sup\{\mu(K) \mid K \subset A, \, K \text{ compatto}\}. \tag{1.23}$$

Dimostrazione. Essendo la (1.22) ovvia per $\mu(A) = \infty$, si assuma dapprima $\mu(A) < \infty$. Per ogni $n \in \mathbb{N}$ si denoti con Q_n il cubo $(-n, n)^N$, e si considerino le misure finite $\mu \llcorner Q_n$[8]. Fissato $\varepsilon > 0$, usando la Proposizione 1.64, per ogni $n \in \mathbb{N}$ esiste un insieme aperto $V_n \supset A$ tale che

$$(\mu \llcorner Q_n)(V_n \setminus A) < \frac{\varepsilon}{2^n}.$$

Si ponga $V := \bigcup_{n=1}^{\infty}(V_n \cap Q_n) \supset A$. V è evidentemente un insieme aperto e

---

[8] Si veda la Definizione 1.24.

$$\mu(V \setminus A) \leq \sum_{n=1}^{\infty} \mu((V_n \cap Q_n) \setminus A) = \sum_{n=1}^{\infty} (\mu \llcorner Q_n)(V_n \setminus A) < \varepsilon,$$

da cui segue la (1.22).

Si passa ora a provare la (1.23) per $\mu(A) < \infty$. Fissato $\varepsilon > 0$, applicando la Proposizione 1.64 alle misure finite $\mu \llcorner \overline{Q}_n$, per ogni $n \in \mathbb{N}$ otteniamo un insieme chiuso $F_n \subset A$ che verifica

$$(\mu \llcorner \overline{Q}_n)(A \setminus F_n) < \varepsilon.$$

Si consideri la successione di insiemi compatti $K_n = F_n \cap \overline{Q}_n$. Dato che

$$\mu(A \cap \overline{Q}_n) \uparrow \mu(A),$$

per qualche $n_\varepsilon \in \mathbb{N}$ si ha $\mu(A \cap \overline{Q}_{n_\varepsilon}) > \mu(A) - \varepsilon$. Pertanto

$$\begin{aligned} \mu(A \setminus K_{n_\varepsilon}) &= \mu(A) - \mu(K_{n_\varepsilon}) \\ &< \mu(A \cap \overline{Q}_{n_\varepsilon}) - \mu(F_{n_\varepsilon} \cap \overline{Q}_{n_\varepsilon}) + \varepsilon \\ &= (\mu \llcorner \overline{Q}_{n_\varepsilon})(A \setminus F_{n_\varepsilon}) + \varepsilon < 2\varepsilon \end{aligned}$$

Se $\mu(A) = \infty$, allora $A_n := A \cap Q_n \uparrow A$, e quindi $\mu(A_n) \to \infty$. Essendo $\mu(A_n) < \infty$, per ogni n esiste un insieme compatto K_n tale che $K_n \subset A_n$ e $\mu(K_n) > \mu(A_n) - 1$, da cui segue $K_n \subset A$ e $\mu(K_n) \to \infty = \mu(A)$. □

Osservazione 1.67. Le proprietà (1.22) e (1.23) si chiamano rispettivamente *regolarità esterna* e *regolarità interna* delle misure di Radon in $\mathbb{R}^N$.

Esercizio 1.68. Ogni misura di Radon μ in $\mathbb{R}^N$ è evidentemente σ–finita. Viceversa, una misura di Borel σ–finita in $\mathbb{R}^N$ è necessariamente di Radon? *Suggerimento.* Si consideri $\mu = \sum_{n=1}^{\infty} \delta_{1/n}$ su $\mathscr{B}(\mathbb{R})$, dove $\delta_{1/n}$ è la misura di Dirac concentrata in $1/n$.

Esercizio 1.69. Sia μ una misura di Radon in $\mathbb{R}^N$.

- Provare che, se $K \subset \mathbb{R}^N$ è un insieme compatto, allora la funzione $f : x \in \mathbb{R}^N \mapsto \mu(K + x) \in \mathbb{R}$ è semicontinua superiormente. Mostrare con un esempio che f non è continua, in generale.
- Provare che, se $V \subset \mathbb{R}^N$ è un insieme aperto, allora la funzione $f : x \in \mathbb{R}^N \mapsto \mu(V + x) \in [0, \infty]$ è semicontinua inferiormente. Mostrare con un esempio che f non è continua, in generale.

Vale la seguente caratterizzazione per le misure di Radon invarianti per traslazioni.

Proposizione 1.70. *Sia μ una misura di Radon in $\mathbb{R}^N$ invariante per traslazioni, cioè*

$$\mu(A + x) = \mu(A) \quad \forall A \in \mathscr{B}(\mathbb{R}^N), \ \forall x \in \mathbb{R}^N.$$

Allora esiste $c \geq 0$ tale che $\mu(A) = c\, m(A)$ per ogni $A \in \mathscr{B}(\mathbb{R}^N)$.

Dimostrazione. Fissato $n \in \mathbb{N}$, per costruzione $[0,1)^N$ è unione di 2^{nN} cubi diadici disgiunti appartenenti alla famiglia $\mathscr{D}_n$, e tali cubi sono l'uno il traslato dell'altro. Ponendo $c = \mu([0,1)^N)$ e usando l'invarianza per traslazioni di μ e m, per ogni $Q \in \mathscr{D}_n$ si ha

$$2^{nN}\mu(Q) = \mu([0,1)^N) = cm([0,1)^N) = 2^{nN}cm(Q).$$

Allora μ e cm coincidono sui cubi diadici. Grazie al Lemma 1.57, per σ-additività si ha che μ and cm coincidono anche sugli insiemi aperti; infine dalla (1.22) segue che $\mu(A) = cm(A)$ per ogni $A \in \mathscr{B}(\mathbb{R}^N)$. $\square$

Il prossimo teorema mostra come cambia la misura di Lebesgue sotto le trasformazioni lineari non–singolari.

Teorema 1.71. *Sia $T : \mathbb{R}^N \to \mathbb{R}^N$ una trasformazione lineare non–singolare. Allora*

(i) $T(A) \in \mathscr{B}(\mathbb{R}^N)$ *per ogni* $A \in \mathscr{B}(\mathbb{R}^N)$;
(ii) $m(T(A)) = |\det T| \, m(A)$ *per ogni* $A \in \mathscr{B}(\mathbb{R}^N)$.

Dimostrazione. Si consideri la famiglia

$$\mathscr{E} = \{A \in \mathscr{B}(\mathbb{R}^N) \,|\, T(A) \in \mathscr{B}(\mathbb{R}^N)\}.$$

Dato che T è non–singolare, allora $T(\emptyset) = \emptyset$, $T(\mathbb{R}^N) = \mathbb{R}^N$, $T(E^c) = (T(E))^c$, $T(\cup_{n=1}^{\infty} E_n) = \cup_{n=1}^{\infty} T(E_n)$ per ogni $E, E_n \subset \mathbb{R}^N$. Pertanto $\mathscr{E}$ è una σ–algebra. Inoltre T trasforma insiemi aperti in insiemi aperti; quindi $\mathscr{E} = \mathscr{B}(\mathbb{R}^N)$, da cui la (i).

Si definisca ora

$$\mu(A) = m(T(A)) \quad \forall A \in \mathscr{B}(\mathbb{R}^N).$$

Poiché T trasforma insiemi compatti in insiemi compatti, si deduce che μ è una misura di Radon. Inoltre, se $A \in \mathscr{B}(\mathbb{R}^N)$ e $x \in \mathbb{R}^N$, essendo m invariante per traslazioni, si ha

$$\mu(A + x) = m(T(A + x)) = m(T(A) + T(x)) = m(T(A)) = \mu(A),$$

e quindi anche μ è invariante per traslazioni. La Proposizione 1.70 implica che esiste $\Delta(T) \geq 0$ tale che

$$\mu(A) = \Delta(T)m(A) \quad \forall A \in \mathscr{B}(\mathbb{R}^N). \tag{1.24}$$

Resta da provare che $\Delta(T) = |\det T|$. A tale scopo, si denoti con $\{e_1, \ldots, e_N\}$ la base canonica in $\mathbb{R}^N$, cioè e_i ha la j-esima coordinata uguale a 1 se $j = i$ e uguale a 0 se $j \neq i$. Si considerino dapprima le seguenti trasformazioni elementari:

a) esiste $i \neq j$ tale che $T(\mathbf{e}_i) = \mathbf{e}_j$, $T(\mathbf{e}_j) = \mathbf{e}_i$ e $T(\mathbf{e}_k) = \mathbf{e}_k$ per $k \neq i, j$.

   In questo caso $T([0,1)^N) = [0,1)^N$ e $\det T = -1$. Prendendo $A = [0,1)^N$ nella (1.24), si deduce $\Delta(T) = 1 = |\det T|$;.

b) esistono $\alpha \neq 0$ e i tali che $T(\mathbf{e}_i) = \alpha \mathbf{e}_i$ e $T(\mathbf{e}_k) = \mathbf{e}_k$ per $k \neq i$.

   Si assuma $i = 1$. Allora $T([0,1)^N) = [0, \alpha) \times [0,1)^{N-1}$ se $\alpha > 0$ e $T([0,1)^N) = (\alpha, 0] \times [0,1)^{N-1}$ se $\alpha < 0$. Pertanto, prendendo $A = [0,1)^N$ nella (1.24), si ottiene $\Delta(T) = m(T([0,1)^N)) = |\alpha| = |\det T|$;

c) esistono $i \neq j$ e $\alpha \neq 0$ tali che $T(\mathbf{e}_i) = \mathbf{e}_i + \alpha \mathbf{e}_j$, $T(\mathbf{e}_k) = \mathbf{e}_k$ per $k \neq i$.

   Si assuma $i = 1$ e $j = 2$ e si ponga $R_\alpha = \{(x_1, \alpha x_2, x_3, \ldots, x_N) \,|\, 0 \leq x_i < 1\}$. Allora si ha

$$\begin{aligned} T(R_\alpha) &= \big\{(x_1, +\alpha(x_1 + x_2), x_3, \ldots, x_N) \,\big|\, 0 \leq x_i < 1\big\} \\ &= \big\{(\xi_1, \alpha\xi_2, \xi_3, \ldots, \xi_N) \,\big|\, \xi_1 \leq \xi_2 < \xi_1 + 1, \, 0 \leq \xi_i < 1 \text{ per } i \neq 2\big\} \\ &= E_1 \cup E_2 \end{aligned}$$

con unione disgiunta, dove

$$\begin{aligned} E_1 &= \big\{(\xi_1, \alpha\xi_2, \xi_3, \ldots, \xi_N) \,\big|\, \xi_1 \leq \xi_2 < 1, \, 0 \leq \xi_i < 1 \text{ per } i \neq 2\big\}, \\ E_2 &= \big\{(\xi_1, \alpha\xi_2, \xi_3, \ldots, \xi_N) \,\big|\, 1 \leq \xi_2 < \xi_1 + 1, \, 0 \leq \xi_i < 1 \text{ per } i \neq 2\big\}. \end{aligned}$$

Si osservi che $E_1 \subset R_\alpha$ e $E_2 - \alpha \mathbf{e}_2 = R_\alpha \setminus E_1$; allora

$$m(T(R_\alpha)) = m(E_1) + m(E_2) = m(E_1) + m(E_2 - \alpha \mathbf{e}_2) = m(R_\alpha).$$

Ponendo $A = R_\alpha$ nella (1.24), si ricava $\Delta(T) = 1 = |\det T|$.

Se $T = T_1 \cdot \ldots \cdot T_k$ con T_i trasformazioni elementari del tipo a)-b)-c), essendo $\Delta(T) = \Delta(T_1) \cdot \ldots \cdot \Delta(T_k)$ per la (1.24), si ha

$$\Delta(T) = |\det T_1| \cdot \ldots \cdot |\det T_k| = |\det T|.$$

Pertanto per concludere la dimostrazione sarà sufficiente provare la seguente affermazione: ogni trasformazione T lineare non–singolare è prodotto di trasformazioni elementari del tipo a)-b)-c). Si proceda per induzione sulla dimensione N. L'affermazione è ovvia per $N = 1$; si supponga ora che sia vera per $N - 1$ e si passi a dimostrarla per N. Si ponga $T = (a_{i,j})_{i,j=1,\ldots,N}$, cioè

$$T(\mathbf{e}_i) = \sum_{j=1}^{N} a_{ij} \mathbf{e}_j \quad i = 1, \ldots, N.$$

Per $k = 1, \ldots, N$ si consideri $T_k = (a_{i,j})_{j=1,\ldots,N-1, \, i=1,\ldots,N, \, i \neq k}$. Poiché $\det T = \sum_{k=1}^{N} (-1)^{k+N} a_{kN} \det T_k$, scambiando eventualmente due variabili con una trasformazione del tipo a), si può assumere $\det T_N \neq 0$. Allora per induzione la seguente trasformazione $S_1 : \mathbb{R}^N \to \mathbb{R}^N$

$$S_1(\mathbf{e}_i) = T_N(\mathbf{e}_i) = \sum_{j=1}^{N-1} a_{ij}\mathbf{e}_j \quad i = 1, \ldots, N-1, \quad S_1(\mathbf{e}_N) = \mathbf{e}_N$$

è prodotto di trasformazioni elementari. Applicando $N - 1$ trasformazioni di tipo c) relativamente alle terne (i, j, α) uguali a $(1, N, a_{1N}), \ldots, (N - 1, N, a_{N-1,N})$ si giunge a $S_2 : \mathbb{R}^N \to \mathbb{R}^N$ definita da

$$S_2(\mathbf{e}_i) = \sum_{j=1}^{N} a_{ij}\mathbf{e}_j \quad i = 1, \ldots, N-1, \quad S_2(\mathbf{e}_N) = \mathbf{e}_N.$$

Si compone ora S_2 con una trasformazione di tipo b) e si ottiene

$$S_3(\mathbf{e}_i) = \sum_{j=1}^{N} a_{ij}\mathbf{e}_j \quad i = 1, \ldots, N-1, \quad S_3(\mathbf{e}_N) = b\mathbf{e}_N,$$

dove b verrà scelto opportunamente in seguito. Sia $T_N^{-1} = (m_{ki})_{k,i=1,\ldots N-1}$. Applicando di nuovo $N-1$ trasformazioni di tipo c) con le terne (i, j, α) uguali a $(N, 1, \sum_{k=1}^{N-1} a_{Nk}m_{k1}), \ldots (N, N-1, \sum_{k=1}^{N-1} a_{Nk}m_{k,N-1})$ si arriva a

$$S_4(\mathbf{e}_i) = \sum_{j=1}^{N} a_{ij}\mathbf{e}_j \quad i = 1, \ldots, N-1, \quad S_4(\mathbf{e}_N) = b\mathbf{e}_N + \sum_{i,k=1}^{N-1} a_{Nk}m_{ki}\sum_{j=1}^{N} a_{ij}\mathbf{e}_j.$$

Essendo $\sum_{i,k=1}^{N-1} a_{Nk}m_{ki}\sum_{j=1}^{N-1} a_{ij}\mathbf{e}_j = \sum_{k=1}^{N-1} a_{Nk}\mathbf{e}_k$, scegliendo $b = a_{NN} - \sum_{i,k=1}^{N-1} a_{Nk}m_{ki}a_{iN}$ si ha che $T = S_4$. $\square$

Osservazione 1.72. Come corollario del Teorema 1.71 si ottiene che la misura di Lebesgue è *invariante per rotazioni*.

2

Integrazione

Funzioni misurabili – Convergenza quasi ovunque – Approssimazione con funzioni continue – Integrale di funzioni di Borel – Convergenza di integrali

Al concetto di insieme misurabile viene associato, in modo naturale, quello di funzione misurabile, o di Borel, $f : X \to \mathbb{R} \cup \{\pm\infty\}$, dove $(X, \mathscr{E}, \mu)$ è uno spazio di misura. Tale classe è stabile rispetto alle operazioni di combinazione lineare, prodotto, convergenza puntuale. Inoltre, se l'insieme X è munito di una topologia e $\mathscr{E}$ è la σ–algebra di Borel, allora ogni funzione continua è di Borel. Nel caso $X = \mathbb{R}^N$ con una misura di Radon, allora le funzioni di Borel $f : \mathbb{R}^N \to \mathbb{R} \cup \{\pm\infty\}$ ereditano le proprietà di regolarità della misura μ, e ciò consente di dimostrare utili teoremi di approssimazione mediante funzioni continue.

La classe delle funzioni di Borel ha un ruolo fondamentale nella teoria dell'integrazione secondo Lebesgue che svilupperemo nella seconda parte del capitolo. Ci sono diversi modi equivalenti di definire l'integrale di Lebesgue; noi sceglieremo l'approccio basato sulla nozione di *integrale archimedeo* della funzione di ripartizione $t \geq 0 \mapsto \mu(\{f > t\})$. L'idea fondamentale dell'integrazione di Lebesgue è quella di effettuare una partizione del *rango* della funzione e poi rendere la partizione sempre più fitta. Naturalmente il punto di partenza è la possibilità di definire anzitutto l'integrale per funzioni semplici, ovvero per funzioni con rango finito. Poiché la regolarità della funzione non interviene in tale definizione, ciò rende possibile l'estensione della nozione di integrale a un'ampia classe di funzioni.

L'importanza dell'integrale di Lebesgue si manifesta nell'ampiezza delle funzioni per cui è possibile definirlo e nella flessibilità dei teoremi di passaggio al limite sotto il segno di integrale.

Un ulteriore vantaggio dell'integrale di Lebesgue è che si costruisce esattamente nello stesso modo per funzioni definite su uno spazio di misura astratto come per funzioni definite sulla retta reale.

Cannarsa P, D'Aprile T: Introduzione alla teoria della misura e all'analisi funzionale.
© Springer-Verlag Italia, Milano, 2008

2.1 Funzioni misurabili

2.1.1 Immagine inversa di una funzione

Siano X, Y insiemi non vuoti. Per ogni funzione $f \colon X \to Y$ e per ogni $A \in \mathscr{P}(Y)$ poniamo

$$f^{-1}(A) := \{x \in X \mid f(x) \in A\}.$$

$f^{-1}(A)$ si chiama *immagine inversa* di A.

Ricordiamo alcune proprietà elementari di f^{-1}. La verifica è lasciata al lettore.

(i) $f^{-1}(A^c) = (f^{-1}(A))^c$ per ogni $A \in \mathscr{P}(Y)$.

(ii) Se $A, B \in \mathscr{P}(Y)$, allora $f^{-1}(A \cap B) = f^{-1}(A) \cap f^{-1}(B)$. In particolare, se $A \cap B = \varnothing$, allora $f^{-1}(A) \cap f^{-1}(B) = \varnothing$.

(iii) Se $(A_n)_n \subset \mathscr{P}(Y)$, allora

$$f^{-1}\left(\bigcup_{n=1}^{\infty} A_n\right) = \bigcup_{n=1}^{\infty} f^{-1}(A_n).$$

Di conseguenza, se $(Y, \mathscr{F})$ è uno spazio misurabile, allora la famiglia di parti di X

$$f^{-1}(\mathscr{F}) := \{f^{-1}(A) \mid A \in \mathscr{F}\}$$

è una σ–algebra in X.

Esercizio 2.1. Siano $f \colon X \to Y$ e $A \in \mathscr{P}(X)$. Si ponga

$$f(A) := \{f(x) \mid x \in A\}.$$

Mostrare che le proprietà (i), (ii) non valgono, in generale, per $f(A)$.

2.1.2 Funzioni misurabili e funzioni di Borel

Nel seguito $(X, \mathscr{E})$ e $(Y, \mathscr{F})$ denotano spazi misurabili.

Definizione 2.2. *Una funzione* $f \colon X \to Y$ *si dice* $\mathscr{E}$-*misurabile o semplicemente misurabile se* $f^{-1}(\mathscr{F}) \subset \mathscr{E}$. *Se* Y *è uno spazio metrico e* $\mathscr{F} = \mathscr{B}(Y)$, f *si chiama anche funzione di Borel o funzione boreliana.*

Proposizione 2.3. *Sia* $\mathscr{I} \subset \mathscr{F}$ *tale che* $\sigma(\mathscr{I}) = \mathscr{F}$. *Allora* $f \colon X \to Y$ *è misurabile se e solo se* $f^{-1}(\mathscr{I}) \subset \mathscr{E}$.

Dimostrazione. Evidentemente, se f è misurabile, allora $f^{-1}(\mathscr{I}) \subset \mathscr{E}$. Viceversa, si supponga $f^{-1}(\mathscr{I}) \subset \mathscr{E}$ e si consideri la famiglia

$$\mathscr{G} := \{A \in \mathscr{F} \mid f^{-1}(A) \in \mathscr{E}\}.$$

Usando le proprietà (i), (ii), e (iii) di f^{-1} del precedente paragrafo, si vede facilmente che $\mathscr{G}$ è una σ–algebra in Y che contiene $\mathscr{I}$. Pertanto $\mathscr{G}$ coincide con $\mathscr{F}$ e la dimostrazione è completa. $\square$

Proposizione 2.4. *Siano X, Y spazi metrici e $\mathscr{E} = \mathscr{B}(X)$, $\mathscr{F} = \mathscr{B}(Y)$. Allora ogni funzione continua $f : X \to Y$ è misurabile.*

Dimostrazione. Sia $\mathscr{I}$ la famiglia di tutti gli insiemi aperti in Y. Allora $\sigma(\mathscr{I}) = \mathscr{B}(Y)$ e $f^{-1}(\mathscr{I}) \subset \mathscr{B}(X)$. Pertanto la conclusione segue dalla Proposizione 2.3. ☐

Proposizione 2.5. *Sia $f : X \to Y$ una funzione misurabile, $(Z, \mathscr{G})$ uno spazio misurabile e $g : Y \to Z$ un'altra funzione misurabile. Allora $g \circ f$ è misurabile.*

Esercizio 2.6. Data una funzione misurabile $f : X \to Y$ e una misura μ su $\mathscr{E}$, sia $f_\sharp \mu$ definita da

$$f_\sharp \mu(A) = \mu\big(f^{-1}(A)\big) \qquad \forall A \in \mathscr{F}.$$

Provare che $f_\sharp \mu$ è una misura su $\mathscr{F}$.

Esercizio 2.7. Sia $f : X \to Y$ tale che $f(X)$ è numerabile. Provare che f è misurabile se, per ogni $y \in Y$, $f^{-1}(y) \in \mathscr{E}$.

Esempio 2.8. Sia $f : X \to \mathbb{R}^N$. Si consideri in $\mathbb{R}^N$ la σ–algebra di Borel $\mathscr{B}(\mathbb{R}^N)$. Denotando con f_i le componenti di f, cioè $f = (f_1, \ldots, f_N)$, mostriamo che

$$f \text{ è di Borel} \iff f_i \text{ è di Borel } \forall i \in \{1, \ldots, N\}. \tag{2.1}$$

Infatti, sia $\mathscr{I}$ la famiglia di tutti i rettangoli della forma

$$R = \prod_{i=1}^{N} [y_i, y_i') = \{z = (z_1, \ldots, z_N) \in \mathbb{R}^N \mid y_i \leq z_i < y_i' \ \forall i\}$$

dove $y_i \leq y_i'$, $i = 1, \ldots, N$. Si osservi che $\mathscr{B}(\mathbb{R}^N) = \sigma(\mathscr{I})$, da cui si deduce, per la Proposizione 2.3, che f è di Borel se e solo se $f^{-1}(\mathscr{I}) \subset \mathscr{E}$. Si verifica facilmente la seguente uguaglianza:

$$f^{-1}(R) = \bigcap_{i=1}^{N} \{x \in X \mid y_i \leq f_i(x) < y_i'\} = \bigcap_{i=1}^{N} f_i^{-1}([y_i, y_i')).$$

Ciò dimostra la parte '$\Leftarrow$' della (2.1). Per provare l'implicazione '$\Rightarrow$', si assuma che f sia di Borel e si fissi $i \in \{1, \ldots, N\}$. Allora per ogni $a \in \mathbb{R}$ si ha

$$f_i^{-1}((-\infty, a]) = f^{-1}\big(\{(z_1, \ldots, z_N) \in \mathbb{R}^N \mid z_i \leq a\}\big),$$

da cui segue $f_i^{-1}((-\infty, a]) \in \mathscr{E}$, e pertanto, usando l'Esercizio 1.11, f_i è di Borel.

Esercizio 2.9. Siano $f, g \colon X \to \mathbb{R}$ di Borel. Allora $f + g$, fg, $\min\{f, g\}$ e $\max\{f, g\}$ sono di Borel.

Suggerimento. Si definisca $F(x) = (f(x), g(x))$ e $\varphi(y_1, y_2) = y_1 + y_2$. Allora $F \colon X \to \mathbb{R}^2$ è di Borel grazie all'Esempio 2.8, e $\varphi \colon \mathbb{R}^2 \to \mathbb{R}$, essendo continua, è di Borel. Quindi, per la Proposizione 2.5, anche $f + g = \varphi \circ F$ è di Borel. Analogamente si procede per fg, $\min\{f, g\}$, $\max\{f, g\}$.

Esercizio 2.10. Sia $f \colon X \to \mathbb{R}$ di Borel. Provare che la funzione

$$g \colon X \to \mathbb{R}, \quad g(x) = \begin{cases} \dfrac{1}{f(x)} & \text{se } f(x) \neq 0, \\[3mm] 0 & \text{se } f(x) = 0 \end{cases}$$

è di Borel.

Suggerimento. Si provi dapprima che $\varphi \colon \mathbb{R} \to \mathbb{R}$ così definita

$$\varphi(x) = \begin{cases} \dfrac{1}{x} & \text{se } x \neq 0, \\[3mm] 0 & \text{se } x = 0 \end{cases}$$

è una funzione di Borel.

Trattando funzioni a valori reali definite su X, è talvolta opportuno considerare funzioni a valori sullo spazio esteso $\overline{\mathbb{R}} = \mathbb{R} \cup \{\infty, -\infty\}$. Queste si chiamano *funzioni estese*. Se $|f(x)| < \infty$ per ogni $x \in X$, f si dice *finita* (o a *valori finiti*). Una funzione $f \colon X \to \overline{\mathbb{R}}$ si dice di Borel se

$$f^{-1}(-\infty), \quad f^{-1}(\infty) \in \mathscr{E}$$

e $f^{-1}(A) \in \mathscr{E}$ per ogni $A \in \mathscr{B}(\mathbb{R})$. Nel seguito, per ogni $a, b \in \overline{\mathbb{R}}$, utilizzeremo spesso le abbreviazioni $\{f > a\}$, $\{f = a\}$, $\{a \leq f < b\}$ ecc. per denotare gli insiemi $f^{-1}((a, \infty])$, $f^{-1}(\{a\})$, $f^{-1}([a, b))$ ecc.

Proposizione 2.11. *Una funzione $f \colon X \to \overline{\mathbb{R}}$ è di Borel se e solo se vale una delle seguenti affermazioni:*

(i) $\{f \leq a\} \in \mathscr{E}$ *per ogni $a \in \mathbb{R}$.*
(ii) $\{f < a\} \in \mathscr{E}$ *per ogni $a \in \mathbb{R}$.*
(iii) $\{f \geq a\} \in \mathscr{E}$ *per ogni $a \in \mathbb{R}$.*
(iv) $\{f > a\} \in \mathscr{E}$ *per ogni $a \in \mathbb{R}$.*

Dimostrazione. Essendo $\{f \leq a\} = \{-\infty < f \leq a\} \cup \{f = -\infty\}$, e poiché $(-\infty, a] \in \mathscr{B}(\mathbb{R})$, la misurabilità di f implica (i). Viceversa, si assuma $\{f \leq a\} \in \mathscr{E}$ per ogni $a \in \mathbb{R}$. Essendo $\{f > a\}$ il complementare di $\{f \leq a\}$, si ottiene $\{f > a\} \in \mathscr{E}$ per ogni $a \in \mathbb{R}$. Poiché $\{f = \infty\} = \cap_{k=1}^{\infty}\{f > k\}$ e $\{f = -\infty\} = \cap_{k=1}^{\infty}\{f \leq -k\}$, si deduce $\{f = \infty\}$, $\{f = -\infty\} \in \mathscr{E}$. Di conseguenza $\{a < f < \infty\} = \{f > a\} \setminus \{f = \infty\} \in \mathscr{E}$ per ogni $a \in \mathbb{R}$. Si consideri ora la famiglia

$$\mathscr{G} := \{A \in \mathscr{B}(\mathbb{R}) \mid f^{-1}(A) \in \mathscr{E}\}.$$

Allora $\mathscr{G}$ è una σ–algebra che contiene le semirette (a, ∞). Dall'Esercizio 1.11 segue che $\mathscr{G}$ coincide con $\mathscr{B}(\mathbb{R})$ e ciò dimostra che f è di Borel se vale (i). Analogamente si ragiona negli altri casi. ☐

Proposizione 2.12. *Sia $f_n : X \to \overline{\mathbb{R}}$ una successione di funzioni di Borel. Allora le funzioni*

$$\sup_{n \in \mathbb{N}} f_n, \quad \inf_{n \in \mathbb{N}} f_n, \quad \limsup_{n \to \infty} f_n, \quad \liminf_{n \to \infty} f_n,$$

sono di Borel. In particolare, se $\lim_{n \to \infty} f_n(x)$ esiste per ogni $x \in X$, allora $\lim_{n \to \infty} f_n$ è di Borel.

Dimostrazione. Si ponga $\phi\colon = \sup_{n \in \mathbb{N}} f_n$. Per ogni $a \in \mathbb{R}$ si ha

$$\{\phi \le a\} = \bigcap_{n=1}^{\infty} \{f_n \le a\} \in \mathscr{E}.$$

La conclusione segue dalla Proposizione 2.11. Analogamente si dimostrano le altre affermazioni. ☐

Esercizio 2.13. Siano $f, g \colon X \to \overline{\mathbb{R}}$ di Borel. Provare che $\{x \in X \mid f = g\} \in \mathscr{E}$.

Esercizio 2.14. Sia $f_n : X \to \overline{\mathbb{R}}$ una successione di funzioni di Borel. Provare che $\{x \in X \mid \exists \lim_n f_n(x)\} \in \mathscr{E}$.

Esercizio 2.15. Sia $f : \mathbb{R}^N \to \overline{\mathbb{R}}$ di Borel. Se $T : \mathbb{R}^N \to \mathbb{R}^N$ è una trasformazione lineare non singolare, provare che $f \circ T : \mathbb{R}^N \to \mathbb{R}$ è di Borel. *Suggerimento.* Se $A_1 = \{f < a\}$ e $A_2 = \{f \circ T < a\}$, provare che $A_2 = T^{-1}(A_1)$. Allora la conclusione segue dal Teorema 1.71.

Esercizio 2.16. Sia $f \colon X \to \overline{\mathbb{R}}$ di Borel e sia $A \in \mathscr{E}$. Provare che la funzione $f_A : X \to \overline{\mathbb{R}}$ così definita

$$f_A(x) = \begin{cases} f(x) & \text{se } x \in A, \\ 0 & \text{se } x \notin A \end{cases}$$

è di Borel.

Esercizio 2.17. 1. Ogni funzione monotona $f : \mathbb{R} \to \overline{\mathbb{R}}$ è di Borel.
   2. Sia X uno spazio metrico e $\mathscr{E} = \mathscr{B}(X)$. Allora ogni funzione semicontinua inferiormente[1] $f : X \to \mathbb{R} \cup \{\infty\}$ è di Borel.

---

[1] Si veda l'Appendice B.

Esercizio 2.18. Sia $\mathscr{G}$ una σ–algebra in $\mathbb{R}$. Provare che $\mathscr{G} \supset \mathscr{B}(\mathbb{R})$ se e solo se ogni funzione continua $f : \mathbb{R} \to \mathbb{R}$ è $\mathscr{G}$-misurabile, cioè $f^{-1}(A) \in \mathscr{G}$ per ogni $A \in \mathscr{B}(\mathbb{R})$.

Esercizio 2.19. Provare che le funzioni di Borel $f : \mathbb{R} \to \mathbb{R}$ sono la più piccola classe di funzioni che contiene le funzioni continue ed è stabile rispetto alla convergenza puntuale.

Si osservi che la somma di due funzioni estese $f, g : X \to \overline{\mathbb{R}}$ è ben definita se non è della forma $\infty + (-\infty)$ o $-\infty + \infty$; pertanto occorre assumere che almeno una delle due funzioni sia a valori finiti. Per quanto riguarda il prodotto di due funzioni estese, oltre alle comuni convenzioni sul prodotto di infiniti, si assumerà la convenzione $0 \cdot \pm\infty = \pm\infty \cdot 0 = 0$.

Esercizio 2.20. Siano $f, g : X \to \overline{\mathbb{R}}$ di Borel. Provare che fg, $\min\{f, g\}$ e $\max\{f, g\}$ sono di Borel. Inoltre, se g è a valori finiti, allora $f + g$ è di Borel.

Definizione 2.21. *Una funzione di Borel* $f : X \to \overline{\mathbb{R}}$ *si dice* semplice *se il suo rango* $f(X)$ *è un insieme finito. La classe di tutte le funzioni semplici* $f : X \to \overline{\mathbb{R}}$ *si denota con* $\mathscr{S}(X)$.

Si verifica facilmente che la classe $\mathscr{S}(X)$ è chiusa rispetto alle operazioni[2] di somma (se ben definita), prodotto e reticolo $(\wedge, \vee)$.

Dato $A \subset X$, la funzione $\chi_A : X \to \mathbb{R}$ così definita

$$\chi_A(x) = \begin{cases} 1 & \text{se } x \in A, \\ 0 & \text{se } x \notin A. \end{cases}$$

si chiama *funzione caratteristica dell'insieme* A. Evidentemente $\chi_A \in \mathscr{S}(X)$ se e solo se $A \in \mathscr{E}$.

Osservazione 2.22. 1. Si noti che $f : X \to \overline{\mathbb{R}}$ è semplice se e solo se esistono $a_1, \ldots, a_n \in \overline{\mathbb{R}}$ e insiemi disgiunti $A_1, \ldots, A_n \in \mathscr{E}$ tali che

$$X = \bigcup_{i=1}^{n} A_i \quad \text{e} \quad f(x) = \sum_{i=1}^{n} a_i \chi_{A_i}(x) \quad \forall x \in X. \tag{2.2}$$

Infatti ogni funzione della forma (2.2) è semplice. Viceversa, se f è semplice, allora

$$f(X) = \{a_1, \ldots, a_n\} \quad \text{con} \quad a_i \neq a_j \quad \text{se} \quad i \neq j.$$

Pertanto, definendo $A_i := f^{-1}(a_i)$, $i \in \{1, \ldots, n\}$, si ottiene una rappresentazione di f del tipo (2.2). Evidentemente la scelta degli insiemi $A_1, \ldots, A_n \in \mathscr{E}$ e dei valori $a_1, \ldots, a_n$ è tutt'altro che unica.

---

[2] Per definizione $f \vee g = \max\{f, g\}$ e $f \wedge g = \min\{f, g\}$.

2. Date due funzioni semplici f e g, esse si possono sempre rappresentare come combinazione lineare di funzioni caratteristiche della stessa famiglia di insiemi. Per convincersi di ciò, sia f della forma (2.2) e sia

$$X = \bigcup_{j=1}^{m} B_j \quad \text{e} \quad g(x) = \sum_{j=1}^{m} b_j \chi_{B_j}(x), \quad \forall x \in X.$$

Poiché $A_i = \bigcup_{j=1}^{m}(A_i \cap B_j)$, si ha che

$$\chi_{A_i}(x) = \sum_{j=1}^{m} \chi_{A_i \cap B_j}(x) \qquad i \in \{1, \dots, n\}.$$

Pertanto

$$f(x) = \sum_{i=1}^{n} \sum_{j=1}^{m} a_i \chi_{A_i \cap B_j}(x), \quad x \in X.$$

Analogamente

$$g(x) = \sum_{j=1}^{m} \sum_{i=1}^{n} b_j \chi_{A_i \cap B_j}(x), \quad x \in X.$$

Si passa ora a provare che ogni funzione di Borel positiva si può approssimare con funzioni semplici finite.

Proposizione 2.23. *Sia* $f : X \to [0, \infty]$ *una funzione di Borel. Si definisca per ogni* $n \in \mathbb{N}$

$$f_n(x) = \begin{cases} \dfrac{i-1}{2^n} & se \quad \dfrac{i-1}{2^n} \le f(x) < \dfrac{i}{2^n}, \ i = 1, 2, \dots, n2^n, \\ n & se \quad f(x) \ge n. \end{cases} \tag{2.3}$$

Allora $(f_n)_n \subset \mathscr{S}(X)$, $0 \le f_n \le f_{n+1}$ *e* $f_n(x) \uparrow f(x)$ *per ogni* $x \in X$. *Inoltre, se* f *è limitata, allora la convergenza è uniforme.*

Dimostrazione. Per ogni $n \in \mathbb{N}$ e $i = 1, \dots, n2^n$ si ponga

$$A_{n,i} = \left\{ \frac{i-1}{2^n} \le f < \frac{i}{2^n} \right\}, \quad B_n = \{f \ge n\}.$$

Poiché f è di Borel, si ha $A_{n,i}, B_n \in \mathscr{E}$ e

$$f_n = \sum_{i=1}^{n2^n} \frac{i-1}{2^n} \chi_{A_{n,i}} + n\chi_{B_n}.$$

Allora per l'Osservazione 2.22 $f_n \in \mathscr{S}(X)$. Sia $x \in X$ tale che $\frac{i-1}{2^n} \le f(x) < \frac{i}{2^n}$. Allora $\frac{2i-2}{2^{n+1}} \le f(x) < \frac{2i}{2^{n+1}}$ e si ottiene

$$f_{n+1}(x) = \frac{2i-2}{2^{n+1}} \quad \text{o} \quad f_{n+1}(x) = \frac{2i-1}{2^{n+1}}.$$

In ogni caso $f_n(x) \leq f_{n+1}(x)$. Sia ora $x \in X$ tale che $f(x) \geq n$; allora risulta $f(x) \geq n+1$ o $n \leq f(x) < n+1$. Nel primo caso $f_{n+1}(x) = n+1 > n = f_n(x)$. Nel secondo caso si consideri $i = 1, \ldots, (n+1)2^{n+1}$ tale che $\frac{i-1}{2^{n+1}} \leq f(x) < \frac{i}{2^{n+1}}$. Essendo $f(x) \geq n$, si deduce $\frac{i}{2^{n+1}} > n$, da cui segue $i = (n+1)2^{n+1}$; pertanto $f_{n+1}(x) = n+1 - \frac{1}{2^{n+1}} > n = f_n(x)$. Ciò dimostra che $f_n \leq f_{n+1}$.

Per provare la convergenza, si fissi $x \in X$ e sia $n > f(x)$. Allora

$$0 \leq f(x) - f_n(x) < \frac{1}{2^n}. \tag{2.4}$$

Pertanto $f_n(x) \to f(x)$ per $n \to \infty$. Infine, se $0 \leq f(x) \leq M$ per ogni $x \in X$ e per un'opportuna costante $M > 0$, allora la (2.4) vale per ogni $x \in X$ e per ogni $n > M$. Quindi $f_n \to f$ uniformemente.   □

2.2 Convergenza quasi ovunque

In questo paragrafo introdurremo una generalizzazione della comune nozione di convergenza di una successione di funzioni. Nel seguito $(X, \mathscr{E}, \mu)$ denota uno spazio di misura.

Definizione 2.24. *Si dice che una successione di funzioni* $f_n : X \to \overline{\mathbb{R}}$ *converge a una funzione* $f : X \to \overline{\mathbb{R}}$

- quasi ovunque $(f_n \xrightarrow{q.o.} f)$ *se esiste un insieme* $E \in \mathscr{E}$ *di misura* 0 *tale che*

$$\lim_{n \to \infty} f_n(x) = f(x) \qquad \forall x \in X \setminus E;$$

- quasi uniformemente $(f_n \xrightarrow{q.u.} f)$ *se* f *è finita e, per ogni* $\varepsilon > 0$, *esiste* $E_\varepsilon \in \mathscr{E}$ *tale che* $\mu(E_\varepsilon) < \varepsilon$ *e* $f_n \to f$ *uniformemente in* $X \setminus E_\varepsilon$.

Esercizio 2.25. Sia $f_n : X \to \overline{\mathbb{R}}$ una successione di funzioni di Borel.

1. Provare che il limite puntuale di f_n, se esiste, è una funzione di Borel.
2. Provare che, se $f_n \xrightarrow{q.u.} f$, allora $f_n \xrightarrow{q.o.} f$.
3. Provare che, se $f_n \xrightarrow{q.o.} f$ e $f_n \xrightarrow{q.o.} g$, allora $f = g$ tranne su un insieme di misura 0.
4. Si dice che $f_n \to f$ uniformemente quasi ovunque se esiste $E \in \mathscr{E}$ di misura 0 tale che $f_n \to f$ uniformemente in $X \setminus E$. Provare che la convergenza quasi uniforme non implica, in generale, la convergenza uniforme quasi ovunque.

Suggerimento. Si consideri la successione $f_n(x) = x^n$ definita su $[0, 1]$ con la misura di Lebesgue.

Esempio 2.26. In relazione all'Esercizio 2.25.1, si osservi che il limite q.o. di funzioni di Borel può non essere di Borel. Infatti la successione banale $f_n \equiv 0$ definita su $(\mathbb{R}, \mathscr{B}(\mathbb{R}), m)$ (m denota la misura di Lebesgue) converge q.o. a χ_C, dove C è l'insieme di Cantor (si veda l'Esempio 1.60), ma anche a χ_E dove E è un qualunque sottoinsieme di C che non sia di Borel. Ciò è dovuto al fatto che la misura di Lebesgue su $\mathscr{B}(\mathbb{R})$ non è completa. D'altra parte, se il dominio $(X, \mathscr{E}, \mu)$ di $(f_n)_n$ è tale che μ è una misura *completa* su $\mathscr{E}$, allora il limite q.o. di funzioni di Borel è ancora una funzione di Borel.

Il prossimo risultato è una sorprendente conseguenza della convergenza q.o. su insiemi di misura finita.

Teorema 2.27 (Severini–Egorov). *Sia $f_n : X \to \overline{\mathbb{R}}$ una successione di funzioni di Borel. Se $\mu(X) < \infty$ e f_n converge q.o. a una funzione f finita di Borel, allora $f_n \overset{q.u.}{\longrightarrow} f$.*

Dimostrazione. Per ogni $k, n \in \mathbb{N}$ si definisca

$$A_n^k = \bigcup_{i=n}^{\infty} \left\{ |f - f_i| > \frac{1}{k} \right\}.$$

Si osservi che $A_n^k \in \mathscr{E}$ essendo f_n e f di Borel. Inoltre

$$A_n^k \downarrow \limsup_{n \to \infty} \left\{ |f - f_n| > \frac{1}{k} \right\} =: A^k \quad (n \to \infty).$$

Ne segue che $A^k \in \mathscr{E}$. Per ogni $x \in A^k$ si ha $|f(x) - f_n(x)| > \frac{1}{k}$ per infiniti indici n; quindi $\mu(A^k) = 0$ per ipotesi. Ricordando che μ è finita, per la Proposizione 1.18 si conclude che, per ogni $k \in \mathbb{N}$, $\mu(A_n^k) \downarrow 0$ per $n \to \infty$. Pertanto, fissato $\varepsilon > 0$, esiste una successione crescente di interi $(n_k)_k$ tale che $\mu(A_{n_k}^k) < \frac{\varepsilon}{2^k}$ per ogni $k \in \mathbb{N}$. Si ponga

$$E_\varepsilon := \bigcup_{k=1}^{\infty} A_{n_k}^k.$$

Allora risulta $\mu(E_\varepsilon) \leq \sum_{k=1}^{\infty} \mu(A_{n_k}^k) < \varepsilon$. Quindi, per ogni $x \in X \setminus E_\varepsilon$, si ha che

$$i \geq n_k \implies |f(x) - f_i(x)| \leq \frac{1}{k}$$

per tutti gli interi $k \geq 1$, ossia $f_n \to f$ uniformemente in $X \setminus E_\varepsilon$. $\qquad\square$

Esempio 2.28. Il Teorema 2.27 è falso, in generale, se $\mu(X) = \infty$. Ad esempio, si consideri $f_n = \chi_{[n,\infty)}$ definita su $\mathbb{R}$ con la misura di Lebesgue m. Allora $f_n \to 0$ puntualmente, ma $m(\{f_n = 1\}) = \infty$.

2.3 Approssimazione con funzioni continue

L'obiettivo di questo paragrafo è provare che una funzione $f : \mathbb{R}^N \to \mathbb{R}$ di Borel si può approssimare in un senso opportuno mediante funzioni continue, come mostra il seguente risultato noto come *Teorema di Lusin*.

Teorema 2.29 (Lusin). *Siano μ una misura di Radon in $\mathbb{R}^N$, $f : \mathbb{R}^N \to \mathbb{R}$ una funzione di Borel e $A \in \mathcal{B}(\mathbb{R}^N)$ tali che*

$$\mu(A) < \infty \quad e \quad f(x) = 0 \quad \forall x \notin A.$$

Allora, per ogni $\varepsilon > 0$ esiste una funzione continua $f_\varepsilon : \mathbb{R}^N \to \mathbb{R}$ con supporto[3] compatto tale che

$$\mu(\{f \neq f_\varepsilon\}) < \varepsilon, \tag{2.5}$$

$$\sup_{x \in \mathbb{R}^N} |f_\varepsilon(x)| \leq \sup_{x \in \mathbb{R}^N} |f(x)|. \tag{2.6}$$

Dimostrazione. Dividiamo la dimostrazione in cinque passi.

1. Si assuma che A sia compatto e $0 \leq f < 1$. Sia V un aperto limitato tale che $A \subset V$. Si consideri la successione $(f_n)_n \subset \mathscr{S}(X)$ come nell'enunciato della Proposizione 2.23. Risulta

$$f_1 = \frac{1}{2}\chi_{A_1}, \qquad A_1 = \left\{ f \geq \frac{1}{2} \right\}, \tag{2.7}$$

$$f_n - f_{n-1} = \frac{1}{2^n}\chi_{A_n}, \qquad A_n = \left\{ f - f_{n-1} \geq \frac{1}{2^n} \right\} \quad \forall n \geq 2. \tag{2.8}$$

La (2.7) è ovvia; per provare la (2.8), si consideri $x \in \mathbb{R}^N$ e $i = 1, \ldots, 2^{n-1}$ tale che $\frac{i-1}{2^{n-1}} \leq f(x) < \frac{i}{2^{n-1}}$. Allora $f_{n-1}(x) = \frac{i-1}{2^{n-1}}$. Inoltre

$$\frac{2i-2}{2^n} \leq f(x) < \frac{2i-1}{2^n} \quad \text{oppure} \quad \frac{2i-1}{2^n} \leq f(x) < \frac{2i}{2^n}.$$

Nel primo caso $x \notin A_n$ e $f_n(x) = \frac{2i-2}{2^n} = f_{n-1}(x)$; nel secondo caso $x \in A_n$ e $f_n(x) = \frac{2i-1}{2^n} = f_{n-1}(x) + \frac{1}{2^n}$. Pertanto la (2.8) è dimostrata. Poiché $f_n = f_1 + \sum_{i=2}^{n}(f_i - f_{i-1})$ per ogni $n \geq 2$, si deduce

$$f(x) = \lim_{n \to \infty} f_n(x) = \sum_{n=1}^{\infty} \frac{1}{2^n}\chi_{A_n}(x) \tag{2.9}$$

con convergenza uniforme della serie in $\mathbb{R}^N$. Si osservi che $A_n \in \mathcal{B}(\mathbb{R}^N)$ e $A_n \subset A$ per ogni $n \geq 1$.
Si fissi $\varepsilon > 0$. Grazie al Teorema 1.66, per ogni n esistono un insieme compatto K_n e un insieme aperto V_n tali che

---

[3] Si chiama *supporto* di una funzione continua $f : \mathbb{R}^N \to \mathbb{R}$, e si denota con $\mathrm{supp}(f)$, la chiusura dell'insieme $\{x \in \mathbb{R}^N \mid f(x) \neq 0\}$.

$$K_n \subset A_n \subset V_n \quad \text{e} \quad \mu(V_n \setminus K_n) < \frac{\varepsilon}{2^n}.$$

Sostituendo eventualmente V_n con $V_n \cap V$, si può assumere $V_n \subset V$. Si definisca[4]

$$g_n(x) = \frac{d_{V_n^c}(x)}{d_{K_n}(x) + d_{V_n^c}(x)} \quad \forall x \in \mathbb{R}^N.$$

È immediato vedere che g_n è continua e

$$0 \le g_n(x) \le 1 \quad \forall x \in \mathbb{R}^N \quad \text{e} \quad g_n \equiv \begin{cases} 1 \text{ in } K_n, \\ 0 \text{ in } V_n^c. \end{cases}$$

Pertanto, in un certo senso, g_n approssima χ_{A_n}. Si ponga ora

$$f_\varepsilon(x) = \sum_{n=1}^{\infty} \frac{1}{2^n} g_n(x) \quad \forall x \in \mathbb{R}^N. \tag{2.10}$$

Poiché la serie $\sum_{n=1}^{\infty} \frac{1}{2^n} g_n$ è totalmente convergente, si deduce che f_ε è continua. Inoltre

$$\{f_\varepsilon \ne 0\} \subset \bigcup_{n=1}^{\infty} \{g_n \ne 0\} \subset \bigcup_{n=1}^{\infty} V_n \subset V,$$

e quindi $\mathrm{supp}(f_\varepsilon) \subset \overline{V}$. Di conseguenza $\mathrm{supp}(f_\varepsilon)$ è compatto. Dalle (2.9) e (2.10) si ha

$$\{f_\varepsilon \ne f\} \subset \bigcup_{n=1}^{\infty} \{g_n \ne \chi_{A_n}\} \subset \bigcup_{n=1}^{\infty} (V_n \setminus K_n)$$

che implica

$$\mu(\{f_\varepsilon \ne f\}) \le \sum_{n=1}^{\infty} \frac{\varepsilon}{2^n} = \varepsilon.$$

Ne segue che la conclusione (2.5) sussiste se A è compatto e $0 \le f < 1$.

2. Evidentemente la (2.5) vale anche quando A è compatto e $0 \le f < M$ per un'opportuna costante $M > 0$ (basta sostituire f con f/M). Inoltre, se A è compatto e f è limitata, allora $|f| < M$ per qualche $M > 0$. Allora, per provare la (2.5) in questo caso, è sufficiente decomporre $f = f^+ - f^-$, dove $f^+ = \max\{f, 0\}$, $f^- = \max\{-f, 0\}$ e osservare che $0 \le f^+, f^- < M$.

3. Si passa ora a rimuovere l'ipotesi di compattezza per A. Per il Teorema 1.66 esiste un insieme compatto $K \subset A$ tale che $\mu(A \setminus K) < \varepsilon$. Si ponga

$$\bar{f} = \chi_K f.$$

---

[4] $d_S(x)$ denota la distanza tra l'insieme S e il punto x (si veda l'Appendice A).

Poiché $\bar{f}$ è nulla fuori di K, per il passo precedente si può approssimare f mediante una funzione continua con supporto compatto, diciamo f_ε. Allora

$$\{f_\varepsilon \neq f\} \subset \{f_\varepsilon \neq \bar{f}\} \cup (A \setminus K).$$

Pertanto

$$\mu(\{f_\varepsilon \neq f\}) < 2\varepsilon.$$

4. Per rimuovere l'ipotesi di limitatezza per f, si considerino gli insiemi di Borel così definiti

$$B_n = \{|f| \geq n\} \qquad n \in \mathbb{N}.$$

Evidentemente

$$B_{n+1} \subset B_n \qquad e \qquad \bigcap_{n \in \mathbb{N}} B_n = \varnothing.$$

Essendo $\mu(A) < \infty$, la Proposizione 1.18 implica $\mu(B_n) \to 0$. Pertanto, per un opportuno $\bar{n} \in \mathbb{N}$, si ha $\mu(B_{\bar{n}}) < \varepsilon$. Procedendo come prima, si definisca

$$\bar{f} = (1 - \chi_{B_{\bar{n}}})f.$$

Poiché $\bar{f}$ è limitata (da $\bar{n}$), per il passo precedente si può approssimare $\bar{f}$ mediante una funzione continua con supporto compatto, che chiamiamo di nuovo f_ε. Allora

$$\{f_\varepsilon \neq f\} \subset \{f_\varepsilon \neq \bar{f}\} \cup B_{\bar{n}},$$

da cui segue

$$\mu(\{f_\varepsilon \neq f\}) < 2\varepsilon.$$

5. Infine, per provare la (2.6), si supponga $M := \sup_{\mathbb{R}^N} |f| < \infty$. Si definisca

$$\theta_M : \mathbb{R} \to \mathbb{R} \qquad \theta_M(t) = \begin{cases} t & \text{se } |t| < M, \\ M\dfrac{t}{|t|} & \text{se } |t| \geq M \end{cases}$$

e $\bar{f}_\varepsilon = \theta_M \circ f_\varepsilon$; allora risulta $|\bar{f}_\varepsilon| \leq M$. Poiché θ_R è continua, anche $\bar{f}_\varepsilon$ è continua. Inoltre $\operatorname{supp}(\bar{f}_\varepsilon) = \operatorname{supp}(f_\varepsilon)$ e

$$\{f_\varepsilon = f\} \subset \{\bar{f}_\varepsilon = f\}.$$

Ciò completa la dimostrazione. $\qquad\qquad\qquad\qquad\qquad\qquad\qquad$ □

È utile segnalare il seguente corollario del Teorema di Lusin.

Corollario 2.30. *Siano μ una misura di Radon in $\mathbb{R}^N$, $A \subset \mathbb{R}^N$ un boreliano tale che $\mu(A) < \infty$ e $f : A \to \mathbb{R}$ una funzione di Borel. Allora, per ogni $\varepsilon > 0$ esiste un compatto $K_\varepsilon \subset A$ tale che $f\big|_{K_\varepsilon} : K_\varepsilon \to \mathbb{R}$ è continua e $\mu(A \setminus K_\varepsilon) < \varepsilon$.*

Dimostrazione. Si applichi il Teorema di Lusin al prolungamento $\tilde{f}$ di f a zero fuori di A: esiste una funzione $f_\varepsilon : \mathbb{R}^N \to \mathbb{R}$ continua tale che, posto $A_\varepsilon = \{x \in A \mid f(x) = f_\varepsilon(x)\}$, risulta $\mu(A \setminus A_\varepsilon) \leq \frac{\varepsilon}{2}$. Per il Teorema 1.66 esiste un compatto $K_\varepsilon \subset A_\varepsilon$ tale che $\mu(A_\varepsilon \setminus K_\varepsilon) \leq \frac{\varepsilon}{2}$. Pertanto

$$\mu(A \setminus K_\varepsilon) = \mu(A \setminus A_\varepsilon) + \mu(A_\varepsilon \setminus K_\varepsilon) \leq \varepsilon.$$

$\square$

2.4 Integrale di funzioni di Borel

Sia $(X, \mathscr{E}, \mu)$ uno spazio di misura. In questo paragrafo definiremo l'integrale di una funzione di Borel $f \colon X \to \overline{\mathbb{R}}$ rispetto alla misura μ. Considereremo dapprima il caso particolare delle funzioni positive, e successivamente il caso di funzioni con segno variabile.

2.4.1 Integrale di funzioni semplici positive

Procediamo con il definire l'integrale nella classe $\mathscr{S}_+(X)$ delle funzioni semplici positive, ossia

$$\mathscr{S}_+(X) = \{f : X \to [0, \infty] \mid f \in \mathscr{S}(X)\}.$$

Definizione 2.31. *Sia* $f \in \mathscr{S}_+(X)$. *In virtù dell'Osservazione 2.22.1* f *ammette una rappresentazione del tipo*

$$f(x) = \sum_{i=1}^{n} a_i \chi_{A_i}(x) \qquad x \in X,$$

dove $a_1, \ldots, a_n \in [0, \infty]$ *e* $A_1, \ldots, A_n$ *sono insiemi disgiunti in* $\mathscr{E}$ *tali che* $A_1 \cup \cdots \cup A_n = X$. *Allora, usando la convenzione* $0 \cdot \infty = 0$, *l'integrale (di Lebesgue) di* f *su* X *rispetto alla misura* μ *è così definito*

$$\int_X f(x) \, d\mu(x) = \int_X f \, d\mu = \sum_{i=1}^{n} a_i \mu(A_i).$$

Osservazione 2.32. È facile vedere che tale definizione è indipendente dalla rappresentazione di f. Infatti, dati $B_1, \ldots, B_m \in \mathscr{E}$ insiemi disgiunti con $B_1 \cup \cdots \cup B_m = X$ e numeri $b_1, \ldots, b_m \in [0, \infty]$ tali che

$$f(x) = \sum_{j=1}^{m} b_j \chi_{B_j}(x) \qquad x \in X,$$

si ha

$$A_i = \bigcup_{j=1}^{m}(A_i \cap B_j) \qquad B_j = \bigcup_{i=1}^{n}(A_i \cap B_j)$$

e

$$A_i \cap B_j \neq \varnothing \implies a_i = b_j.$$

Pertanto

$$\sum_{i=1}^{n} a_i \mu(A_i) = \sum_{i=1}^{n} \sum_{j=1}^{m} a_i \mu(A_i \cap B_j)$$

$$= \sum_{j=1}^{m} \sum_{i=1}^{n} b_j \mu(A_i \cap B_j) = \sum_{j=1}^{m} b_j \mu(B_j).$$

Proposizione 2.33. *Siano* $f, g \in \mathscr{S}_+(X)$ *e* $\alpha, \beta \in [0, \infty]$. *Allora*

$$\int_X (\alpha f + \beta g)\, d\mu = \alpha \int_X f\, d\mu + \beta \int_X g\, d\mu.$$

Dimostrazione. Grazie all'Osservazione 2.22.2, f e g si possono rappresentare mediante la stessa famiglia di insiemi disgiunti $A_1, \ldots, A_n$ di $\mathscr{E}$ come

$$f = \sum_{i=1}^{n} a_i \chi_{A_i} \qquad g = \sum_{i=1}^{n} b_i \chi_{A_i}.$$

Allora

$$\int_X (\alpha f + \beta g)\, d\mu = \sum_{i=1}^{n}(\alpha a_i + \beta b_i)\mu(A_i) = \alpha \sum_{i=1}^{n} a_i \mu(A_i) + \beta \sum_{i=1}^{n} b_i \mu(A_i)$$

$$= \alpha \int_X f\, d\mu + \beta \int_X g\, d\mu$$

come asserito. □

2.4.2 Funzione di ripartizione

Sia $f \colon X \to [0, \infty]$ una funzione di Borel. La *funzione di ripartizione* M_f di f è così definita

$$M_f(t) \colon = \mu(\{f > t\}) = \mu(f > t), \quad t \geq 0.$$

Dalla definizione segue che $M_f : [0, \infty) \to [0, \infty]$ è una funzione decrescente[5]; allora M_f ammette limite a ∞. Inoltre, poiché

---

[5] Ossia

$$t_1, t_2 \in [0, \infty), \ t_1 < t_2 \implies M_f(t_1) \geq M_f(t_2).$$

$${\{f = \infty\} = \bigcap_{n=1}^{\infty} \{f > n\},}$$

se μ è finita si ha

$$\lim_{t \to \infty} M_f(t) = \lim_{n \to \infty} M_f(n) = \lim_{n \to \infty} \mu(f > n) = \mu(f = \infty).$$

Altre importanti proprietà di M_f sono descritte nella proposizione seguente.

Proposizione 2.34. *Sia* $f: X \to [0, \infty]$ *una funzione di Borel e sia* M_f *la sua funzione di ripartizione. Allora valgono le seguenti proprietà:*

(i) *per ogni* $t_0 \geq 0$

$$\lim_{t \downarrow t_0} M_f(t) = M_f(t_0)$$

(cioè M_f *è continua da destra);*

(ii) *se* $\mu(X) < \infty$, *allora, per ogni* $t_0 > 0$,

$$\lim_{t \uparrow t_0} M_f(t) = \mu(f \geq t_0)$$

(cioè M_f *ammette limite sinistro).*

Dimostrazione. Si osservi dapprima che, essendo M_f una funzione decrescente, allora M_f ammette limite sinistro in ogni $t > 0$ e limite destro in ogni $t \geq 0$. Si passa ora a provare (i). Si ha

$$\lim_{t \downarrow t_0} M_f(t) = \lim_{n \to \infty} M_f\left(t_0 + \frac{1}{n}\right) = \lim_{n \to \infty} \mu\left(f > t_0 + \frac{1}{n}\right) = \mu(f > t_0) = M_f(t_0),$$

poiché

$$\left\{f > t_0 + \frac{1}{n}\right\} \uparrow \{f > t_0\}.$$

Per provare (ii), si noti che

$$\left\{f > t_0 - \frac{1}{n}\right\} \downarrow \{f \geq t_0\}.$$

Pertanto, ricordando che μ è finita, si ottiene

$$\lim_{t \uparrow t_0} M_f(t) = \lim_{n \to \infty} M_f\left(t_0 - \frac{1}{n}\right) = \lim_{n \to \infty} \mu\left(f > t_0 - \frac{1}{n}\right) = \mu(f \geq t_0),$$

da cui segue la (ii). □

Dalla Proposizione 2.34 segue che, quando μ è finita, M_f è continua in t_0 se e solo se $\mu(f = t_0) = 0$.

Esempio 2.35. Sia $f \in \mathscr{S}_+(X)$ e si scelga una rappresentazione di f della forma

$$f(x) = \sum_{i=0}^{n} a_i \chi_{A_i} \qquad x \in X,$$

con $0 = a_0 < a_1 < a_2 < \cdots < a_n = a \leq \infty$ e $A_0, A_1, \ldots, A_n \in \mathscr{E}$ insiemi disgiunti tali che $X = \cup_{i=0}^{n} A_i$. Allora la funzione di ripartizione M_f di f è data da

$$M_f(t) = \begin{cases} \mu(A_1) + \mu(A_2) + \cdots + \mu(A_n) = M_f(0) & \text{se } 0 \leq t < a_1, \\ \cdots\cdots\cdots\cdots\cdots\cdots\cdots\cdots\cdots & \cdots\cdots\cdots \\ \mu(A_i) + \mu(A_{i+1}) + \cdots + \mu(A_n) = M_f(a_{i-1}) & \text{se } a_{i-1} \leq t < a_i, \\ \cdots\cdots\cdots\cdots & \cdots\cdots\cdots \\ \mu(A_n) = M_f(a_{n-1}) & \text{se } a_{n-1} \leq t < a, \\ 0 = M_f(a) & \text{se } t \geq a. \end{cases}$$

Si ha dunque che

$$M_f(t) = \sum_{i=1}^{n} M_f(a_{i-1}) \chi_{[a_{i-1}, a_i)}(t) \qquad \forall t \geq 0$$

e $\mu(A_i) = M_f(a_{i-1}) - M_f(a_i)$. Quindi M_f è a sua volta una funzione semplice e risulta

$$\int_X f \, d\mu = \sum_{i=1}^{n} a_i \mu(A_i) = \sum_{i=1}^{n} a_i \big(M_f(a_{i-1}) - M_f(a_i)\big)$$

$$= \sum_{i=1}^{n} M_f(a_{i-1})(a_i - a_{i-1}) = \int_{[0,\infty)} M_f(t) \, dm \qquad (2.11)$$

dove m denota la misura di Lebesgue in $[0, \infty)$.

2.4.3 Integrale archimedeo

Per definire l'integrale di f quando f è una funzione di Borel positiva, occorre introdurre dapprima la nozione di *integrale archimedeo* di una funzione decrescente $F : [0, \infty) \to [0, \infty]$. Per ogni $t \in (0, \infty)$ denotiamo con $F(t^-)$ il limite sinistro di F in t:

$$F(t^-) := \lim_{s \uparrow t} F(s).$$

Si osservi che $F(t^-) \geq F(t)$ e $t_1 < t_2 \Rightarrow F(t_1) \geq F(t_2^-)$.

Sia Σ la famiglia di tutti gli insiemi finiti $\{t_0, \ldots, t_n\}$, dove $n \in \mathbb{N}$ e $0 = t_0 < t_1 < \cdots < t_n < \infty$.

Definizione 2.36. *Per ogni funzione decrescente* $F: [0, \infty) \to [0, \infty]$ *l'integrale archimedeo di* F *è così definito*

$$\int_0^\infty F(t)dt := \sup\{I_F(\sigma) : \sigma \in \Sigma\} \in [0, \infty]$$

dove, per ogni $\sigma = \{t_0, t_1, \ldots, t_n\} \in \Sigma$, *si è posto*

$$I_F(\sigma) = \sum_{i=1}^n F(t_i^-)(t_i - t_{i-1}).$$

Esercizio 2.37. Siano $F, G: [0, \infty) \to [0, \infty]$ funzioni decrescenti. Provare che

1. se $\sigma, \zeta \in \Sigma$ e $\sigma \subset \zeta$, allora $I_F(\sigma) \leq I_F(\zeta)$.
2. se $F(t) \leq G(t)$ per ogni $t > 0$, allora $\int_0^\infty F(t)\, dt \leq \int_0^\infty G(t)\, dt$.
3. se $F(t) = 0$ per ogni $t > 0$, allora $\int_0^\infty F(t)\, dt = 0$.

Vogliamo ora ricavare un'importante proprietà di passaggio al limite nell'integrale archimedeo.

Proposizione 2.38. *Sia* $F_n: [0, \infty) \to [0, \infty]$ *una successione di funzioni decrescenti tale che*

$$F_n(t) \uparrow F(t) \qquad (n \to \infty) \qquad \forall t \geq 0.$$

Allora

$$\int_0^\infty F_n(t)\, dt \quad \uparrow \quad \int_0^\infty F(t)\, dt.$$

Dimostrazione. Grazie all'Esercizio 2.37.2, essendo $F_n \leq F_{n+1} \leq F$, si ottiene

$$\int_0^\infty F_n(t)\, dt \leq \int_0^\infty F_{n+1}(t)\, dt \leq \int_0^\infty F(t)\, dt$$

per ogni n. Allora la disuguaglianza $\lim_{n \to \infty} \int_0^\infty F_n(t)\, dt \leq \int_0^\infty F(t)\, dt$ è immediata.

Per provare la disuguaglianza opposta, sia L un qualunque numero reale minore di $\int_0^\infty F(t)\, dt$. Allora esiste $\sigma = \{t_0, \ldots, t_N\} \in \Sigma$ tale che

$$\sum_{i=1}^N F(t_i^-)(t_i - t_{i-1}) > L.$$

Per $0 < \varepsilon < \min\{t_i - t_{i-1} \mid i = 1, \ldots, N\}$, si ponga

$$t_0^\varepsilon = t_0 = 0, \quad t_i^\varepsilon = t_i - \varepsilon \quad \forall i = 1, \ldots, N.$$

Quindi, $\sigma_\varepsilon = \{t_0^\varepsilon, \ldots, t_N^\varepsilon\} \in \Sigma$. Poiché $t_i^\varepsilon \uparrow t_i$ e $F(t_i^\varepsilon) \to F(t_i^-)$ per $\varepsilon \to 0^+$, si scelga ε abbastanza piccolo in modo che

$$\sum_{i=1}^{N} F(t_i^\varepsilon)(t_i^\varepsilon - t_{i-1}^\varepsilon) > L.$$

Pertanto, per n abbastanza grande, diciamo $n \geq n_L$,

$$\int_0^\infty F_n(t)\,dt \geq \sum_{i=1}^{N} F_n((t_i^\varepsilon)^-)(t_i^\varepsilon - t_{i-1}^\varepsilon) \geq \sum_{i=1}^{N} F_n(t_i^\varepsilon)(t_i^\varepsilon - t_{i-1}^\varepsilon) > L,$$

da cui segue $\lim_{n\to\infty} \int_0^\infty F_n(t)\,dt > L$. Per l'arbitrarietà di L si ha

$$\lim_{n\to\infty} \int_0^\infty F_n(t)\,dt \geq \int_0^\infty F(t)\,dt.$$

Ciò conclude la dimostrazione.   □

Esercizio 2.39. Data una funzione decrescente $F \colon [0,\infty) \to [0,\infty]$, provare che per ogni $a > 0$ risulta

$$\int_0^\infty F(t)\,dt \geq aF(a).$$

Osservazione 2.40. Sia $F \colon [0,\infty) \to [0,\infty]$ una funzione semplice decrescente. Allora F è una 'funzione a gradini'; più precisamente esistono $a_0, a_1, \ldots, a_n$ e $c_1, c_2, \ldots c_n$ tali che

$$0 = a_0 < a_1 < \ldots < a_n = \infty, \qquad \infty \geq c_1 > c_2 > \ldots > c_n \geq 0$$

e

$$F\big|_{(a_{i-1}, a_i)} = c_i \quad \forall i = 1, \ldots, n.$$

Pertanto $F \in \mathscr{S}_+([0,\infty))$ ed è quindi opportuno chiedersi se l'integrale archimedeo di F coincide con l'integrale della Definizione 2.31 rispetto alla misura di Lebesgue in $[0,\infty)$, ossia

$$\int_0^\infty F(t)\,dt = \sum_{i=1}^{n} c_i(a_i - a_{i-1}). \tag{2.12}$$

Si assuma dapprima $c_n = 0$. Fissato $\sigma \in \Sigma$, si ponga $\sigma' = \sigma \cup \{a_0, \ldots, a_{n-1}\} \in \Sigma$. Allora, se $\sigma' = \{t_0, t_1, \ldots, t_m\}$ con $0 = t_0 < t_1 < \ldots < t_m$, esistono k_i, $i = 0, \ldots, n-1$, tali che $t_{k_i} = a_i$, e si ha $0 = k_0 < \ldots < k_{n-1} \leq m$ e $F(t_j^-) = c_i$ per $k_{i-1} < j \leq k_i$. Poiché σ' è un raffinamento di σ, usando l'Esercizio 2.37.1 si deduce che $I_F(\sigma) \leq I_F(\sigma')$; inoltre

$$I_F(\sigma') = \sum_{j=1}^{m} F(t_j^-)(t_j - t_{j-1}) = \sum_{i=1}^{n-1} \sum_{j=k_{i-1}+1}^{k_i} F(t_j^-)(t_j - t_{j-1})$$

$$= \sum_{i=1}^{n-1} c_i \sum_{j=k_{i-1}+1}^{k_i} (t_j - t_{j-1}) = \sum_{i=1}^{n-1} c_i(a_i - a_{i-1}),$$

e quindi la (2.12) è dimostrata nel caso $c_n = 0$.

Se $c_n = \infty$, allora, usando l'Esercizio 2.39, per ogni $k > a_{n-1}$ risulta $\int_0^\infty F(t)dt \geq kc_n$, e quindi $\int_0^\infty F(t)dt = \infty$, da cui segue la (2.12).

Osservazione 2.41. Ricordando l'Esempio 2.35, se $f \in \mathscr{S}_+(X)$, allora la sua funzione di ripartizione $M_f : [0,\infty) \to [0,\infty]$ è una funzione semplice decrescente. Pertanto, grazie all'Osservazione 2.40,

$$\int_0^\infty M_f(t)\, dt = \int_{[0,\infty)} M_f\, dm,$$

dove m denota la misura di Lebesgue in $[0,\infty)$. Inoltre, utilizzando la (2.11), si deduce

$$\int_X f\, d\mu = \int_{[0,\infty)} M_f\, dm = \int_0^\infty M_f(t)\, dt = \int_0^\infty \mu(f > t)\, dt. \tag{2.13}$$

2.4.4 Integrale di funzioni di Borel positive

Usando l'uguaglianza (2.13) ottenuta per le funzioni semplici, possiamo ora estendere la definizione di integrale di Lebesgue a funzioni di Borel positive.

Definizione 2.42. *Data $f : X \to [0,\infty]$ una funzione di Borel, l'integrale (di Lebesgue) di f su X rispetto alla misura μ è così definito*

$$\int_X f\, d\mu = \int_X f(x)\, d\mu(x): \ = \int_0^\infty \mu(f > t)\, dt,$$

dove l'integrale al secondo membro è l'integrale archimedeo della funzione di ripartizione di f. Se l'integrale di f è finito, f si dice μ–sommabile.

Il prossimo risultato fornisce una stima della 'grandezza' di f in termini dell'integrale di f.

Proposizione 2.43 (Markov). *Sia $f : X \to [0,\infty]$ una funzione di Borel. Allora, per ogni $a \in (0,\infty)$,*

$$\cdot \quad \mu(f > a) \leq \frac{1}{a} \int_X f\, d\mu.$$

Dimostrazione. Ricordando il risultato dell'Esercizio 2.39, per ogni $a \in (0,\infty)$ si ha

$$\int_X f\, d\mu = \int_0^\infty \mu(f > t)\, dt \geq a\mu(f > a).$$

Ne segue la conclusione. □

La disuguaglianza di Markov ha importanti conseguenze. Generalizzando la nozione di convergenza q.o. (si veda la Definizione 2.24), diremo che una proprietà che riguarda i punti di X vale *quasi ovunque*, o, nella forma abbreviata, *q.o.*, se vale per ogni punto di X tranne al più un insieme $E \in \mathscr{E}$ con $\mu(E) = 0$.

Proposizione 2.44. *Sia* $f : X \to [0, \infty]$ *una funzione di Borel.*

(i) *Se* f *è* μ*–sommabile, allora l'insieme* $\{f = \infty\}$ *ha misura 0, cioè* f *è q.o. finita.*

(ii) *L'integrale di* f *su* X *è 0 se e solo se* f *è uguale a 0 q.o.*

Dimostrazione. (i) Dalla disuguaglianza di Markov segue che $\mu(f > a) < \infty$ per ogni $a > 0$ e

$$\lim_{a \to \infty} \mu(f > a) = 0.$$

Essendo

$$\{f > n\} \downarrow \{f = \infty\},$$

si ha

$$\mu(f = \infty) = \lim_{n \to \infty} \mu(f > n) = 0.$$

(ii) Se $f = 0$ q.o., si ottiene $\mu(f > t) = 0$ per ogni $t > 0$. Allora $\int_X f \, d\mu = \int_0^\infty \mu(f > t) \, dt = 0$ (si veda l'Esercizio 2.37.3). Viceversa, sia $\int_X f d\mu = 0$. Allora la disuguaglianza di Markov implica $\mu(f > a) = 0$ per ogni $a > 0$. Poiché $\{f > \frac{1}{n}\} \uparrow \{f > 0\}$, si deduce

$$\mu(f > 0) = \lim_{n \to \infty} \mu\left(f > \frac{1}{n}\right) = 0.$$

La dimostrazione è così completa. □

Il prossimo teorema, noto come *Teorema della Convergenza Monotona* o *Teorema di Beppo Levi*, è il primo risultato di passaggio al limite sotto il segno di integrale.

Teorema 2.45 (Beppo Levi). *Sia* $f_n : X \to [0, \infty]$ *una successione di funzioni di Borel tale che* $f_n \leq f_{n+1}$ *e si ponga*

$$f(x) = \lim_{n \to \infty} f_n(x) \qquad \forall x \in X.$$

Allora

$$\int_X f_n \, d\mu \quad \uparrow \quad \int_X f \, d\mu.$$

Dimostrazione. Si osservi che grazie alle ipotesi si ha

$$\{f_n > t\} \uparrow \{f > t\} \qquad \forall t > 0.$$

Pertanto $\mu(f_n > t) \uparrow \mu(f > t)$ per ogni $t > 0$. La conclusione segue dalla Proposizione 2.38. □

Combinando la Proposizione 2.23 e il Teorema 2.45 si deduce il seguente risultato.

Proposizione 2.46. *Sia* $f : X \to [0, \infty]$ *una funzione di Borel. Allora esiste una successione* $f_n : X \to [0, \infty)$ *tale che* $(f_n)_n \subset \mathscr{S}_+(X)$, $f_n(x) \uparrow f(x)$ *per ogni* $x \in X$ *e*

$$\int_X f_n \, d\mu \ \uparrow \ \int_X f \, d\mu.$$

Si passa ora a dimostrare alcune proprietà dell'integrale.

Proposizione 2.47. *Siano* $f, g : X \to [0, \infty]$ *funzioni di Borel. Valgono le seguenti proprietà:*

(i) *se* $\alpha, \beta \in [0, \infty]$, *allora* $\int_X (\alpha f + \beta g) \, d\mu = \alpha \int_X f \, d\mu + \beta \int_X g \, d\mu$;
(ii) *se* $f \geq g$, *allora* $\int_X f \, d\mu \geq \int_X g \, d\mu$.

Dimostrazione. La (i) vale per $f, g \in \mathscr{S}_+(X)$, grazie alla Proposizione 2.33. Nel caso di funzioni di Borel è sufficiente applicare la Proposizione 2.46.

Per provare la (ii), si osservi che l'inclusione banale $\{g > t\} \subset \{f > t\}$ implica $\mu(g > t) \leq \mu(f > t)$. Ne segue la tesi (si veda l'Esercizio 2.37.2).   □

Proposizione 2.48. *Sia* $f_n : X \to [0, \infty]$ *una successione di funzioni di Borel e sia*

$$f(x) = \sum_{n=1}^{\infty} f_n(x) \quad \forall x \in X.$$

Allora

$$\sum_{n=1}^{\infty} \int_X f_n \, d\mu = \int_X f \, d\mu.$$

Dimostrazione. Per ogni n si ponga

$$g_n = \sum_{k=1}^{n} f_k.$$

Allora $g_n(x) \uparrow f(x)$ per ogni $x \in X$. Applicando il Teorema della Convergenza Monotona si deduce

$$\int_X g_n \, d\mu \to \int_X f \, d\mu.$$

D'altra parte la (i) della Proposizione 2.47 implica

$$\int_X g_n \, d\mu = \sum_{k=1}^{n} \int_X f_k \, d\mu \to \sum_{k=1}^{\infty} \int_X f_k \, d\mu.$$

Ne segue la tesi.   □

Il prossimo importante risultato, noto come *Lemma di Fatou*, dimostra una proprietà di semicontinuità dell'integrale.

Lemma 2.49 (Fatou). *Sia* $f_n : X \to [0, \infty]$ *una successione di funzioni di Borel e sia* $f = \liminf_{n \to \infty} f_n$. *Allora*

$$\int_X f \, d\mu \leq \liminf_{n \to \infty} \int_X f_n \, d\mu. \tag{2.14}$$

Dimostrazione. Ponendo $g_n(x) = \inf_{k \geq n} f_k(x)$, si ha $g_n(x) \uparrow f(x)$ per ogni $x \in X$. Di conseguenza, per il Teorema della Convergenza Monotona,

$$\int_X f \, d\mu = \lim_{n \to \infty} \int_X g_n \, d\mu = \sup_{n \in \mathbb{N}} \int_X g_n \, d\mu.$$

D'altra parte, essendo $g_n \leq f_k$ per ogni $k \geq n$, si ha

$$\int_X g_n \, d\mu \leq \inf_{k \geq n} \int_X f_k \, d\mu.$$

Pertanto

$$\int_X f \, d\mu \leq \sup_{n \in \mathbb{N}} \inf_{k \geq n} \int_X f_k \, d\mu = \liminf_{n \to \infty} \int_X f_n \, d\mu.$$

La dimostrazione è così completa.   □

Corollario 2.50. *Sia* $f_n : X \to [0, \infty]$ *una successione di funzioni di Borel convergente puntualmente a* f. *Se esiste* $M \geq 0$ *tale che*

$$\int_X f_n \, d\mu \leq M \qquad \forall n \in \mathbb{N},$$

allora $\int_X f \, d\mu \leq M$.

Osservazione 2.51. Si può dare una versione del Teorema 2.45 e del Corollario 2.50 che si applica alla convergenza q.o. In questo caso non è più garantito che il limite f è una funzione di Borel (si veda l'Esempio 2.26). Per ovviare a questa difficoltà basta aggiungere l'ipotesi che f è di Borel o, in alternativa, che la misura μ è completa.

Esercizio 2.52. Tenendo conto dell'Osservazione 2.51, formulare e dimostrare l'analogo del Teorema 2.45 e del Corollario 2.50 per la convergenza q.o.

Esercizio 2.53. Si consideri lo spazio di misura $(X, \mathscr{P}(X), \delta_{x_0})$, dove δ_{x_0} denota le misura di Dirac concentrata in $x_0 \in X$. Provare che, per ogni funzione $f : X \to [0, \infty]$, risulta

$$\int_X f \, d\delta_{x_0} = f(x_0).$$

Esempio 2.54. Si consideri lo spazio di misura $(\mathbb{N}, \mathscr{P}(\mathbb{N}), \mu^\#)$, dove $\mu^\#$ denota la misura che conta. Allora ogni successione $(a_n)_n \subset \overline{\mathbb{R}}$ individua una funzione di Borel $f : n \in \mathbb{N} \mapsto a_n \in \overline{\mathbb{R}}$. Si assuma $(a_n)_n \subset [0, \infty]$. Essendo $f(n) = \sum_{k=1}^{\infty} a_k \chi_{\{k\}}(n)$ per ogni $n \in \mathbb{N}$, applicando le Proposizioni 2.47 e 2.48 si ha

$$\int_{\mathbb{N}} f \, d\mu^\# = \sum_{k=1}^{\infty} a_k \int_{\mathbb{N}} \chi_{\{k\}} \, d\mu^\# = \sum_{k=1}^{\infty} a_k \mu^\#(\{k\}) = \sum_{k=1}^{\infty} a_k.$$

Esercizio 2.55. Sia $(a_{nk})_{n,k \in \mathbb{N}}$ una successione in $[0, \infty]$. Provare che[6]

$$\sum_{n=1}^{\infty} \sum_{k=1}^{\infty} a_{nk} = \sum_{k=1}^{\infty} \sum_{n=1}^{\infty} a_{nk}.$$

Suggerimento. Si consideri lo spazio di misura $(\mathbb{N}, \mathscr{P}(\mathbb{N}), \mu^\#)$ e si ponga $f_k : n \mapsto a_{nk}$. Allora $(f_k)_k$ è una successione di funzioni positive di Borel. Usare la Proposizione 2.48 per dedurre la tesi.

Esercizio 2.56. Sia $(a_{nk})_{n,k \in \mathbb{N}}$ una successione in $[0, \infty]$ tale che, per ogni $n \in \mathbb{N}$,

$$h \le k \implies a_{nh} \le a_{nk}. \tag{2.15}$$

Si ponga, per ogni $n \in \mathbb{N}$,

$$\lim_{k \to \infty} a_{nk} =: \alpha_n \in [0, \infty]. \tag{2.16}$$

Provare che

$$\lim_{k \to \infty} \sum_{n=1}^{\infty} a_{nk} = \sum_{n=1}^{\infty} \alpha_n.$$

Suggerimento. Si ponga $f_k : n \mapsto a_{nk}$ e si utilizzi il Teorema della Convergenza Monotona.

Esempio 2.57. Il risultato dell'Esercizio 2.56 può essere dimostrato con metodi elementari. Si supponga dapprima $\sum_{n=1}^{\infty} \alpha_n < \infty$ e si fissi $\varepsilon > 0$. Allora esiste $n_\varepsilon \in \mathbb{N}$ tale che

$$\sum_{n=n_\varepsilon+1}^{\infty} \alpha_n < \varepsilon.$$

Utilizzando la (2.16), per k sufficientemente grande, diciamo $k \ge k_\varepsilon$, si ha $\alpha_n - \frac{\varepsilon}{n_\varepsilon} < a_{nk}$ per $n = 1, \dots, n_\varepsilon$. Pertanto, per ogni $k \ge k_\varepsilon$

$$\sum_{n=1}^{\infty} a_{nk} \ge \sum_{n=1}^{n_\varepsilon} \alpha_n - \varepsilon > \sum_{n=1}^{\infty} \alpha_n - 2\varepsilon.$$

Poiché $\sum_{n=1}^{\infty} a_{nk} \le \sum_{n=1}^{\infty} \alpha_n$, ne segue la tesi.

---

[6] Si veda la nota 6 a pagina 16.

Un ragionamento analogo dimostra il caso $\sum_{n=1}^{\infty} \alpha_n = \infty$. La tesi è immediata se almeno uno dei valori α_n è infinito. Si assuma pertanto $\alpha_n < \infty$ per ogni n. Fissato $M > 0$, sia $n_M \in \mathbb{N}$ tale che

$$\sum_{n=1}^{n_M} \alpha_n > 2M.$$

Per k abbastanza grande, diciamo $k \geq k_M$, si ha $\alpha_n - \frac{M}{n_M} \leq a_{nk}$ per $n = 1, \dots, n_M$. Allora per ogni $k \geq k_M$

$$\sum_{n=1}^{\infty} a_{nk} \geq \sum_{n=1}^{n_M} a_{nk} \geq \sum_{n=1}^{n_M} \alpha_n - M > M.$$

Esempio 2.58. L'ipotesi di monotonia nell'Esercizio 2.56 è essenziale. Infatti la (2.15) è falsa per la successione

$$a_{nk} = \delta_{nk} = \begin{cases} 1 & \text{se } n = k, \\ 0 & \text{se } n \neq k, \end{cases} \qquad \text{[delta di Kroneker]}$$

poiché

$$\lim_{k \to \infty} \sum_{n=1}^{\infty} a_{nk} = 1 \neq 0 = \sum_{n=1}^{\infty} \lim_{k \to \infty} a_{nk}.$$

Esercizio 2.59. Siano $f, g : X \to [0, \infty]$ funzioni di Borel. Provare che:

1. se $f \leq g$ q.o., allora $\int_X f \, d\mu \leq \int_X g \, d\mu$;
2. se $f = g$ q.o., allora $\int_X f \, d\mu = \int_X g \, d\mu$.

Esercizio 2.60. Provare che l'ipotesi di monotonia della successione $(f_n)_n$ è essenziale per il Teorema di Beppo Levi.

Suggerimento. Si consideri $f_n = \chi_{[n,n+1)}$ in $\mathbb{R}$ con la misura di Lebesgue.

Esercizio 2.61. Provare con un esempio che la disuguaglianza nel Lemma di Fatou può valere in senso stretto.

Suggerimento. Si consideri $f_{2n} = \chi_{[0,1)}$ e $f_{2n+1}(x) = \chi_{[1,2)}$ in $\mathbb{R}$ con la misura di Lebesgue.

Esercizio 2.62. Sia $(X, \mathcal{E}, \mu)$ uno spazio di misura. Provare che le seguenti affermazioni sono equivalenti:

1. μ è σ-finita;
2. esiste una funzione $f : X \to [0, \infty]$ μ-sommabile tale che $f(x) > 0$ per ogni $x \in X$.

Esercizio 2.63. Provare che, se m è la misura di Lebesgue in $[0, \infty)$ e F : $[0, \infty) \to [0, \infty]$ è una funzione decrescente, allora

$$\int_0^\infty F(t)\,dt = \int_{[0,\infty)} F\,dm.$$

Suggerimento. Il risultato è vero per funzioni semplici (si veda l'Osservazione 2.40). Nel caso generale utilizzare la Proposizione 2.23.

2.4.5 Integrale di funzioni con segno variabile

Definizione 2.64. *Una funzione* $f \colon X \to \overline{\mathbb{R}}$ *di Borel si dice* μ–*sommabile se esistono due funzioni* $\varphi, \psi : X \to [0, \infty]$ *di Borel* μ-*sommabili tali che*

$$f(x) = \varphi(x) - \psi(x) \qquad \forall x \in X. \tag{2.17}$$

In tal caso, il numero

$$\int_X f\,d\mu := \int_X \varphi\,d\mu - \int_X \psi\,d\mu \tag{2.18}$$

si chiama integrale (di Lebesgue) *di* f *su* X *rispetto a* μ.

Osservazione 2.65. L'integrale di f è indipendente dalla scelta delle funzioni φ, ψ usate per rappresentare f nella (2.17). Infatti, siano $\varphi_1, \psi_1 : X \to [0, \infty]$ funzioni di Borel μ–sommabili tali che

$$f(x) = \varphi_1(x) - \psi_1(x) \qquad \forall x \in X.$$

Allora, per la Proposizione 2.44, φ, ψ, φ_1 e ψ_1 sono q.o. finite e

$$\varphi(x) + \psi_1(x) = \varphi_1(x) + \psi(x) \qquad \text{q.o.}$$

Pertanto, grazie all'Esercizio 2.59.2 e alla Proposizione 2.47, si ha

$$\int_X \varphi\,d\mu + \int_X \psi_1\,d\mu = \int_X \varphi_1\,d\mu + \int_X \psi\,d\mu.$$

Poiché tali integrali sono tutti finiti, si deduce

$$\int_X \varphi\,d\mu - \int_X \psi\,d\mu = \int_X \varphi_1\,d\mu - \int_X \psi_1\,d\mu$$

come asserito.

Osservazione 2.66. Sia $f \colon X \to \overline{\mathbb{R}}$ una funzione μ–sommabile.

1. La parte positiva e la parte negativa di f

$$f^+(x) = \max\{f(x), 0\}, \quad f^-(x) = \max\{-f(x), 0\}$$

sono funzioni di Borel tali che $f = f^+ - f^-$. Siano $\varphi, \psi : X \to [0, \infty]$ funzioni μ–sommabili che verificano la (2.17). Se $x \in X$ è tale che $f(x) \geq 0$, allora $f^+(x) = f(x) \leq \varphi(x)$. Pertanto $f^+(x) \leq \varphi(x)$ per ogni $x \in X$ e, ricordando l'Esercizio 2.59.1, si deduce che f^+ è μ–sommabile. Analogamente si prova che f^- è μ–sommabile. Quindi

$$\int_X f \, d\mu = \int_X f^+ \, d\mu - \int_X f^- \, d\mu.$$

2. Dall'osservazione precedente si deduce che f è μ–sommabile se e solo se f^+ e f^- sono μ–sommabili. Essendo $|f| = f^+ + f^-$, è anche vero che f è μ–sommabile se e solo se $|f|$ è μ–sommabile. Inoltre

$$\left| \int_X f \, d\mu \right| \leq \int_X |f| \, d\mu. \tag{2.19}$$

Infatti

$$\left| \int_X f \, d\mu \right| = \left| \int_X f^+ \, d\mu - \int_X f^- \, d\mu \right| \leq$$

$$\leq \int_X f^+ \, d\mu + \int_X f^- \, d\mu = \int_X |f| \, d\mu.$$

Osservazione 2.67. La definizione (2.18) ha senso se almeno uno dei due integrali $\int_X \varphi \, d\mu$, $\int_X \psi \, d\mu$ è finito, ma non necessariamente entrambi. Una funzione di $f : X \to \overline{\mathbb{R}}$ si dice μ–*integrabile* se almeno una delle due funzioni f^+ e f^- è μ–sommabile. In tal caso si pone per definizione

$$\int_X f \, d\mu = \int_X f^+ \, d\mu - \int_X f^- \, d\mu.$$

Si noti che, in generale, $\int_X f \, d\mu \in \overline{\mathbb{R}}$. È evidente che ogni funzione di Borel $f : X \to [0, \infty]$ è μ–integrabile.

Per estendere i risultati precedenti a funzioni di segno arbitrario, si ricordi che la somma di due funzioni a valori nello spazio esteso $\overline{\mathbb{R}}$ può non essere ben definita; pertanto occorre assumere che almeno una delle due sia finita.

Proposizione 2.68. *Siano $f, g : X \to \overline{\mathbb{R}}$ funzioni μ–sommabili. Valgono le seguenti proprietà:*

(i) *se f è finita, allora, per ogni $\alpha, \beta \in \mathbb{R}$, $\alpha f + \beta g$ è μ–sommabile e*

$$\int_X (\alpha f + \beta g) \, d\mu = \alpha \int_X f \, d\mu + \beta \int_X g \, d\mu;$$

(ii) *se* $f \leq g$ *q.o., allora* $\int_X f \, d\mu \leq \int_X g \, d\mu$.

Dimostrazione. (i) Si assuma $\alpha, \beta > 0$ (la dimostrazione negli altri casi è analoga). Essendo f finita, anche f^+ e f^- sono finite. Allora si ha $\alpha f + \beta g = (\alpha f^+ + \beta g^+) - (\alpha f^- + \beta g^-)$ e pertanto, per la Definizione 2.64,

$$\int_X (\alpha f + \beta g) \, d\mu = \int_X (\alpha f^+ + \beta g^+) \, d\mu - \int_X (\alpha f^- + \beta g^-) \, d\mu.$$

La conclusione segue dalla Proposizione 2.47(i).

(ii) Sia $f \leq g$ q.o. È evidente che $f^+ \leq g^+$ e $g^- \leq f^-$ q.o. Allora dall'Esercizio 2.59 si ottiene

$$\int_X g \, d\mu = \int_X g^+ \, d\mu - \int_X g^- \, d\mu \geq \int_X f^+ \, d\mu - \int_X f^- \, d\mu = \int_X f \, d\mu.$$

La dimostrazione è così completa.   □

Passiamo ora a definire l'integrale su un insieme misurabile.

Definizione 2.69. *Sia* $f \colon X \to \overline{\mathbb{R}}$ μ*-sommabile e sia* $A \in \mathscr{E}$*. L'integrale (di Lebesgue) di* f *su* A *rispetto a* μ *è definito come*

$$\int_A f \, d\mu := \int_X \chi_A f \, d\mu.$$

Osservazione 2.70. Si osservi che, se $f \colon X \to \overline{\mathbb{R}}$ è μ–sommabile, anche $\chi_A f$ è μ–sommabile essendo $|\chi_A f| \leq |f|$. Poiché $f = \chi_A f + \chi_{A^c} f$, per la Proposizione 2.68.(i) si ottiene

$$\int_A f \, d\mu + \int_{A^c} f \, d\mu = \int_X f \, d\mu. \tag{2.20}$$

Osservazione 2.71. Ricordando che ogni insieme misurabile A è ancora, in modo naturale, uno spazio di misura con la σ–algebra $\mathscr{E} \cap A$ e la misura indotta (si veda l'Osservazione 1.26), si deduce che è sufficiente definire l'integrale sullo spazio X perché sia automaticamente definito su ogni sottoinsieme misurabile A.

Esercizio 2.72. Provare che, per ogni funzione μ–sommabile $f : X \to \overline{\mathbb{R}}$,

$$\int_A f \, d\mu = \int_X f \, d\mu {\llcorner} A$$

dove $\mu {\llcorner} A$ è la restrizione di μ a A (si veda la Definizione 1.24)

Se $A \in \mathscr{B}(\mathbb{R}^N)$, nel seguito denoteremo con m la misura di Lebesgue in A (più precisamente, la misura indotta su $\mathscr{B}(A)$ dalla misura di Lebesgue in $\mathbb{R}^N$, si veda l'Osservazione 1.26) e scriveremo di solito $\int_A f(x) \, dm(x)$ semplicemente come

$$\int_A f(x)\, dx$$

o equivalentemente come $\int_A f(y)\, dy$, $\int_A f(t)\, dt$ ecc. in termini della nuova variabile di integrazione y, t ecc. Se $N = 1$ e I è uno degli insiemi (a, b), $(a, b]$, $[a, b)$, $[a, b]$, scriveremo $\int_I f(x)\, dm(x)$ come

$$\int_a^b f(x)\, dx.$$

Poiché la misura di Lebesgue di qualsiasi punto è 0, non è necessario specificare a quale di questi quattro insiemi si riferisca l'integrale. Grazie al risultato dell'Esercizio 2.63, non c'è alcuna ambiguità con le notazioni usate per l'integrale archimedeo.

Proposizione 2.73. *Ogni funzione $f : X \to \overline{\mathbb{R}}$ μ–sommabile gode delle seguenti proprietà:*

(i) *f è q.o. finita, cioè l'insieme $\{|f| = \infty\}$ ha misura 0;*
(ii) *se $f = 0$ q.o., allora $\int_X f\, d\mu = 0$;*
(iii) *se $E \in \mathscr{E}$ ha misura 0, allora $\int_E f\, d\mu = 0$;*
(iv) *se $\int_A f\, d\mu = 0$ per ogni $A \in \mathscr{E}$, allora $f = 0$ q.o.*

Dimostrazione. Le affermazioni (i), (ii) e (iii) seguono immediatamente dalla Proposizione 2.44. Si passa a provare la (iv). Si ponga $A = \{f^+ > 0\}$. Allora si ha

$$0 = \int_A f\, d\mu = \int_X f^+\, d\mu.$$

Per la Proposizione 2.44(ii), $f^+ = 0$ q.o. Analogamente, $f^- = 0$ q.o. □

Osservazione 2.74. Come mostra la precedente proposizione, gli insiemi di misura nulla sono trascurabili nell'integrazione. Ciò suggerisce una estensione delle definizioni di misurabilità e sommabilità alle funzioni f a valori in $\overline{\mathbb{R}}$ che sono definite q.o. in X; più precisamente, f si dice di Borel se la funzione $\tilde{f}$ è di Borel, dove $\tilde{f}$ denota l'estensione di f a zero fuori dall'insieme dove è definita; analogamente, f si dice μ–sommabile se $\tilde{f}$ è μ–sommabile. L'integrale (di Lebesgue) di f su X rispetto a μ è così definito

$$\int_X f\, d\mu := \int_X \tilde{f}\, d\mu.$$

A titolo di esempio, enunciamo la seguente 'versione q.o.' della Proposizione 2.68(i): se f e g sono funzioni μ–sommabili, definite q.o. su X, allora la somma[7] $\alpha f + \beta g$ è μ–sommabile per ogni α, $\beta \in \mathbb{R}$; inoltre

$$\int_X (\alpha f + \beta g)\, d\mu = \alpha \int_X f\, d\mu + \beta \int_X g\, d\mu.$$

---

[7] Si osservi che f e g sono q.o. finite grazie alla Proposizione 2.73(i); pertanto la somma $\alpha f + \beta g$ è ben definita q.o. in X.

Il prossimo importante risultato è noto come proprietà di *assoluta continuità* dell'integrale di Lebesgue.

Proposizione 2.75. *Sia* $f: X \to \overline{\mathbb{R}}$ μ-*sommabile. Allora per ogni* $\varepsilon > 0$ *esiste* $\delta_\varepsilon > 0$ *tale che*

$$A \in \mathscr{E} \ \& \ \mu(A) < \delta_\varepsilon \ \implies \ \int_A |f| \, d\mu \leq \varepsilon. \qquad (2.21)$$

Dimostrazione. Senza perdita di generalità si può supporre f positiva. Allora

$$f_n(x) := \min\{f(x), n\} \uparrow f(x) \qquad \forall x \in X.$$

Per il Teorema di Beppo Levi si deduce $\int_X f_n \, d\mu \uparrow \int_X f \, d\mu$. Quindi per ogni $\varepsilon > 0$ esiste $n_\varepsilon \in \mathbb{N}$ tale che

$$0 \leq \int_X (f - f_n) \, d\mu < \frac{\varepsilon}{2} \qquad \forall n \geq n_\varepsilon.$$

Se $\mu(A) < \frac{\varepsilon}{2n_\varepsilon}$, per ogni $n \geq n_\varepsilon$ si ha dunque

$$\int_A f \, d\mu \leq \int_A f_{n_\varepsilon} \, d\mu + \int_X (f - f_{n_\varepsilon}) \, d\mu < \varepsilon.$$

La tesi segue scegliendo $\delta_\varepsilon = \frac{\varepsilon}{2n_\varepsilon}$. $\qquad\qquad\qquad\qquad\qquad$ □

Esercizio 2.76. Sia $f: X \to \overline{\mathbb{R}}$ μ-sommabile. Provare che

$$\lim_{n \to \infty} \int_{\{|f| > n\}} |f| \, d\mu = 0.$$

Esercizio 2.77. Siano $(X, \mathscr{E})$ e $(Y, \mathscr{F})$ spazi misurabili. Data una funzione misurabile $f: X \to Y$ e una misura μ su $\mathscr{E}$, sia $f_\sharp \mu$ la misura su $\mathscr{F}$ definita nell'Esercizio 2.6. Provare che, se $\varphi: Y \to \overline{\mathbb{R}}$ è $f_\sharp \mu$-sommabile, allora $\varphi \circ f$ è μ-sommabile e

$$\int_Y \varphi \, d(f_\sharp \mu) = \int_X (\varphi \circ f) \, d\mu.$$

2.5 Convergenza di integrali

Abbiamo già ottenuto due risultati che consentono il passaggio al limite sotto il segno di integrale, ovvero il Teorema di Beppo Levi e il Lemma di Fatou. In questo paragrafo approfondiremo la questione. Nel seguito $(X, \mathscr{E}, \mu)$ denota un generico spazio di misura.

2.5.1 Convergenza dominata

Iniziamo con il seguente classico risultato, noto come *Teorema della Convergenza Dominata* o *Teorema di Lebesgue*.

Proposizione 2.78 (Lebesgue). *Sia $f_n : X \to \overline{\mathbb{R}}$ una successione di funzioni di Borel puntualmente convergente a f. Si assuma che esista una funzione μ–sommabile $g : X \to [0, \infty]$ tale che*

$$|f_n(x)| \leq g(x) \qquad \forall x \in X, \ \forall n \in \mathbb{N}. \tag{2.22}$$

Allora f_n, f sono μ–sommabili e

$$\lim_{n \to \infty} \int_X f_n \, d\mu = \int_X f \, d\mu. \tag{2.23}$$

Dimostrazione. Si osservi che f_n, f sono μ–sommabili poiché sono di Borel e, per la (2.22), $|f(x)| \leq g(x)$ per ogni $x \in X$. Si assuma dapprima $g : X \to [0, \infty)$. Poiché le funzioni $g + f_n$ sono positive, applicando il Lemma di Fatou si ha

$$\int_X (g + f) \, d\mu \leq \liminf_{n \to \infty} \int_X (g + f_n) \, d\mu = \int_X g \, d\mu + \liminf_{n \to \infty} \int_X f_n \, d\mu.$$

Di conseguenza, essendo $\int_X g \, d\mu$ finito, si deduce

$$\int_X f \, d\mu \leq \liminf_{n \to \infty} \int_X f_n \, d\mu. \tag{2.24}$$

Analogamente

$$\int_X (g - f) \, d\mu \leq \liminf_{n \to \infty} \int_X (g - f_n) \, d\mu = \int_X g \, d\mu - \limsup_{n \to \infty} \int_X f_n \, d\mu.$$

Pertanto

$$\int_X f \, d\mu \geq \limsup_{n \to \infty} \int_X f_n \, d\mu. \tag{2.25}$$

La conclusione segue dalle (2.24) e (2.25).

Nel caso generale $g : X \to [0, \infty]$, si consideri $E = \{g = \infty\}$. Allora la (2.23) vale su E^c e, per la Proposizione 2.44(i), si ha $\mu(E) = 0$. Pertanto, usando l'identità (2.20), si deduce

$$\int_X f_n \, d\mu = \int_{E^c} f_n \, d\mu \to \int_{E^c} f \, d\mu = \int_X f \, d\mu,$$

come richiesto. $\square$

Esercizio 2.79. Si ricavi la (2.23) quando la (2.22) è verificata q.o. e $f_n \xrightarrow{q.o.} f$, con l'ulteriore ipotesi che f è di Borel o altrimenti che μ è completa.

Esercizio 2.80. Siano $f, g : X \to \overline{\mathbb{R}}$ di Borel tali che f è μ–sommabile e g è μ–integrabile[8]. Si assuma che f o g sia finita. Provare che $f + g$ è μ–integrabile e

$$\int_X (f + g) \, d\mu = \int_X f \, d\mu + \int_X g \, d\mu.$$

Esercizio 2.81. Siano $f_n : X \to \overline{\mathbb{R}}$ funzioni di Borel che soddisfano, per un'opportuna funzione μ–sommabile $g : X \to \overline{\mathbb{R}}$ e un'opportuna funzione (di Borel) f,

$$\left. \begin{array}{l} f_n(x) \geq g(x) \\ f_n(x) \uparrow f(x) \end{array} \right\} \quad \forall x \in X.$$

Provare che f_n, f sono μ–integrabili e

$$\lim_{n \to \infty} \int_X f_n \, d\mu = \int_X f \, d\mu.$$

Esercizio 2.82. Siano $f_n : X \to \overline{\mathbb{R}}$ funzioni di Borel che soddisfano, per un'opportuna funzione μ–sommabile g e un'opportuna funzione (di Borel) f,

$$\left. \begin{array}{l} f_n(x) \geq g(x) \\ f_n(x) \to f(x) \end{array} \right\} \quad \forall x \in X.$$

Provare che f_n, f sono μ–integrabili e

$$\int_X f \, d\mu \leq \liminf_{n \to \infty} \int_X f_n \, d\mu.$$

Esercizio 2.83. Siano $f_n : X \to \mathbb{R}$ funzioni di Borel. Provare che, se μ è finita e, per un'oppotuna costante M e un'opportuna funzione (di Borel) f,

$$\left. \begin{array}{l} |f_n(x)| \leq M \\ f_n(x) \to f(x) \end{array} \right\} \quad \forall x \in X,$$

allora f_n, f sono μ–sommabili e

$$\lim_{n \to \infty} \int_X f_n \, d\mu = \int_X f \, d\mu.$$

Esercizio 2.84. Sia $f : X \to \overline{\mathbb{R}}$ una funzione μ–sommabile. Dimostrare che

$$\lim_{n \to \infty} \int_X |f|^{1/n} \, d\mu = \mu(f \neq 0).$$

Esercizio 2.85. Sia $f : X \to \overline{\mathbb{R}}$ una funzione μ–sommabile tale che $|f| \leq 1$. Dimostrare che

$$\lim_{n \to \infty} \int_X |f|^n \, dx = \mu(|f| = 1).$$

---

[8] Si veda l'Osservazione 2.67.

Esercizio 2.86. Sia $f_n : \mathbb{R} \to \mathbb{R}$ così definita

$$
f_n(x) = \begin{cases} 0 & x \leq 0; \\ (x(|\log x| + 1))^{-\frac{1}{n}} & 0 < x \leq 1; \\ (x(\log x + 1))^{-n} & x > 1. \end{cases}
$$

Provare che

i) f_n è sommabile[9] per ogni $n \geq 2$;
ii) $\lim_{n \to \infty} \int_{\mathbb{R}} f_n(x)\, dx = 1$.

Esercizio 2.87. Sia $f_n : (0, 1) \to \mathbb{R}$ così definita

$$
f_n(x) = \frac{n}{x^{3/2}} \log \left(1 + \frac{x}{n}\right).
$$

Provare che

i) f_n è sommabile per ogni $n \geq 1$;
ii) $\lim_{n \to \infty} \int_0^1 f_n(x)\, dx = 2$.

Esercizio 2.88. Sia $f_n : (0, \infty) \to \mathbb{R}$ così definita

$$
f_n(x) = \frac{1}{x^{3/2}} \log \left(1 + \frac{x}{n}\right).
$$

Dimostrare che

i) f_n è sommabile per ogni $n \geq 1$;
ii) $\lim_{n \to \infty} \int_0^{\infty} f_n(x)\, dx = 0$.

Esercizio 2.89. Sia $f_n : (0, 1) \to \mathbb{R}$ così definita

$$
f_n(x) = \frac{n\sqrt{x}}{1 + n^2 x^2}.
$$

Provare che:

i) $f_n(x) \leq \frac{1}{\sqrt{x}}$ per ogni $n \geq 1$;
ii) $\lim_{n \to \infty} \int_0^1 f_n(x)\, dx = 0$.

Esercizio 2.90. Sia $f_n : (0, \infty) \to \mathbb{R}$ così definita

$$
f_n(x) = \frac{1}{x^{3/2}} \sin \frac{x}{n}.
$$

Provare che

i) f_n è sommabile per ogni $n \geq 1$;

---

[9] Per semplicità, diremo spesso 'sommabile' invece di 'm-sommabile', omettendo nei casi non ambigui l'esplicito riferimento alla misura di Lebesgue m.

ii) $\lim_{n\to\infty} \int_0^\infty f_n(x)\, dx = 0$.

Esercizio 2.91. Calcolare il limite

$$\lim_{n\to\infty} \int_0^\infty \frac{n}{1+n\sqrt{x}} \left(\frac{\sin x}{x}\right)^n dx.$$

Esercizio 2.92. Data μ una misura di Borel su $\mathbb{R}$ e $f : \mathbb{R} \to \overline{\mathbb{R}}$ una funzione μ–sommabile, si ponga

$$\varphi : \mathbb{R} \to \mathbb{R}, \quad \varphi(x) = \int_{(x,\infty)} f\, d\mu.$$

i) Provare che, se la misura μ è tale che

$$\mu(\{x\}) = 0 \quad \forall x \in \mathbb{R}, \tag{2.26}$$

   allora φ è continua.
ii) Mostrare con un esempio che, in generale, φ non è continua senza l'ipotesi (2.26).

Esercizio 2.93. Data μ una misura di Borel su $\mathbb{R}$ e $f : \mathbb{R} \to [0,\infty]$ una funzione di Borel, provare che la funzione

$$\varphi : \mathbb{R} \to \mathbb{R} \cup \{\infty\}, \quad \varphi(x) = \int_{(x,\infty)} f\, d\mu$$

è semicontinua inferiormente.

2.5.2 Sommabilità uniforme

Definizione 2.94. *Una successione $f_n : X \to \overline{\mathbb{R}}$ di funzioni μ–sommabili si dice* uniformemente μ–sommabile *se verifica le seguenti condizioni:*

a) *per ogni $\varepsilon > 0$ esiste $\delta_\varepsilon > 0$ tale che*

$$\int_A |f_n|\, d\mu \le \varepsilon \ \forall n \in \mathbb{N}, \ \forall A \in \mathscr{E} \text{ con } \mu(A) < \delta_\varepsilon; \tag{2.27}$$

b) *per ogni $\varepsilon > 0$ esiste $B_\varepsilon \in \mathscr{E}$ tale che*

$$\mu(B_\varepsilon) < \infty \qquad e \qquad \int_{B_\varepsilon^c} |f_n|\, d\mu < \varepsilon \ \forall n \in \mathbb{N}. \tag{2.28}$$

Osservazione 2.95. Una successione $(f_n)_n$ verifica la a) della Definizione 2.94 se e solo se

$$\lim_{\mu(A)\to 0} \int_A |f_n|\, d\mu = 0 \quad \text{uniformemente rispetto a } n.$$

Osservazione 2.96. Le proprietà a) e b) della Definizione 2.94 valgono per una singola funzione μ–sommabile f. Infatti la a) segue direttamente dalla Proposizione 2.75. Per provare la b), si osservi che, per la disuguaglianza di Markov, gli insiemi $\{|f| > \frac{1}{n}\}$ hanno misura finita e, per il Teorema di Lebesgue,

$$\int_{\{|f| \leq \frac{1}{n}\}} |f| \, d\mu = \int_X \chi_{\{|f| \leq \frac{1}{n}\}} |f| \, d\mu \to 0 \text{ per } n \to \infty.$$

Il prossimo teorema, dovuto a Vitali, utilizza la nozione di uniforme sommabilità per fornire una ulteriore condizione sufficiente per passare al limite sotto il segno di integrale.

Teorema 2.97 (Vitali). *Sia $f_n : X \to \overline{\mathbb{R}}$ una successione di funzioni uniformemente μ–sommabile. Se $(f_n)_n$ converge puntualmente a un limite f q.o. finito, allora f è μ–sommabile e*

$$\lim_{n \to \infty} \int_X f_n \, d\mu = \int_X f \, d\mu. \tag{2.29}$$

Dimostrazione. Si assuma dapprima che f e tutte le f_n siano finite. Fissato $\varepsilon > 0$, sia $\delta_\varepsilon > 0$, $B_\varepsilon \in \mathscr{E}$ tali che valgono le (2.27)–(2.28). Poiché, per il Teorema 2.27, $f_n \xrightarrow{q.u.} f$ in B_ε, esiste un insieme misurabile $A_\varepsilon \subset B_\varepsilon$ tale che $\mu(A_\varepsilon) < \delta_\varepsilon$ e

$$f_n \to f \text{ uniformemente in } B_\varepsilon \setminus A_\varepsilon. \tag{2.30}$$

Pertanto

$$\int_{B_\varepsilon} |f_n - f| \, d\mu = \int_{A_\varepsilon} |f_n - f| \, d\mu + \int_{B_\varepsilon \setminus A_\varepsilon} |f_n - f| \, d\mu$$
$$\leq \int_{A_\varepsilon} |f_n| \, d\mu + \int_{A_\varepsilon} |f| \, d\mu + \mu(B_\varepsilon) \sup_{B_\varepsilon \setminus A_\varepsilon} |f_n - f|.$$

Si noti che $\int_{A_\varepsilon} |f_n| \, d\mu \leq \varepsilon$, $\int_{B_\varepsilon^c} |f_n| \, d\mu \leq \varepsilon$ per le (2.27)-(2.28). Inoltre, grazie al Corollario 2.50, $\int_{A_\varepsilon} |f| \, d\mu \leq \varepsilon$, $\int_{B_\varepsilon^c} |f| \, d\mu \leq \varepsilon$. Allora

$$\int_X |f_n - f| \, d\mu \leq \int_{B_\varepsilon^c} |f| \, d\mu + \int_{B_\varepsilon^c} |f_n| \, d\mu + \int_{B_\varepsilon} |f_n - f| \, d\mu$$
$$\leq 4\varepsilon + \mu(B_\varepsilon) \sup_{B_\varepsilon \setminus A_\varepsilon} |f_n - f|.$$

Essendo $\mu(B_\varepsilon) < \infty$, dalla (2.30) si deduce

$$\int_X |f_n - f| \, d\mu \to 0. \tag{2.31}$$

Quindi $f_n - f$ è μ–sommabile; di conseguenza, poiché $f = (f - f_n) + f_n$, per la Proposizione 2.68(i) si deduce che f è μ–sommabile. La conclusione segue dalla (2.19) e dalla (2.31).

Nel caso generale in cui f è q.o. finita e le f_n sono μ–sommabili, si considerino gli insiemi

$$E_0 = \{|f| = \infty\} \qquad E_n = \{|f_n| = \infty\} \quad \forall n \geq 1.$$

Allora $\mu(E_0) = 0$ per ipotesi e $\mu(E_n) = 0$ per ogni $n \geq 1$ grazie alla Proposizione 2.73. Pertanto $E = \cup_{n\geq 0} E_n$ è anch'esso trascurabile e la (2.29) vale su E^c. Quindi,

$$\int_X f_n \, d\mu = \int_{E^c} f_n \, d\mu \to \int_{E^c} f \, d\mu = \int_X f \, d\mu,$$

il che dimostra il teorema in generale.   □

Esercizio 2.98. Si ricavi la (2.29) quando $f_n \xrightarrow{q.o.} f$ con l'ulteriore ipotesi che f è di Borel o altrimenti che μ è completa.

Esercizio 2.99. Si dimostri con un esempio che senza l'ipotesi 'f q.o. finita' la tesi del Teorema 2.97 è falsa in generale.

Suggerimento. In $\mathbb{N}$ con la misura $\mu^\#$ che conta si consideri la successione di funzioni $f_n : \mathbb{N} \to \mathbb{R}$, $f_n = n\chi_{\{1\}} - n\chi_{\{2\}}$. Mostrare che $(f_n)_n$ è uniformemente $\mu^\#$–sommabile ma il suo limite puntuale non è $\mu^\#$–sommabile.

Nel caso di misure finite la b) della Definizione 2.94 è sempre verificata prendendo $B_\varepsilon = X$; pertanto si ottiene il seguente corollario.

Corollario 2.100. *Si assuma $\mu(X) < \infty$ e sia $f_n : X \to \overline{\mathbb{R}}$ una successione di funzioni che verifica la a) della Definizione 2.94 e convergente puntualmente a una funzione f q.o. finita. Allora f è μ–sommabile e*

$$\lim_{n \to \infty} \int_X f_n \, d\mu = \int_X f \, d\mu.$$

Esercizio 2.101. Mostrare con un esempio che quando $\mu(X) = \infty$ la b) della Definizione 2.94 è una condizione essenziale nel Teorema di Vitali.

Suggerimento. Si consideri $f_n = \chi_{[n,n+1)}$ in $\mathbb{R}$ con la misura di Lebesgue.

Osservazione 2.102. Si osservi che il Teorema della Convergenza Dominata di Lebesgue è corollario del Teorema di Vitali. Infatti, sia $f_n : X \to \overline{\mathbb{R}}$ una successione di funzioni di Borel che verificano la (2.22) per un'opportuna funzione μ–sommabile g. Poiché grazie all'Osservazione 2.96 le proprietà a) e b) della Definizione 2.94 valgono per la singola funzione g, segue immediatamente che $(f_n)_n$ è uniformemente μ–sommabile. Il viceversa non vale, ossia non è detto che una successione uniformemente μ–sommabile risulti dominata. Per convincersi di ciò, si consideri la successione

$$f_n = n\chi_{[\frac{1}{n}, \frac{1}{n} + \frac{1}{n^2})}$$

definita in $\mathbb{R}$ con la misura di Lebesgue; essendo $\int_{\mathbb{R}} f_n \, dx = \frac{1}{n}$, allora la successione $(f_n)_n$ è uniformemente sommabile; d'altra parte

$$\sup_n f_n = g := \sum_{n=1}^{\infty} n \chi_{[\frac{1}{n}, \frac{1}{n} + \frac{1}{n^2})}$$

e

$$\int_{\mathbb{R}} g \, dx = \sum_{n=1}^{\infty} \frac{1}{n} = \infty;$$

quindi non esistono funzioni sommabili che dominano $(f_n)_n$.

2.5.3 Integrali dipendenti da parametro

Sia $(X, \mathscr{E}, \mu)$ uno spazio di misura. In questo paragrafo vedremo come derivare l'integrale su X di una funzione $f(x, y)$ dipendente da un'ulteriore variabile y chiamata parametro. Iniziamo con un risultato di continuità.

Proposizione 2.103. *Siano (Y, d) uno spazio metrico, $y_0 \in Y$, U un intorno y_0 e*

$$f : X \times Y \to \mathbb{R}$$

una funzione tale che

(a) *la funzione $x \mapsto f(x, y)$ è di Borel per ogni $y \in Y$;*
(b) *la funzione $y \mapsto f(x, y)$ è continua in y_0 per ogni $x \in X$;*
(c) *per un'opportuna funzione μ–sommabile $g : X \to [0, \infty]$ si ha*

$$|f(x, y)| \leq g(x) \qquad \forall x \in X, \, \forall y \in U.$$

Allora $\Phi(y) := \int_X f(x, y) \, d\mu(x)$ è continua in y_0.

Dimostrazione. Sia $(y_n)_n$ una successione in Y convergente a y_0. Si supponga inoltre $y_n \in U$ per ogni $n \in \mathbb{N}$. Allora

$$\forall x \in X \qquad \begin{cases} f(x, y_n) \to f(x, y_0) & \text{per} \quad n \to \infty \\ |f(x, y_n)| \leq g(x) & \forall n \in \mathbb{N}. \end{cases}$$

Pertanto, per il Teorema di Lebesgue,

$$\int_X f(x, y_n) \, d\mu(x) \longrightarrow \int_X f(x, y_0) \, d\mu(x) \quad \text{per } n \to \infty,$$

da cui segue l'asserto data l'arbitrarietà di $(y_n)_n$. $\qquad \square$

Esercizio 2.104. Sia $p > 0$ fissato. Per $t > 0$ si definisca

$$f_t(x) = \frac{1}{t} x^p e^{-\frac{x}{t}} \quad x \in [0, 1].$$

Per quali valori di p sono vere le seguenti affermazioni?

(a) $f_t \xrightarrow{q.o.} 0$ per $t \to 0$.
(b) $f_t \to 0$ uniformemente in $[0,1]$ per $t \to 0$.
(c) $\int_0^1 f_t(x)\,dx \longrightarrow 0$ per $t \to 0$.

Per la differenziabilità, ci limiteremo al caso di un parametro reale.

Proposizione 2.105. *Sia $f : X \times (a,b) \to \mathbb{R}$ una funzione tale che*

(a) *la funzione $x \mapsto f(x,y)$ è di Borel per ogni $y \in (a,b)$;*
(b) *la funzione $y \mapsto f(x,y)$ è derivabile in (a,b) per ogni $x \in X$;*
(c) *per un'opportuna funzione μ–sommabile $g : X \to [0,\infty]$ risulta*

$$\sup_{a<y<b} \left| \frac{\partial f}{\partial y}(x,y) \right| \le g(x) \qquad \forall x \in X.$$

Allora $\Phi(y) := \int_X f(x,y)\,d\mu(x)$ è derivabile in (a,b) e

$$\Phi'(y) = \int_X \frac{\partial f}{\partial y}(x,y)\,d\mu(x) \qquad \forall y \in (a,b).$$

Dimostrazione. Si noti dapprima che la funzione $x \mapsto \frac{\partial f}{\partial y}(x,y)$ è di Borel per ogni $y \in (a,b)$ poiché

$$\frac{\partial f}{\partial y}(x,y) = \lim_{n\to\infty} n\left[f\left(x, y + \frac{1}{n}\right) - f(x,y) \right] \qquad \forall (x,y) \in X \times (a,b).$$

Si fissi ora $y_0 \in (a,b)$ e sia $(y_n)_n$ una successione in (a,b) convergente a y_0. Allora

$$\frac{\Phi(y_n) - \Phi(y_0)}{y_n - y_0} = \int_X \underbrace{\frac{f(x,y_n) - f(x,y_0)}{y_n - y_0}}_{\xrightarrow{n\to\infty} \frac{\partial f}{\partial y}(x,y_0)}\,d\mu(x)$$

e

$$\left| \frac{f(x,y_n) - f(x,y_0)}{y_n - y_0} \right| \le g(x) \qquad \forall x \in X, \ \forall n \in \mathbb{N}$$

grazie al teorema del valor medio. Pertanto il Teorema di Lebesgue implica

$$\frac{\Phi(y_n) - \Phi(y_0)}{y_n - y_0} \longrightarrow \int_X \frac{\partial f}{\partial y}(x,y_0)\,d\mu(x) \quad \text{per} \quad n \to \infty.$$

Ne segue la tesi data l'arbitrarietà di $(y_n)_n$. $\qquad\qquad\qquad\qquad\qquad\square$

Osservazione 2.106. Si osservi che l'ipotesi (b) della Proposizione 2.105 deve essere verificata sull'intero intervallo (a,b) (non solo q.o.) per poter derivare sotto il segno di integrale. Infatti per $X = (a,b) = (0,1)$ si consideri

$$f(x,y) = \begin{cases} 1 & \text{se } y \ge x, \\ 0 & \text{se } y < x. \end{cases}$$

Allora $\frac{\partial f}{\partial y}(x,y) = 0$ per ogni $y \neq x$, ma

$$\Phi(y) = \int_0^1 f(x,y)\, dx = y,$$

da cui segue $\Phi'(y) = 1$.

Esempio 2.107. Si consideri l'integrale

$$\Phi(y) := \int_0^\infty e^{-x^2 - \frac{y^2}{x^2}}\, dx, \quad y \in \mathbb{R}.$$

Si osservi che

$$\left| \frac{\partial}{\partial y} e^{-x^2 - \frac{y^2}{x^2}} \right| = \frac{2y}{x^2} e^{-x^2 - \frac{y^2}{x^2}}$$

$$= \frac{2e^{-x^2}}{y} \underbrace{\frac{y^2}{x^2} e^{-\frac{y^2}{x^2}}}_{\leq 1/e} \leq \frac{2e^{-x^2}}{r} \quad \text{per } y \geq r > 0,\ \forall x > 0.$$

Pertanto, per ogni $y > 0$,

$$\Phi'(y) = -\int_0^\infty \frac{2y}{x^2} e^{-x^2 - \frac{y^2}{x^2}}\, dx$$

$$\stackrel{t = y/x}{=} -2 \int_0^\infty y \frac{t^2}{y^2} e^{-t^2 - \frac{y^2}{t^2}} \frac{y}{t^2}\, dt = -2\Phi(y).$$

Poiché

$$\int_0^\infty e^{-x^2}\, dx = \frac{\sqrt{\pi}}{2},$$

risolvendo il problema di Cauchy

$$\begin{cases} \Phi'(y) = -2\Phi(y),\ y > 0, \\ \displaystyle\lim_{y \to 0^+} \Phi(y) = \frac{\sqrt{\pi}}{2}, \end{cases}$$

e osservando che Φ è una funzione pari, si ottiene

$$\Phi(y) = \frac{\sqrt{\pi}}{2} e^{-2|y|}.$$

Esempio 2.108. Applicando il Teorema di Lebesgue alla misura che conta in $\mathbb{N}$ si deduce che

$$\lim_{n \to \infty} n \sum_{i=1}^\infty \sin\left(\frac{2^{-i}}{n} \right) = 1.$$

Infatti si osservi che

$$f_n(i) := n \sin\left(\frac{2^{-i}}{n}\right)$$

verifica $|f_n(i)| \le 2^{-i}$. Allora per il Teorema di Lebesgue si ha

$$\lim_{n\to\infty} \sum_{i=1}^{\infty} f_n(i) = \sum_{i=1}^{\infty} \lim_{n\to\infty} f_n(i) = \sum_{i=1}^{\infty} 2^{-i} = 1.$$

Esercizio 2.109. Si calcoli il limite

$$\lim_{R\to\infty} \int_0^R \frac{\sin x}{x}\,dx$$

procedendo come segue.

(i) Provare dapprima che il limite esiste.

Suggerimento. Si osservi che per ogni $R > \frac{\pi}{2}$ si ha

$$\int_0^R \frac{\sin x}{x}\,dx = \int_0^{\pi/2} \frac{\sin x}{x}\,dx - \frac{\cos R}{R} - \int_{\pi/2}^R \frac{\cos x}{x^2}\,dx$$

$$\to \int_0^{\pi/2} \frac{\sin x}{x}\,dx - \int_{\pi/2}^{\infty} \frac{\cos x}{x^2}\,dx$$

per $R \to \infty$, avendo utilizzato il Teorema di Lebesgue.

(ii) Provare che

$$\Phi(t) := \int_0^{\infty} e^{-tx}\frac{\sin x}{x}\,dx$$

è derivabile per ogni $t > 0$.

Suggerimento. Si ricordi che

$$e^{-tx} \le e^{-rx} \quad \forall t \ge r > 0, \ \forall x > 0.$$

(iii) Calcolare $\Phi'(t)$ per $t \in]0, \infty[$.

Suggerimento. Si proceda come nell'Esempio 2.107 utilizzando il seguente integrale indefinito

$$\int e^{-tx} \sin x\,dx = -\frac{t \sin x + \cos x}{1 + t^2} e^{-tx} + c, \quad c \in \mathbb{R}.$$

(iv) Calcolare $\Phi(t)$ per ogni $t \in]0, \infty[$.

(v) Posto $I = \lim_{R\to\infty} \int_0^R \frac{\sin x}{x}\,dx$, provare che $\lim_{t\to 0+} \Phi(t) = I$ e dedurre che

$$I = \frac{\pi}{2}.$$

Suggerimento. Si osservi che

$$\Phi(t) = \int_0^{\pi/2} e^{-tx} \frac{\sin x}{x} \, dx - \int_{\pi/2}^{\infty} \frac{1+tx}{x^2} e^{-tx} \cos x \, dx$$

$$\to \int_0^{\pi/2} \frac{\sin x}{x} \, dx - \int_{\pi/2}^{\infty} \frac{\cos x}{x^2} \, dx$$

per $t \to 0^+$, avendo utilizzato il Teorema di Lebesgue.

3

Spazi L^p

Spazi $\mathscr{L}^p(X,\mu)$ e $L^p(X,\mu)$ – Spazio $L^\infty(X,\mu)$ – Convergenza in misura – Convergenza e approssimazione in L^p

Abbiamo già osservato nel precedente capitolo che l'insieme delle funzioni μ–sommabili su uno spazio di misura $(X,\mathscr{E},\mu)$ è uno spazio vettoriale. In questo capitolo definiremo gli spazi di Lebesgue, ovvero degli opportuni spazi di funzioni di Borel $f : X \to \overline{\mathbb{R}}$ per i quali la funzione

$$d(f,g) = \int_X |f - g|^p \, d\mu \tag{3.1}$$

è una distanza. La proprietà fondamentale degli spazi di Lebesgue è quella di essere completi.

Nel capitolo precedente abbiamo incontrato diversi tipi di convergenza di successioni di funzioni. Ora completeremo lo studio, introducendo nuove nozioni di convergenza (in particolare la convergenza rispetto alla distanza (3.1) e la convergenza in misura) dimostrando le implicazioni fra convergenze dell'uno e dell'altro tipo.

Tra gli spazi L^p, L^2 ha la speciale proprietà che il prodotto di due suoi elementi è sommabile. Questa semplice proprietà porta a definire su L^2 una struttura di spazio di Hilbert che esamineremo successivamente nel Capitolo 5.

Analizzeremo più in dettaglio le proprietà degli spazi L^p nel caso $X = \mathbb{R}^N$ con una misura di Radon; in particolare le relazioni con lo spazio delle funzioni continue porteranno a interessanti risultati di densità.

3.1 Spazi $\mathscr{L}^p(X,\mu)$ e $L^p(X,\mu)$

Sia $(X,\mathscr{E},\mu)$ uno spazio di misura. Per ogni $p \in [1,\infty)$ e ogni funzione di Borel $f : X \to \overline{\mathbb{R}}$ si definisca

$$\|f\|_p = \left(\int_X |f|^p \, d\mu \right)^{1/p}.$$

Cannarsa P, D'Aprile T: Introduzione alla teoria della misura e all'analisi funzionale.
© Springer-Verlag Italia, Milano, 2008

Denoteremo con $\mathscr{L}^p(X, \mu) = \mathscr{L}^p(X, \mathscr{E}, \mu)$ la classe di tutte le funzioni di Borel f per cui $\|f\|_p < \infty$.

Osservazione 3.1. Una semplice verifica mostra che $\mathscr{L}^p(X, \mu)$ è chiuso rispetto alle seguenti operazioni: somma di due funzioni (almeno una a valori finiti) e moltiplicazione di una funzione per un numero reale. Infatti

$$\alpha \in \mathbb{R}, f \in \mathscr{L}^p(X, \mu) \quad \Longrightarrow \quad \alpha f \in \mathscr{L}^p(X, \mu) \ \& \ \|\alpha f\|_p = |\alpha| \, \|f\|_p.$$

Inoltre, se $f, g \in \mathscr{L}^p(X, \mu)$ e $f : X \to \mathbb{R}$, allora si ha[1]

$$|f(x) + g(x)|^p \le 2^{p-1}(|f(x)|^p + |g(x)|^p) \qquad \forall x \in X,$$

e quindi $f + g \in \mathscr{L}^p(X, \mu)$.

Esempio 3.2. Si consideri lo spazio di misura $(\mathbb{N}, \mathscr{P}(\mathbb{N}), \mu^{\#})$, dove $\mu^{\#}$ denota la misura che conta. Allora utilizzeremo la notazione ℓ^p per lo spazio $\mathscr{L}^p(\mathbb{N}, \mu^{\#})$. Ricordando l'Esempio 2.54, si ha

$$\ell^p = \left\{ (x_n)_n \ \middle| \ x_n \in \mathbb{R}, \ \sum_{n=1}^{\infty} |x_n|^p < \infty \right\},$$

e, per ogni successione $(x_n)_n \subset \ell^p$,

$$\|(x_n)_n\|_p = \left(\sum_{n=1}^{\infty} |x_n|^p \right)^{1/p}.$$

Si osservi che

$$1 \le p \le q \quad \Longrightarrow \quad \ell^p \subset \ell^q.$$

Infatti, sia $(x_n)_n \subset \ell^p$. Poiché $\sum_{n=1}^{\infty} |x_n|^p < \infty$, allora $(x_n)_n$ è limitata, diciamo $|x_n| \le M$ per ogni $n \in \mathbb{N}$. Allora $|x_n|^q \le M^{q-p}|x_n|^p$. Pertanto $\sum_{n=1}^{\infty} |x_n|^q < \infty$.

Esempio 3.3. Si consideri la misura di Lebesgue m in $(0, 1]$. Si ponga, per ogni $\alpha \in \mathbb{R}$,

$$f_\alpha(x) = x^\alpha \qquad \forall x \in (0, 1].$$

Allora $f_\alpha \in \mathscr{L}^p((0, 1], m)$ se e solo se $\alpha p + 1 > 0$. Pertanto $\mathscr{L}^p((0, 1], m)$ non è un'algebra. Per esempio, $f_{-1/2} \in \mathscr{L}^1((0, 1], m)$ ma $f_{-1} = f_{-1/2}^2 \notin \mathscr{L}^1((0, 1], m)$.

Abbiamo già osservato che $\|\cdot\|_p$ è positivamente omogenea di grado uno. Tuttavia $\|\cdot\|_p$ in generale non è una norma[2] su $\mathscr{L}^p(X, \mu)$.

Per costruire uno spazio vettoriale su cui $\|\cdot\|_p$ è una norma, si consideri la seguente relazione di equivalenza in $\mathscr{L}^p(X, \mu)$:

---

[1] Essendo $\varphi(t) = |t|^p$ convessa su $\mathbb{R}$, risulta $\left|\frac{a+b}{2}\right|^p \le \frac{|a|^p + |b|^p}{2}$ per ogni $a, b \in \mathbb{R}$.

[2] Si veda la Definizione 6.1.

$$f \sim g \iff f(x) = g(x) \text{ q.o. in } X. \tag{3.2}$$

Si denoti con $L^p(X, \mu) = L^p(X, \mathscr{E}, \mu)$ lo spazio quoziente $\mathscr{L}^p(X, \mu)/\sim$. Allora gli elementi di $L^p(X, \mu)$ sono classi di equivalenza di funzioni di Borel. Per ogni $f \in \mathscr{L}^p(X, \mu)$ sia $\tilde{f}$ la classe di equivalenza individuata da f. Si verifica facilmente che $L^p(X, \mu)$ è uno spazio vettoriale. Infatti l'esatta definizione della somma di due elementi $\tilde{f}_1, \tilde{f}_2 \in L^p(X, \mu)$ è la seguente: siano g_1, g_2 due 'rappresentanti' di $\tilde{f}_1$ e $\tilde{f}_2$ rispettivamente (ossia $g_1 \in \tilde{f}_1$, $g_2 \in \tilde{f}_2$), tali che g_1, g_2 sono funzioni q.o. finite (tali rappresentanti esistono grazie alla Proposizione 2.73(i)). Allora $\tilde{f}_1 + \tilde{f}_2$ è la classe di equivalenza contenente $g_1 + g_2$.

Per introdurre una norma su $L^p(X, \mu)$, si ponga

$$\|\tilde{f}\|_p = \|f\|_p \quad \forall \tilde{f} \in L^p(X, \mu).$$

È evidente che tale definizione è indipendente dal particolare elemento f scelto nella classe $\tilde{f}$. Allora, poiché l'elemento zero di $L^p(X, \mu)$ è la classe formata da tutte le funzioni che sono nulle quasi ovunque, è chiaro che $\|\tilde{f}\|_p = 0$ se e solo se $\tilde{f} = 0$. Per semplificare la notazione, nel seguito identificheremo $\tilde{f}$ con f e parleremo di 'funzioni in $L^p(X, \mu)$'. Questo abuso di notazione equivale a considerare funzioni equivalenti (ossia funzioni che differiscono solo su un insieme di misura nulla) come elementi identici dello spazio $L^p(X, \mu)$.

Per provare che $\|\cdot\|_p$ è una norma su $L^p(X, \mu)$ occorre solo verificare che $\|\cdot\|_p$ è sublineare. Dimostriamo dapprima due classiche disuguaglianze che hanno un ruolo fondamentale nell'analisi reale.

Definizione 3.4. *Due numeri $p, p' \in (1, \infty)$ si chiamano* esponenti coniugati *se*

$$\frac{1}{p} + \frac{1}{p'} = 1.$$

Si osservi che $p' = \frac{p}{p-1}$ e che 2 è auto-coniugato.

Proposizione 3.5 (disuguaglianza di Hölder). *Siano $p, p' \in (1, \infty)$ esponenti coniugati e $f, g : X \to \overline{\mathbb{R}}$ funzioni di Borel. Allora*[3]

$$\|fg\|_1 \leq \|f\|_p \|g\|_{p'}.$$

Inoltre vale l'uguaglianza se e solo se $|f|^p = \alpha |g|^{p'}$ q.o. per un opportuno $\alpha \geq 0$.

Dimostrazione. La disuguaglianza è evidente se $\|f\|_p = 0$ oppure $\|g\|_{p'} = 0$; infatti in tal caso $fg = 0$ q.o. per la Proposizione 2.44 e quindi $\|fg\|_1 = 0$. La disuguaglianza è anche evidente se il prodotto a secondo membro è infinito. Supponiamo dunque $\|f\|_p$ e $\|g\|_{p'}$ finiti e non nulli. Se si pone

---

[3] Nel seguito adotteremo la solita convenzione $0 \cdot \pm\infty = \pm\infty \cdot 0 = 0$.

$$F(x) = \frac{|f(x)|}{\|f\|_p} \qquad G(x) = \frac{|g(x)|}{\|g\|_{p'}} \qquad \forall x \in X,$$

allora, per la disuguaglianza di Young (F.3),

$$F(x)G(x) \le \frac{(F(x))^p}{p} + \frac{(G(x))^{p'}}{p'} \qquad \forall x \in X. \tag{3.3}$$

Integrando su X rispetto a μ, si ottiene

$$\frac{\int_X |fg|\, d\mu}{\|f\|_p \, \|g\|_{p'}} = \int_X FG\, d\mu \le \frac{1}{p} \int_X F^p\, d\mu + \frac{1}{p'} \int_X G^{p'}\, d\mu = 1. \tag{3.4}$$

L'uguaglianza nella (3.4) vale se e solo se vale l'uguaglianza nella (3.3) per quasi ogni $x \in X$, ossia, ricordando l'Esempio F.2, $F^p = G^{p'}$ q.o. $\square$

Corollario 3.6. *Sia* $\mu(X) < \infty$. *Se* $1 \le p < q < \infty$, *allora*

$$L^q(X, \mu) \subset L^p(X, \mu)$$

e

$$\|f\|_p \le (\mu(X))^{\frac{1}{p}-\frac{1}{q}} \|f\|_q \qquad \forall f \in L^q(X, \mu). \tag{3.5}$$

Dimostrazione. Sia $f \in L^q(X, \mu)$. Allora $|f|^p \in L^{\frac{q}{p}}(X, \mu)$. Applicando la disuguaglianza di Hölder a $|f|^p$ e $g(x) = 1$ con esponenti $\frac{q}{p}$ e $(1 - \frac{p}{q})^{-1}$ rispettivamente, si ottiene

$$\int_X |f|^p\, d\mu \le (\mu(X))^{1-\frac{p}{q}} \left(\int_X |f|^q\, d\mu \right)^{\frac{p}{q}}.$$

Ne segue la tesi. $\square$

Il prossimo esercizio fornisce una generalizzazione della disuguaglianza di Hölder.

Esercizio 3.7. Siano $f_1, f_2, \ldots, f_k : X \to \overline{\mathbb{R}}$ funzioni di Borel e $p, p_1, \ldots, p_k \in (1, \infty)$ tali che

$$\frac{1}{p} = \frac{1}{p_1} + \frac{1}{p_2} + \ldots + \frac{1}{p_k}.$$

Allora

$$\|f_1 f_2 \cdots f_k\|_p \le \|f_1\|_{p_1} \|f_2\|_{p_2} \cdots \|f_k\|_{p_k}.$$

Suggerimento. Si considerino le funzioni $|f_i|^p \in L^{p_i/p}$ e si proceda per induzione su k utilizzando la disuguaglianza di Hölder.

Esercizio 3.8 (disuguaglianza di interpolazione[4]). Siano $1 \le p < r < q < \infty$ e sia $f \in L^p(X, \mu) \cap L^q(X, \mu)$. Allora $f \in L^r(X, \mu)$ e

$$\|f\|_r \le \|f\|_p^\theta \|f\|_q^{1-\theta}$$

dove $\frac{1}{r} = \frac{\theta}{p} + \frac{1-\theta}{q}$.

---

[4] Per approfondire la teoria dell'interpolazione si veda [SW71].

Suggerimento. Si applichi il risultato dell'Esercizio 3.7 alle funzioni $|f|^\theta$ e $|f|^{1-\theta}$ con esponenti $\frac{p}{\theta}$ e $\frac{q}{1-\theta}$ rispettivamente.

Esercizio 3.9. Sia $\mu(X) < \infty$ e sia $1 \le p < \infty$. Provare che, se $f : X \to \overline{\mathbb{R}}$ è una funzione di Borel tale che $fg \in L^1(X,\mu)$ per ogni $g \in L^p(X,\mu)$, allora $f \in L^q(X,\mu)$ per ogni $q \in [1, p')$, dove p' è l'esponente coniugato[5] di p.

Suggerimento. Osservare che $f \in L^1(X,\mu)$ (perché?). Quindi prendendo $g = |f|^{1/p}$, dedurre che $|f|^{1+1/p} \in L^1(X,\mu)$. Iterare il ragionamento.

Proposizione 3.10 (disuguaglianza di Minkowski). *Sia* $1 \le p < \infty$ e $f, g \in L^p(X,\mu)$. *Allora* $f + g \in L^p(X,\mu)$ *e*

$$\|f + g\|_p \le \|f\|_p + \|g\|_p. \tag{3.6}$$

Dimostrazione. La tesi è immediata se $p = 1$. Si assuma $p > 1$. Risulta

$$\int_X |f + g|^p \, d\mu \le \int_X |f + g|^{p-1}|f| \, d\mu + \int_X |f + g|^{p-1}|g| \, d\mu.$$

Poiché $|f + g|^{p-1} \in L^{p'}(X,\mu)$, con $p' = \frac{p}{p-1}$, usando la disuguaglianza di Hölder si deduce

$$\int_X |f + g|^p \, d\mu \le \left(\int_X |f + g|^p \, d\mu \right)^{(p-1)/p} (\|f\|_p + \|g\|_p),$$

da cui segue la conclusione. $\qquad\square$

Dalla disuguaglianza di Minkowski segue che $\| \cdot \|_p$ è una norma su $L^p(X,\mu)$ per ogni $1 \le p < \infty$

Nel seguito utilizzeremo la seguente abbreviazione: data una successione $(f_n)_n \subset L^p(X,\mu)$ e $f \in L^p(X,\mu)$, scriveremo

$$f_n \xrightarrow{L^p} f$$

per significare che $(f_n)_n$ converge a f in $L^p(X,\mu)$, ossia $\|f_n - f\|_p \to 0$ (per $n \to \infty$). Il prossimo risultato mostra che $L^p(X,\mu)$ è uno spazio di Banach[6] con la norma $\| \cdot \|_p$.

Proposizione 3.11 (Riesz–Fischer). *Sia* $1 \le p < \infty$ e *sia* $(f_n)_n$ *una successione di Cauchy nello spazio normato* $L^p(X,\mu)$. *Allora esistono una sottosuccessione* $(f_{n_k})_k$ *e una funzione* $f \in L^p(X,\mu)$ *tali che*

(i) $f_{n_k} \xrightarrow{q.o.} f$;

(ii) $f_n \xrightarrow{L^p} f$.

---

[5] Se $p = 1$, si pone $p' = \infty$.

[6] Si veda la Definizione 6.5.

Dimostrazione. Essendo $(f_n)_n$ una successione di Cauchy in $L^p(X, \mu)$, per ogni $i \in \mathbb{N}$ esiste $n_i \in \mathbb{N}$ tale che

$$\|f_n - f_m\|_p < 2^{-i} \qquad \forall n, m \geq n_i. \tag{3.7}$$

Di conseguenza si può costruire una successione crescente di indici $(n_i)_i$ tale che

$$\|f_{n_{i+1}} - f_{n_i}\|_p < 2^{-i} \qquad \forall i \in \mathbb{N}.$$

Si definisca

$$g(x) = \sum_{i=1}^{\infty} |f_{n_{i+1}}(x) - f_{n_i}(x)|, \qquad g_k(x) = \sum_{i=1}^{k} |f_{n_{i+1}}(x) - f_{n_i}(x)|, \quad k \geq 1.$$

La disuguaglianza di Minkowski implica $\|g_k\|_p < 1$ per ogni k; poiché $g_k(x) \uparrow g(x)$ per ogni $x \in X$, dal Teorema della Convergenza Monotona si deduce

$$\int_X |g|^p \, d\mu = \lim_{k \to \infty} \int_X |g_k|^p \, d\mu \leq 1.$$

Allora, grazie alla Proposizione 2.44, g è q.o. finita; pertanto la serie

$$\sum_{i=1}^{\infty} (f_{n_{i+1}} - f_{n_i}) + f_{n_1} \tag{3.8}$$

converge q.o. in X; poiché

$$\sum_{i=1}^{k} (f_{n_{i+1}} - f_{n_i}) + f_{n_1} = f_{n_{k+1}},$$

ne segue che $(f_{n_k})_k$ converge q.o. in X. Si ponga $f(x) = \lim_{k \to \infty} f_{n_k}(x)$ se tale limite esiste e $f(x) = 0$ nel rimanente insieme di misura 0. Allora f è una funzione di Borel (si veda l'Esercizio 2.14) e

$$f(x) = \lim_{k \to \infty} f_{n_k}(x) \quad \text{q.o. in } X.$$

Inoltre $|f(x)| \leq g(x) + |f_{n_1}(x)|$ q.o. Pertanto $f \in L^p(X, \mu)$. Ciò conclude la dimostrazione del punto (i).

Per ottenere la (ii), si fissi $\varepsilon > 0$; esiste $N \in \mathbb{N}$ tale che

$$\|f_n - f_m\|_p \leq \varepsilon \quad \forall n, m \geq N.$$

Prendendo $m = n_k$ e passando al limite per $k \to \infty$, per il Lemma di Fatou risulta

$$\int_X |f_n - f|^p \, d\mu \leq \liminf_{k \to \infty} \int_X |f_n - f_{n_k}|^p \, d\mu \leq \varepsilon^p \qquad \forall n \geq N.$$

La dimostrazione è così completa. $\square$

Esempio 3.12. La conclusione del punto (i) nella Proposizione 3.11 vale solo per una sottosuccessione, in generale. Infatti, dato $k \in \mathbb{N}$, per $1 \leq i \leq k$ si consideri la funzione

$$f_i^k(x) = \begin{cases} 1 & \text{se } \dfrac{i-1}{k} \leq x < \dfrac{i}{k}, \\ 0 & \text{altrimenti,} \end{cases}$$

definita sull'intervallo $[0,1)$. La successione

$$f_1^1, f_1^2, f_2^2, \ldots, f_1^k, f_2^k, \ldots, f_k^k, \ldots$$

converge a 0 in[7] $L^p(0,1)$ per ogni $1 \leq p < \infty$, ma non converge in alcun punto. Si osservi che la sottosuccessione $f_1^k = \chi_{[0,\frac{1}{k})}$ converge a 0 q.o.

Esercizio 3.13. Sia $1 \leq p < \infty$ e $f \in L^p(\mathbb{R})$ (rispetto alla misura di Lebesgue). Si ponga

$$f_n(x) = \begin{cases} f(x) & \text{se } x \in [n, n+1], \\ 0 & \text{altrimenti.} \end{cases}$$

Dimostrare che

* $f_n \in L^q(\mathbb{R})$ per ogni $n \in \mathbb{N}$ e $q \in [1,p]$;
* $f_n \xrightarrow{L^q} 0$ per ogni $q \in [1,p]$.

Esercizio 3.14. Generalizzare l'Esercizio 2.76 mostrando che, se $f_n, f \in L^1(X,\mu)$ e $f_n \xrightarrow{L^1} f$, allora

$$\lim_{k \to \infty} \sup_{n \in \mathbb{N}} \int_{\{|f_n| \geq k\}} |f_n|\, d\mu = 0.$$

Suggerimento. Si osservi che[8]

$$\int_{\{|f_n| \geq 2k\}} |f_n|\, d\mu \leq 2 \int_{\{|f_n - f| \vee |f| \geq k\}} |f_n - f| \vee |f|\, d\mu$$

$$\leq 2 \int_{\{|f_n - f| \geq k\}} |f_n - f|\, d\mu + 2 \int_{\{|f| \geq k\}} |f|\, d\mu.$$

Esempio 3.15. Si consideri la misura di Lebesgue m in $[0,1)$ e si ponga

---

[7] Se I è uno degli insiemi (a,b), $(a,b]$, $[a,b)$, $[a,b]$ e m è la misura di Lebesgue in I, scriveremo di solito $L^p(a,b)$ in luogo di $L^p(I,m)$. Poiché la misura di Lebesgue di un qualsiasi punto è zero, non è necessario specificare a quale dei quattro insiemi si fa riferimento.

[8] Per definizione $|f_n - f| \vee |f| = \max\{|f_n - f|, |f|\}$.

$$\mu = m + \sum_{n=1}^{\infty} \delta_{1/n}$$

dove $\delta_{1/n}$ denota la misura di Dirac concentrata in $\frac{1}{n}$. Allora $f(x) := x$ è in $L^2([0,1), \mu) \setminus L^1([0,1), \mu)$ poiché

$$\int_{[0,1)} x^2 \, d\mu = \frac{1}{3} + \sum_{n=1}^{\infty} \frac{1}{n^2} < \infty,$$

$$\int_{[0,1)} x \, d\mu = \frac{1}{2} + \sum_{n=1}^{\infty} \frac{1}{n} = \infty.$$

D'altra parte la funzione

$$g(x) := \begin{cases} \dfrac{1}{\sqrt{x}} & \text{se} \quad x \in [0,1) \setminus \mathbb{Q}, \\ 0 & \text{se} \quad x \in [0,1) \cap \mathbb{Q} \end{cases}$$

appartiene a $L^1([0,1), \mu) \setminus L^2([0,1), \mu)$, essendo

$$\int_{[0,1)} g(x) \, d\mu = \int_0^1 \frac{dx}{\sqrt{x}} = 2,$$

$$\int_{[0,1)} g^2(x) \, d\mu = \int_0^1 \frac{dx}{x} = \infty.$$

Esercizio 3.16. Provare che $L^p(0, \infty) \not\subset L^q(0, \infty)$ per $p \neq q$ ($1 \leq p, q < \infty$). *Suggerimento.* Si consideri

$$f(x) = \frac{1}{|x(\log^2 |x| + 1)|^{1/p}}$$

e si provi che $f \in L^p(0, \infty)$ ma $f \notin L^q(0, \infty)$ per $q \neq p$.

Esercizio 3.17. Sia $(f_n)_n$ una successione in $L^1(X, \mu)$ tale che

$$\sum_{n=1}^{\infty} \int_X |f_n| \, d\mu < \infty.$$

1. Provare che $\sum_{n=1}^{\infty} |f_n(x)| < \infty$ per quasi ogni $x \in X$.
2. Provare che esiste una funzione $f \in L^1(X, \mu)$ tale che $\sum_{n=1}^{\infty} f_n(x) = f(x)$ per quasi ogni $x \in X$ e

$$\sum_{n=1}^{\infty} \int_X f_n \, d\mu = \int_X f \, d\mu.$$

Esercizio 3.18. Sia $1 \leq p < \infty$. Provare che, se $f \in L^p(\mathbb{R}^N)$ (rispetto alla misura di Lebesgue) e f è uniformemente continua, allora

$$\lim_{\|x\| \to \infty} f(x) = 0.$$

Suggerimento. Se, per assurdo, esiste $(x_n)_n \subset \mathbb{R}^N$ tale che $\|x_n\| \to \infty$ e $|f(x_n)| \geq \varepsilon > 0$ per ogni n, allora dall'uniforme continuità di f segue l'esistenza di $\eta > 0$ tale che $|f(x)| \geq \frac{\varepsilon}{2}$ se $\|x_n - x\| \leq \eta$. Provare che ciò implica $\int_{\mathbb{R}^N} |f|^p \, dx = \infty$.

Esercizio 3.19. Provare che il risultato dell'Esercizio 3.18 è falso in generale se si assume che f è continua.

Suggerimento. Si consideri

$$f_n(x) = \begin{cases} \min\{n^2 x + 1, 1 - n^2 x\} & \text{se } -\dfrac{1}{n^2} \leq x \leq \dfrac{1}{n^2}, \\ 0 & \text{se } x \notin \left(-\dfrac{1}{n^2}, \dfrac{1}{n^2} \right), \end{cases}$$

definita su $\mathbb{R}$ con la misura di Lebesgue e si ponga $f(x) = \sum_{n=1}^{\infty} f_n(x - n)$.

3.2 Spazio $L^\infty(X, \mu)$

Sia $(X, \mathscr{E}, \mu)$ uno spazio di misura e $f : X \to \overline{\mathbb{R}}$ una funzione di Borel. Definiamo l'*estremo superiore essenziale* $\|f\|_\infty$ di f come segue: se $\mu(|f| > M) > 0$ per ogni $M \in \mathbb{R}$, si pone $\|f\|_\infty = \infty$; altrimenti si pone

$$\|f\|_\infty = \inf\{M \geq 0 \mid \mu(|f| > M) = 0\}. \tag{3.9}$$

f si dice *essenzialmente limitata* se $\|f\|_\infty < \infty$ e si denota con $\mathscr{L}^\infty(X, \mathscr{E}, \mu) = \mathscr{L}^\infty(X, \mu)$ la classe di tutte le funzioni essenzialmente limitate.

Esempio 3.20. Si consideri la misura di Lebesgue in $[0, 1)$. Allora la funzione $f : [0, 1) \to \mathbb{R}$ così definita

$$f(x) = \begin{cases} 1 \text{ se } x \neq \dfrac{1}{n}, \\ n \text{ se } x = \dfrac{1}{n} \end{cases}$$

è essenzialmente limitata e $\|f\|_\infty = 1$.

Esempio 3.21. Sia $\mu^\#$ la misura che conta in $\mathbb{N}$. Nel seguito utilizzeremo la notazione ℓ^∞ per lo spazio $\mathscr{L}^\infty(\mathbb{N}, \mu^\#)$. Risulta

$$\ell^\infty = \left\{ (x_n)_n \mid x_n \in \mathbb{R}, \sup_{n \geq 1} |x_n| < \infty \right\},$$

e, per ogni $(x_n)_n \in \ell^\infty$,

$$\|(x_n)_n\|_\infty = \sup_{n \geq 1} |x_n| < \infty.$$

Si osservi che

$$\ell^p \subset \ell^\infty \quad \forall p \in [1, \infty).$$

Osservazione 3.22. Ricordando che la funzione $t \to \mu(|f| > t)$ è continua da destra (si veda la Proposizione 2.34), si conclude che

$$M_n \downarrow M_0 \quad \& \quad \mu(|f| > M_n) = 0 \implies \mu(|f| > M_0) = 0.$$

Quindi l'estremo inferiore nella (3.9) è un minimo. In particolare, per ogni $f \in \mathscr{L}^\infty(X, \mu)$,

$$|f(x)| \leq \|f\|_\infty \quad \text{q.o. in } X$$

e

$$\|f\|_\infty = \min\{M \geq 0 \,|\, |f(x)| \leq M \text{ q.o.}\}. \tag{3.10}$$

Per costruire uno spazio normato con la norma $\|\cdot\|_\infty$ si procede come nel precedente paragrafo definendo $L^\infty(X, \mu)$ come lo spazio quoziente di $\mathscr{L}^\infty(X, \mu)$ modulo la relazione di equivalenza introdotta nella (3.2). Pertanto $L^\infty(X, \mathscr{E}, \mu) = L^\infty(X, \mu)$ si ottiene identificando le funzioni in $\mathscr{L}^\infty(X, \mu)$ che coincidono q.o.

Esercizio 3.23. Provare che $L^\infty(X, \mu)$ è uno spazio vettoriale e $\|\cdot\|_\infty$ è una norma su $L^\infty(X, \mu)$.

Suggerimento. Si usi la (3.10). Per esempio, per ogni $\alpha \neq 0$, si ha $|\alpha f(x)| \leq |\alpha| \|f\|_\infty$ per quasi ogni $x \in X$. Pertanto $\|\alpha f\|_\infty \leq |\alpha| \|f\|_\infty$. D'altra parte risulta

$$\|f\|_\infty = \left\|\frac{1}{\alpha}\alpha f\right\|_\infty \leq \frac{1}{|\alpha|} \|\alpha f\|_\infty.$$

Pertanto $\|\alpha f\|_\infty = |\alpha| \|f\|_\infty$.

Come nel caso $p < \infty$, data $(f_n)_n$ una successione in $L^\infty(X, \mu)$ e $f \in L^\infty(X, \mu)$, nel seguito scriveremo

$$f_n \xrightarrow{L^\infty} f$$

per indicare che $(f_n)_n$ converge a f in $L^\infty(X, \mu)$, ossia $\|f_n - f\|_\infty \to 0$ (per $n \to \infty$).

Esercizio 3.24. Siano f_n, $f \in L^\infty(X, \mu)$ tali che $f_n \xrightarrow{L^\infty} f$. Allora $f_n \xrightarrow{q.o.} f$.

Proposizione 3.25. $L^\infty(X, \mu)$ *è uno spazio di Banach.*

Dimostrazione. Data una successione di Cauchy $(f_n)_n$ in $L^\infty(X, \mu)$, si ponga, per ogni $n, m \in \mathbb{N}$,

$$A_n = \{|f_n| > \|f_n\|_\infty\},$$
$$B_{m,n} = \{|f_n - f_m| > \|f_n - f_m\|_\infty\}.$$

Si osservi che, grazie alla (3.10),

$$\mu(A_n) = 0 \quad \& \quad \mu(B_{m,n}) = 0 \qquad \forall m, n \in \mathbb{N}.$$

Pertanto

$$X_0 := \left(\bigcup_{n=1}^{\infty} A_n\right) \cup \left(\bigcup_{m,n=1}^{\infty} B_{m,n}\right)$$

ha misura zero e $(f_n)_n$ è una successione di funzioni limitate di Cauchy rispetto alla convergenza uniforme in X_0^c. Pertanto, ponendo $f(x) = \lim_{n\to\infty} f_n(x)$ per $x \in X_0^c$ e $f(x) = 0$ per $x \in X_0$, f è una funzione di Borel limitata. Quindi $f \in L^\infty(X, \mu)$ e $f_n \to f$ uniformemente in X_0^c. Poiché la convergenza in $L^\infty(X, \mu)$ equivale alla convergenza uniforme fuori di un insieme di misura nulla, ne segue la conclusione. $\qquad\square$

Esercizio 3.26. Provare che per ogni $1 \le p \le \infty$ risulta

$$f \in L^p(X, \mu), \; g \in L^\infty(X, \mu) \quad \Longrightarrow \quad fg \in L^p(X, \mu)$$

e

$$\|fg\|_p \le \|f\|_p \|g\|_\infty.$$

Esempio 3.27. Si verifica facilmente che gli spazi[9] $L^\infty(0,1)$ e ℓ^∞ non sono separabili[10].

1. Si ponga

$$f_t(x) = \chi_{(0,t)}(x) \qquad \forall t, x \in (0, 1).$$

Risulta

$$t \ne s \quad \Longrightarrow \quad \|f_t - f_s\|_\infty = 1.$$

Sia $\mathcal{M}$ un insieme denso in $L^\infty(0,1)$. Allora $\mathcal{M}$ ha la seguente proprietà: per ogni $t \in (0, 1)$ esiste $g_t \in \mathcal{M}$ con $\|f_t - g_t\|_\infty < \frac{1}{2}$. Per $t \ne s$ si ha

$$\|g_t - g_s\|_\infty \ge \|f_f - f_s\|_\infty - \|f_t - g_t\|_\infty - \|f_s - g_s\|_\infty > 0,$$

da cui segue $g_t \ne g_s$. Pertanto $\mathcal{M}$ contiene un'infinità non numerabile di funzioni.

---

[9] Come per il caso $p < \infty$ (si veda la nota 7), se I è uno dei seguenti intervalli (a, b), $(a, b]$, $[a, b)$, $[a, b]$, e m è la misura di Lebesgue in I, scriveremo di solito $L^\infty(I)$ in luogo di $L^\infty(a, b)$.

[10] Uno spazio metrico si dice *separabile* se contiene un sottoinsieme numerabile denso.

2. Sia $(x^{(n)})_n$ un insieme numerabile in ℓ^∞. Si ponga $x^{(n)} = (x_k^{(n)})_k$ per ogni n e si definisca la successione

$$x = (x_k)_k \quad x_k = \begin{cases} 0 & \text{se } |x_k^{(k)}| \geq 1, \\ 1 + x_k^{(k)} & \text{se } |x_k^{(k)}| < 1. \end{cases}$$

Risulta $x \in \ell^\infty$ e $\|x\|_\infty \leq 2$. Inoltre per ogni $n \in \mathbb{N}$

$$\|x - x^{(n)}\|_\infty = \sup_{k \geq 1} |x_k - x_k^{(n)}| \geq |x_n - x_n^{(n)}| \geq 1;$$

di conseguenza $(x^{(n)})_n$ non è densa in ℓ^∞.

Proposizione 3.28. *Sia* $1 \leq p < \infty$ *e* $f \in L^p(X,\mu) \cap L^\infty(X,\mu)$. *Allora*

$$f \in \bigcap_{q \geq p} L^q(X,\mu) \quad \& \quad \lim_{q \to \infty} \|f\|_q = \|f\|_\infty.$$

Dimostrazione. Per $p \leq q < \infty$ si ha

$$|f(x)|^q \leq \|f\|_\infty^{q-p} |f(x)|^p \quad \text{q.o. in } X,$$

da cui, integrando,

$$\|f\|_q \leq \|f\|_p^{\frac{p}{q}} \|f\|_\infty^{1 - \frac{p}{q}}.$$

Di conseguenza $f \in \cap_{q \geq p} L^q(X,\mu)$ e

$$\limsup_{q \to \infty} \|f\|_q \leq \|f\|_\infty. \tag{3.11}$$

Viceversa, sia $0 < a < \|f\|_\infty$ (se $\|f\|_\infty = 0$ la conclusione è banale). Dalla disuguaglianza di Markov segue

$$\mu(|f| > a) = \mu(|f|^q > a^q) \leq a^{-q}\|f\|_q^q \quad \forall q \in [p,\infty).$$

Pertanto

$$\|f\|_q \geq a\mu(|f| > a)^{1/q} \quad \forall q \in [p,\infty),$$

e quindi, essendo $\mu(|f| > a) > 0$,

$$\liminf_{q \to \infty} \|f\|_q \geq a.$$

Poiché a è un qualunque numero minore di $\|f\|_\infty$, si conclude che

$$\liminf_{q \to \infty} \|f\|_q \geq \|f\|_\infty. \tag{3.12}$$

Dalle (3.11) e (3.12) segue la conclusione. $\qquad\square$

Corollario 3.29. *Sia μ una misura finita e sia $f \in L^\infty(X, \mu)$. Allora*

$$f \in \bigcap_{p \geq 1} L^p(X, \mu) \qquad \& \qquad \lim_{p \to \infty} \|f\|_p = \|f\|_\infty. \qquad (3.13)$$

Dimostrazione. Per $1 \leq p < \infty$ si ha

$$\int_X |f(x)|^p \, d\mu(x) \leq \mu(X) \|f\|_\infty^p.$$

Quindi $f \in \cap_{p \geq 1} L^p(X, \mu)$. La conclusione segue dalla Proposizione 3.28. $\square$

Vale la pena osservare che in generale

$$\bigcap_{1 \leq p < \infty} L^p(X, \mu) \neq L^\infty(X, \mu).$$

Esercizio 3.30. Provare che

$$f(x) := \log x \qquad \forall x \in (0, 1]$$

appartiene a $L^p(0, 1)$ per $1 \leq p < \infty$, ma $f \notin L^\infty(0, 1)$.

3.3 Convergenza in misura

Introduciamo ora una nuova nozione di convergenza per funzioni di Borel che ha un'importanza notevole nel calcolo delle probabilità (si veda [Ha50]).

Definizione 3.31. *Siano $f_n, f : X \to \mathbb{R}$ funzioni di Borel. Si dice che $(f_n)_n$ converge in misura a f se per ogni $\varepsilon > 0$:*

$$\mu(|f_n - f| \geq \varepsilon) \to 0 \text{ per } n \to \infty.$$

Vogliamo ora confrontare la convergenza in misura con convergenze di altro tipo.

Proposizione 3.32. *Siano $f_n, f : X \to \mathbb{R}$ funzioni di Borel. Valgono le seguenti affermazioni:*

1. *se $f_n \xrightarrow{q.o.} f$ e $\mu(X) < \infty$, allora $f_n \to f$ in misura;*
2. *se $f_n \to f$ in misura, allora esiste una sottosuccessione $(f_{n_k})_k$ tale che $f_{n_k} \xrightarrow{q.o.} f$;*
3. *se $1 \leq p \leq \infty$, $f_n, f \in L^p(X, \mu)$ e $f_n \xrightarrow{L^p} f$, allora $f_n \to f$ in misura.*

Dimostrazione. 1. Fissati $\varepsilon, \eta > 0$, grazie al Teorema 2.27 esiste $E \in \mathscr{E}$ tale che $\mu(E) < \eta$ e $f_n \to f$ uniformemente in $X \setminus E$. Allora, per n sufficientemente grande,

$$\{|f_n - f| \geq \varepsilon\} \subset E,$$

da cui segue

$$\mu(|f_n - f| \geq \varepsilon) \leq \mu(E) < \eta.$$

2. Per ogni $k \in \mathbb{N}$ risulta

$$\mu\left(|f_n - f| \geq \frac{1}{k}\right) \to 0 \text{ per } n \to \infty;$$

di conseguenza si può costruire una successione crescente $(n_k)_k$ di interi positivi tale che

$$\mu\left(|f_{n_k} - f| \geq \frac{1}{k}\right) < \frac{1}{2^k} \quad \forall k \in \mathbb{N}.$$

Si ponga

$$A_k = \bigcup_{i=k}^{\infty} \left\{|f_{n_i} - f| \geq \frac{1}{i}\right\}, \quad A = \bigcap_{k=1}^{\infty} A_k.$$

Si osservi che $\mu(A_k) \leq \sum_{i=k}^{\infty} \frac{1}{2^i}$ per ogni $k \in \mathbb{N}$. Poiché $A_k \downarrow A$, la Proposizione 1.18 implica

$$\mu(A) = \lim_{k \to \infty} \mu(A_k) = 0.$$

Per ogni $x \in A^c$ esiste $k \in \mathbb{N}$ tale che $x \in A_k^c$, ossia

$$|f_{n_i}(x) - f(x)| < \frac{1}{i} \quad \forall i \geq k.$$

Ciò prova che $f_{n_k}(x) \to f(x)$ per ogni $x \in A^c$.

3. Si fissi $\varepsilon > 0$. Si assuma dapprima $1 \leq p < \infty$. Allora la disuguaglianza di Markov implica

$$\mu(|f_n - f| > \varepsilon) \leq \frac{1}{\varepsilon^p} \int_X |f_n - f|^p \, d\mu \to 0 \text{ per } n \to \infty.$$

Se $p = \infty$, per n abbastanza grande si ha $|f_n - f| \leq \varepsilon$ q.o. in X, da cui segue $\mu(|f_n - f| > \varepsilon) = 0$.
$\square$

Esercizio 3.33. Provare che la convergenza quasi ovunque non implica la convergenza in misura se $\mu(X) = \infty$.

Suggerimento. Si consideri $f_n = \chi_{[n,\infty)}$ in $\mathbb{R}$ con la misura di Lebesgue.

Esempio 3.34. La successione costruita nell'Esempio 3.12 converge a zero in $L^1(0,1)$ e, di conseguenza, in misura, senza convergere in alcun punto. Ciò dimostra che la parte 2 della Proposizione 3.32 e la parte (i) della Proposizione 3.11 valgono in generale solo per una sottosuccessione.

Esercizio 3.35. Si mostri con un esempio che la convergenza in misura non implica la convergenza in $L^p(X, \mu)$.

Suggerimento. Si consideri la successione $f_n = n\chi_{(0, \frac{1}{n})}$ in $L^1(0,1)$.

3.4 Convergenza e approssimazione in L^p

In questo paragrafo illustreremo alcune tecniche per dedurre la convergenza in L^p dalla convergenza q.o. Successivamente mostreremo che, se Ω è un insieme aperto in $\mathbb{R}^N$ e μ una misura di Radon in Ω, allora gli elementi di $L^p(\Omega)$ si possono approssimare con funzioni continue.

3.4.1 Risultati di convergenza

Nel seguito $(X, \mathscr{E}, \mu)$ denota un generico spazio di misura.

Il prossimo risultato è una diretta conseguenza del Lemma di Fatou e del Teorema della Convergenza Dominata di Lebesgue.

Proposizione 3.36. *Sia* $1 \leq p < \infty$ *e sia* $(f_n)_n$ *una successione in* $L^p(X, \mu)$ *e* $f : X \to \overline{\mathbb{R}}$ *una funzione di Borel tale che* $f_n \xrightarrow{q.o.} f$.

(i) *Se* $(f_n)_n$ *è limitata*[11] *in* $L^p(X, \mu)$, *allora* $f \in L^p(X, \mu)$ *e*

$$\|f\|_p \leq \liminf_{n \to \infty} \|f_n\|_p.$$

(ii) *Se esiste* $g \in L^p(X, \mu)$ *tale che* $|f_n(x)| \leq g(x)$ *per ogni* $n \in \mathbb{N}$ *e per quasi ogni* $x \in X$, *allora* $f \in L^p(X, \mu)$ *e* $f_n \xrightarrow{L^p} f$.

Esercizio 3.37. Provare che, per $p = \infty$, il punto (i) della Proposizione 3.36 è ancora vero, mentre (ii) è falso in generale.

Suggerimento. Si consideri la successione $f_n(x) = \chi_{(\frac{1}{n}, 1)}(x)$ in $L^\infty(0, 1)$.

Esercizio 3.38. Sia $(f_n)_n$ la successione di funzioni così definita

$$f_n(x) = \frac{\sqrt{n}}{1 + \sqrt{nx}}, \quad x \in (0, 1).$$

Dimostrare che

- $(f_n)_n$ è convergente in $L^p(0, 1)$ per ogni $p \in [1, 2)$;
- $(f_n)_n$ non è limitata in $L^p(0, 1)$ per ogni $p \in [2, \infty]$.

Si osservi che, poiché $\big|\, \|f_n\|_p - \|f\|_p \,\big| \leq \|f_n - f\|_p$, vale la seguente implicazione:

$$f_n \xrightarrow{L^p} f \implies \|f_n\|_p \to \|f\|_p.$$

Pertanto condizione necessaria per la convergenza in $L^p(X, \mu)$ è la convergenza delle norme L^p. Il prossimo risultato mostra che, se $f_n \xrightarrow{q.o.} f$, tale condizione è anche sufficiente.

---

[11] Un sottoinsieme $\mathscr{M}$ di uno spazio normato Y si dice *limitato* se esiste una costante M tale che $\|y\| \leq M$ per ogni $y \in \mathscr{M}$.

Proposizione 3.39. *Siano* $1 \le p < \infty$, $f_n, f \in L^p(X,\mu)$ *tali che* $f_n \xrightarrow{q.o.} f$. *Se* $\|f_n\|_p \to \|f\|_p$, *allora* $f_n \xrightarrow{L^p} f$.

Dimostrazione. [12] Si consideri la funzione $g \in L^1(X,\mu)$ così definita

$$g_n = \frac{|f_n|^p + |f|^p}{2} - \left|\frac{f_n - f}{2}\right|^p.$$

Essendo $p \ge 1$, un semplice argomento di convessità mostra che $g_n \ge 0$. Inoltre $g_n \xrightarrow{q.o.} |f|^p$. Pertanto il Lemma di Fatou implica

$$\int_X |f|^p \, d\mu \le \liminf_{n \to \infty} \int_X g_n \, d\mu$$

$$= \int_X |f|^p \, d\mu - \limsup_{n \to \infty} \int_X \left|\frac{f_n - f}{2}\right|^p \, d\mu.$$

Quindi $\limsup_n \|f_n - f\|_p \le 0$, da cui segue $f_n \xrightarrow{L^p} f$. $\qquad\square$

I prossimi risultati generalizzano la condizione di uniforme sommabilità di Vitali applicandola alla convergenza in $L^p(X,\mu)$ per $1 \le p < \infty$.

Corollario 3.40. *Siano* $1 \le p < \infty$, $(f_n)_n \subset L^p(X,\mu)$ *e* $f : X \to \overline{\mathbb{R}}$ *una funzione di Borel tali che:*

(i) $f_n \xrightarrow{q.o.} f$;
(ii) *per ogni* $\varepsilon > 0$ *esiste* $\delta > 0$ *tale che*

$$A \in \mathscr{E} \ \& \ \mu(A) < \delta \implies \int_A |f_n|^p \, d\mu < \varepsilon \ \forall n \in \mathbb{N};$$

(iii) *per ogni* $\varepsilon > 0$ *esiste* $B_\varepsilon \in \mathscr{E}$ *tale che*

$$\mu(B_\varepsilon) < \infty \quad \& \quad \int_{B_\varepsilon^c} |f_n|^p \, d\mu < \varepsilon \ \forall n \in \mathbb{N}.$$

Allora $f \in L^p(X,\mu)$ *e* $f_n \xrightarrow{L^p} f$.

Dimostrazione. Si ponga $g_n = |f_n|^p$. Allora, per le ipotesi (ii)-(iii), $(g_n)_n$ è uniformemente μ-sommabile e converge a $|f|^p$ q.o. in X. Pertanto il Teorema di Vitali 2.97 implica $f \in L^p(X,\mu)$ e

$$\|f_n\|_p^p = \int_X g_n \, d\mu \longrightarrow \|f\|_p^p.$$

La conclusione segue dalla Proposizione 3.39. $\qquad\square$

---

[12] Questa dimostrazione è dovuta a Novinger ([No72]).

Osservazione 3.41. Se μ è finita, allora, prendendo $B_\varepsilon = X$, la (iii) del Corollario 3.40 è sempre verificata.

Corollario 3.42. *Si assuma $\mu(X) < \infty$. Sia $1 < p < \infty$ e sia $(f_n)_n$ una successione limitata in $L^p(X, \mu)$ convergente q.o. a una funzione di Borel f. Allora $f \in L^p(X, \mu)$ e*

$$f_n \xrightarrow{L^q} f \ \forall q \in [1, p).$$

Dimostrazione. Sia $M \geq 0$ tale che $\|f_n\|_p \leq M$ per ogni $n \in \mathbb{N}$. Il punto (i) della Proposizione 3.36 implica $f \in L^p(X, \mu)$; di conseguenza, per il Corollario 3.6, $f_n, f \in \cap_{1 \leq q \leq p} L^q(X, \mu)$. Sia $1 \leq q < p$: grazie alla disuguaglianza di Hölder, per ogni $A \in \mathscr{E}$ si ha

$$\int_A |f_n|^q \, d\mu \leq \left(\int_A |f_n|^p \, d\mu \right)^{\frac{q}{p}} (\mu(A))^{1 - \frac{q}{p}} \leq M^q \, (\mu(A))^{1 - \frac{q}{p}}.$$

La tesi segue dal Corollario 3.40. □

Corollario 3.43. *Si assuma $\mu(X) < \infty$. Sia $(f_n)_n$ una successione in $L^1(X, \mu)$ convergente q.o. a una funzione di Borel f e si supponga[13]*

$$\int_X |f_n| \log^+ (|f_n|) \, d\mu \leq M \qquad \forall n \in \mathbb{N}$$

per un'opportuna costante $M \geq 0$. Allora $f \in L^1(X, \mu)$ e $f_n \xrightarrow{L^1} f$.

Dimostrazione. Si fissino $\varepsilon \in (0, 1)$, $t \in X$, e si applichi la disuguaglianza (F.4) con $x = \frac{1}{\varepsilon}$ e $y = \varepsilon |f_n(t)|$: si ottiene

$$|f_n(t)| \leq \varepsilon |f_n(t)| \log(\varepsilon |f_n(t)|) + e^{\frac{1}{\varepsilon}} \leq \varepsilon |f_n(t)| \log^+ (|f_n(t)|) + e^{\frac{1}{\varepsilon}}.$$

Di conseguenza, per ogni $A \in \mathscr{E}$,

$$\int_A |f_n| \, d\mu \leq M\varepsilon + \mu(A) e^{\frac{1}{\varepsilon}} \qquad \forall n \in \mathbb{N}.$$

Ciò implica che $(f_n)_n$ è uniformemente μ–sommabile. La tesi segue dal Corollario 3.40. □

Esercizio 3.44. Si mostri che il Corollario 3.43 si può estendere al caso $\mu(X) = \infty$ aggiungendo l'ipotesi che $(f_n)_n$ verifichi la b) della Definizione 2.94.

---

[13] Per definizione $\log^+ (x) = \max\{\log x, 0\}$ per ogni $x > 0$.

3.4.2 Sottoinsiemi densi in L^p

Sia $\Omega \subset \mathbb{R}^N$ un insieme aperto. Il *supporto* di una funzione continua $f : \Omega \to \mathbb{R}$, denotato con $\operatorname{supp}(f)$, si definisce come la chiusura in $\mathbb{R}^N$ dell'insieme $\{x \in \Omega \mid f(x) \neq 0\}$. Se $\operatorname{supp}(f)$ è un sottoinsieme compatto di Ω, allora f si dice a *a supporto compatto*. La classe di tutte le funzioni continue $f : \Omega \to \mathbb{R}$ a supporto compatto è uno spazio vettoriale e sarà denotato con $\mathscr{C}_c(\Omega)$.

Evidentemente, se μ è una misura di Radon in Ω, allora

$$\mathscr{C}_c(\Omega) \subset L^p(\Omega, \mu) \quad \text{per } 1 \le p \le \infty.$$

Teorema 3.45. *Sia μ una misura di Radon in Ω. Se $1 \le p < \infty$, allora $\mathscr{C}_c(\Omega)$ è denso in $L^p(\Omega, \mu)$.*

Dimostrazione. Si consideri dapprima il caso $\Omega = \mathbb{R}^N$. Iniziamo con il provare la tesi imponendo delle ipotesi aggiuntive che rimuoveremo successivamente.

1. Mostriamo come approssimare con funzioni in $\mathscr{C}_c(\mathbb{R}^N)$ una funzione $f \in L^p(\mathbb{R}^N, \mu)$ che verifica, per opportuni $M, r > 0$,[14]

$$0 \le f(x) \le M \quad \forall x \in \mathbb{R}^N, \tag{3.14}$$

$$f(x) = 0 \quad \forall x \in \mathbb{R}^N \setminus B_r. \tag{3.15}$$

Sia $\varepsilon > 0$. Essendo μ di Radon, si ha $\mu(B_r) < \infty$. Allora, grazie al Teorema di Lusin (Teorema 2.29), esiste una funzione $f_\varepsilon \in \mathscr{C}_c(\mathbb{R}^N)$ tale che

$$\mu(f_\varepsilon \neq f) < \frac{\varepsilon}{(2M)^p} \quad \& \quad \|f_\varepsilon\|_\infty \le M.$$

Allora

$$\int_{\mathbb{R}^N} |f - f_\varepsilon|^p \, d\mu \le (2M)^p \mu(f_\varepsilon \neq f) < \varepsilon.$$

2. Si vuole ora rimuovere l'ipotesi (3.15). Sia $f \in L^p(\mathbb{R}^N, \mu)$ una funzione che verifica la (3.14) e si fissi $\varepsilon > 0$. Grazie al Teorema di Lebesgue $f\chi_{B_n} \xrightarrow{L^p} f$. Allora esiste $n_\varepsilon \in \mathbb{N}$ tale che

$$\|f - f\chi_{B_{n_\varepsilon}}\|_p < \varepsilon.$$

Per il passo 1, esiste $g_\varepsilon \in \mathscr{C}_c(\mathbb{R}^N)$ tale che $\|f\chi_{B_{n_\varepsilon}} - g_\varepsilon\|_p < \varepsilon$. Pertanto si conclude

$$\|f - g_\varepsilon\|_p \le \|f - f\chi_{B_{n_\varepsilon}}\|_p + \|f\chi_{B_{n_\varepsilon}} - g_\varepsilon\|_p < 2\varepsilon.$$

3. Si passa a rimuovere l'ipotesi (3.14). Sia $f \in L^p(\mathbb{R}^N, \mu)$ tale che $f \ge 0$ e si ponga

$$0 \le f_n(x) := \min\{f(x), n\} \quad \forall x \in \mathbb{R}^N;$$

---

[14] Nel seguito $B_r = B_r(0) = \{x \in \mathbb{R}^N : |x| < r\}$.

per il Teorema di Lebesgue si ha $f_n \xrightarrow{L^p} f$. Pertanto esiste $n_\varepsilon \in \mathbb{N}$ tale che

$$\|f - f_{n_\varepsilon}\|_p < \varepsilon.$$

Per il passo 2, esiste $g_\varepsilon \in \mathscr{C}_c(\mathbb{R}^N)$ tale che $\|f_{n_\varepsilon} - g_\varepsilon\|_p < \varepsilon$. Allora $\|f - g_\varepsilon\|_p \le \|f - f_{n_\varepsilon}\|_p + \|f_{n_\varepsilon} - g_\varepsilon\|_p < 2\varepsilon$.

Infine, l'ipotesi $f \ge 0$ si elimina facilmente applicando il passo 3 a f^+ e f^-. La dimostrazione è così completa nel caso $\Omega = \mathbb{R}^N$.

Si consideri ora $\Omega \subset \mathbb{R}^N$ un insieme aperto e sia $f \in L^p(\Omega, \mu)$. La funzione

$$\tilde{f}(x) = \begin{cases} f(x) & \text{se } x \in \Omega, \\ 0 & \text{se } x \in \mathbb{R}^N \setminus \Omega \end{cases}$$

appartiene a $L^p(\mathbb{R}^N, \tilde{\mu})$ dove $\tilde{\mu}(A) = \mu(A \cap \Omega)$ per ogni boreliano $A \subset \mathbb{R}^N$. Poiché $\tilde{\mu}$ è una misura di Radon in $\mathbb{R}^N$, allora esiste $f_\varepsilon \in \mathscr{C}_c(\mathbb{R}^N)$ tale che

$$\int_{\mathbb{R}^N} |\tilde{f} - f_\varepsilon|^p \, d\tilde{\mu} < \varepsilon.$$

Sia $(V_n)_n$ una successione di insiemi aperti in $\mathbb{R}^N$ tale che

$$\overline{V}_n \text{ è compatto}, \quad \overline{V}_n \subset V_{n+1}, \quad \bigcup_{n=1}^{\infty} V_n = \Omega \qquad (3.16)$$

(per esempio, si può definire[15] $V_n = B_n \cap \{x \in \Omega \,|\, d_{\Omega^c}(x) > \frac{1}{n}\}$) e si ponga

$$g_n(x) = f_\varepsilon(x) \frac{d_{V_{n+1}^c}(x)}{d_{V_{n+1}^c}(x) + d_{V_n}(x)}, \quad x \in \Omega.$$

Risulta $g_n = 0$ fuori di $\overline{V}_{n+1}$, pertanto $g_n \in \mathscr{C}_c(\Omega)$. Inoltre $g_n = f_\varepsilon$ in V_n e $V_n \uparrow \Omega$, da cui si deduce $g_n(x) \to f_\varepsilon(x)$ per ogni $x \in \Omega$; essendo $|g_n| \le f_\varepsilon$, il Teorema di Lebesgue implica $g_n \to f_\varepsilon$ in $L^p(\Omega, \mu)$. Pertanto esiste $n_\varepsilon \in \mathbb{N}$ tale che

$$\int_\Omega |f_\varepsilon - g_{n_\varepsilon}|^p \, d\mu < \varepsilon.$$

Allora si ha

$$\left(\int_\Omega |f - g_{n_\varepsilon}|^p \, d\mu \right)^{\frac{1}{p}} \le \left(\int_\Omega |f - f_\varepsilon|^p \, d\mu \right)^{\frac{1}{p}} + \left(\int_\Omega |f_\varepsilon - g_{n_\varepsilon}|^p \, d\mu \right)^{\frac{1}{p}}$$

$$= \left(\int_{\mathbb{R}^N} |\tilde{f} - f_\varepsilon|^p \, d\tilde{\mu} \right)^{\frac{1}{p}} + \left(\int_\Omega |f_\varepsilon - g_{n_\varepsilon}|^p \, d\mu \right)^{\frac{1}{p}} < 2\varepsilon.$$

$\square$

---

[15] $d_{\Omega^c}(x)$ denota la distanza del punto x dall'insieme Ω^c (si veda l'Appendice A).

Esercizio 3.46. Spiegare perché $\mathscr{C}_c(\Omega)$ non è denso in $L^\infty(\Omega)$ (rispetto alla misura di Lebesgue) e caratterizzare la chiusura di $\mathscr{C}_c(\Omega)$ in $L^\infty(\Omega)$.

Suggerimento. Provare che la chiusura di $\mathscr{C}_c(\Omega)$ in $L^\infty(\Omega)$ coincide con l'insieme $\mathscr{C}_0(\Omega)$ delle funzioni continue $f : \Omega \to \mathbb{R}$ che verificano

$$\forall \varepsilon > 0 \ \exists K \subset \Omega \text{ compatto tale che } \sup_{x \in \Omega \setminus K} |f(x)| \le \varepsilon.$$

In particolare, se $\Omega = \mathbb{R}^N$, si ha

$$\mathscr{C}_0(\mathbb{R}^N) = \left\{ f : \mathbb{R}^N \to \mathbb{R} \ \middle|\ f \text{ continua } \& \lim_{\|x\| \to \infty} f(x) = 0 \right\},$$

mentre, se Ω è limitato,

$$\mathscr{C}_0(\Omega) = \left\{ f : \Omega \to \mathbb{R} \ \middle|\ f \text{ continua } \& \lim_{d_{\Omega^c}(x) \to 0} f(x) = 0 \right\}.$$

Proposizione 3.47. *Sia $A \subset \mathbb{R}^N$ un boreliano e μ una misura di Radon in A. Allora $L^p(A, \mu)$ è separabile per $1 \le p < \infty$.*

Dimostrazione. Si assuma dapprima $A = \mathbb{R}^N$ e si consideri la famiglia dei cubi diadici in $\mathbb{R}^N$ (si veda la Definizione 1.55). Sia $\mathscr{M}$ l'insieme di tutte le combinazioni lineari (finite) di funzioni caratteristiche di questi cubi con coefficienti razionali. Allora $\mathscr{M}$ è numerabile. Si passa a provare che $\mathscr{M}$ è denso in $L^p(\mathbb{R}^N, \mu)$ per $1 \le p < \infty$. Infatti, data $f \in L^p(\mathbb{R}^N, \mu)$ e $\varepsilon > 0$, per il Teorema 3.45 esiste $f_\varepsilon \in \mathscr{C}_c(\mathbb{R}^N)$ con $\|f - f_\varepsilon\|_p \le \varepsilon$. Ponendo

$$\eta_\varepsilon = \frac{\varepsilon}{(1 + \mu([-k, k)^N))^{1/p}},$$

dove $k \in \mathbb{N}$ è tale che $\mathrm{supp}(f) \subset [-k, k)^N$, dall'uniforme continuità di f_ε si deduce l'esistenza di $\delta > 0$ tale che

$$x, y \in \mathbb{R}^N \ \& \ \|x - y\| \le \delta \implies |f_\varepsilon(x) - f_\varepsilon(y)| < \eta_\varepsilon.$$

Sia j abbastanza grande in modo che i cubi in $\mathscr{Q}_j$ hanno diametro minore di δ e si ricopra il cubo $[-k, k)^N$ con un numero finito di cubi $Q_1, \dots, Q_n \in \mathscr{Q}_j$; si scelgano $c_1, \dots, c_n \in \mathbb{Q}$ in modo che

$$\inf_{Q_i} f_\varepsilon < c_i < \inf_{Q_i} f_\varepsilon + \eta_\varepsilon$$

e si definisca

$$g_\varepsilon = \sum_{i=1}^n c_i \chi_{Q_i}.$$

Ne segue che $g_\varepsilon \in \mathscr{M}$ e $\|f_\varepsilon - g_\varepsilon\|_\infty \le \eta_\varepsilon$; pertanto

$$\|f_\varepsilon - g_\varepsilon\|_p^p = \int_{[-k,k)^N} |f_\varepsilon - g_\varepsilon|^p \, d\mu \le \mu([-k,k)^N) \|f_\varepsilon - g_\varepsilon\|_\infty^p < \varepsilon^p,$$

da cui si ottiene

$$\|f - g_\varepsilon\|_p \le \|f - f_\varepsilon\|_p + \|f_\varepsilon - g_\varepsilon\|_p < 2\varepsilon.$$

Ciò dimostra il caso $A = \mathbb{R}^N$. Per un generico insieme di Borel A, si denoti con $\mathscr{M}'$ la restrizione a A delle funzioni in $\mathscr{M}$. Per provare che $\mathscr{M}'$ è denso in $L^p(A, \mu)$, $1 \le p < \infty$, data $f \in L^p(A, \mu)$, si ponga $\tilde{f} = f$ in A e $\tilde{f} = 0$ fuori di A. Allora $\tilde{f} \in L^p(\mathbb{R}^N, \tilde{\mu})$, dove $\tilde{\mu}(B) = \mu(B \cap A)$ per ogni boreliano $B \subset \mathbb{R}^N$. Essendo $\tilde{\mu}$ una misura di Radon in $\mathbb{R}^N$, fissato $\varepsilon > 0$ esiste $f_\varepsilon \in \mathscr{M}$ tale che

$$\int_{\mathbb{R}^N} |\tilde{f} - f_\varepsilon|^p \, d\tilde{\mu} < \varepsilon.$$

Pertanto si deduce $\int_A |f - f_\varepsilon|^p \, d\mu = \int_{\mathbb{R}^N} |\tilde{f} - f_\varepsilon|^p \, d\tilde{\mu} < \varepsilon$. Ciò prova che $\mathscr{M}'$ è denso in $L^p(A, \mu)$ e completa la dimostrazione. $\square$

Esercizio 3.48. ℓ^p è separabile per $1 \le p < \infty$.

Suggerimento. Provare che l'insieme

$$\mathscr{M} = \left\{ (x_n)_n \,\Big|\, x_n \in \mathbb{Q}, \sup_{x_n \ne 0} n < \infty \right\}$$

è numerabile e denso ℓ^p.

Il prossimo risultato mostra che l'integrale su $\mathbb{R}^N$ rispetto alla misura di Lebesgue è continuo rispetto alle traslazioni.

Proposizione 3.49 (continuità in L^p). *Sia $1 \le p < \infty$ e sia $f \in L^p(\mathbb{R}^N)$ (rispetto alla misura di Lebesgue). Allora*

$$\lim_{\|h\| \to 0} \int_{\mathbb{R}^N} |f(x+h) - f(x)|^p \, dx = 0.$$

Dimostrazione. Si assuma dapprima $f \in \mathscr{C}_c(\mathbb{R}^N)$ e sia $K = \text{supp}(f)$. Posto $\tilde{K} := \{x \in \mathbb{R}^N \mid d_K(x) \le 1\}$, risulta $\text{supp}(f(x+h)) \subset \tilde{K}$ se $\|h\| \le 1$. Quindi, per $\|h\| \le 1$, si ha

$$\|f(x+h) - f(x)\|_p^p = \int_{\tilde{K}} |f(x+h) - f(x)|^p \, dx$$

$$\le m(\tilde{K}) \sup_{\|x-y\| \le \|h\|} |f(x) - f(y)|.$$

Essendo f uniformemente continua, allora $\sup_{\|x-y\| \le \|h\|} |f(x) - f(y)| \to 0$ per $h \to 0$. La tesi è così provata quando $f \in \mathscr{C}_c(\mathbb{R}^N)$.

Nel caso generale, si fissi $f \in L^p(\mathbb{R}^N)$ e $\varepsilon > 0$. Il Teorema 3.45 implica l'esistenza di $f_\varepsilon \in \mathscr{C}_c(\mathbb{R}^N)$ tale che $\|f_\varepsilon - f\|_p < \varepsilon$. Per la prima parte della dimostrazione esiste $\delta > 0$ tale che

$$\|f_\varepsilon(x+h) - f_\varepsilon(x)\|_p < \varepsilon \text{ per } \|h\| \leq \delta.$$

Allora, usando la disuguaglianza di Minkowski e l'invarianza per traslazioni della misura di Lebesgue, se $\|h\| \leq \delta$ si deduce

$$\begin{aligned}
\|f(x+h) - f(x)\|_p &\leq \|f(x+h) - f_\varepsilon(x+h)\|_p + \|f_\varepsilon(x+h) - f_\varepsilon(x)\|_p \\
&\quad + \|f_\varepsilon(x) - f(x)\|_p \\
&= 2\|f_\varepsilon(x) - f(x)\|_p + \|f_\varepsilon(x+h) - f_\varepsilon(x)\|_p \leq 3\varepsilon.
\end{aligned}$$

$\square$

4

Misure prodotto

Spazi prodotto – Compattezza in L^p – Convoluzione e approssimazione

Sul prodotto cartesiano di due spazi è definita una misura a partire dalle misure degli spazi fattori. Sorge allora il problema di ridurre un integrale doppio (o multiplo) al calcolo degli integrali iterati; questa questione gioca un ruolo fondamentale nella teoria dell'integrazione di Lebesgue. I risultati chiave sono rappresentati dal Teorema di Tonelli e dal Teorema di Fubini, che forniscono condizioni sufficienti per ridurre un integrale doppio a integrazioni successive sugli spazi fattore.

Applicando questi risultati nel caso dello spazio euclideo $\mathbb{R}^{2N} = \mathbb{R}^N \times \mathbb{R}^N$ si deducono importanti conseguenze. In primo luogo è possibile fornire una caratterizzazione delle famiglie di funzioni in $L^p(\mathbb{R}^N)$ che hanno chiusura compatta, ottenendo una 'versione L^p' del Teorema di Ascoli–Arzelà. Un'altra importante applicazione dell'integrazione multipla è la definizione dell'operazione di *convoluzione* $f * g$ tra funzioni in spazi di Lebesgue: tale operazione commuta con le traslazioni e con le derivate e fornisce un potente strumento per approssimare funzioni in $L^p(\mathbb{R}^N)$ con funzioni regolari.

4.1 Spazi prodotto

4.1.1 Misura prodotto

Siano $(X, \mathscr{F})$ e $(Y, \mathscr{G})$ spazi misurabili. Si vuole definire sul prodotto cartesiano $X \times Y$, in modo naturale, una struttura di spazio misurabile.

Un insieme della forma $A \times B$, dove $A \in \mathscr{F}$ e $B \in \mathscr{G}$, si chiama *rettangolo misurabile*. Denotiamo con $\mathscr{R}$ la famiglia degli insiemi elementari, dove per *insieme elementare* si intende una unione finita disgiunta di rettangoli misurabili.

Proposizione 4.1. *$\mathscr{R}$ è un'algebra.*

Dimostrazione. Evidentemente $\varnothing$ e $X \times Y$ sono rettangoli misurabili. È anche ovvio che l'intersezione di due rettangoli misurabile è ancora un rettangolo

Cannarsa P, D'Aprile T: Introduzione alla teoria della misura e all'analisi funzionale.
© Springer-Verlag Italia, Milano, 2008

misurabile. Inoltre l'intersezione di due elementi di $\mathscr{R}$ appartiene a $\mathscr{R}$. Infatti siano[1] $\dot{\cup}_i(A_i \times B_i)$ e $\dot{\cup}_j(C_j \times D_j)$ unioni finite disgiunte di rettangoli misurabili. Allora

$$\left(\dot{\cup}_i(A_i \times B_i) \right) \bigcap \left(\dot{\cup}_j(C_j \times D_j) \right) = \dot{\cup}_{i,j}\left((A_i \times B_i) \cap (C_j \times D_j) \right) \in \mathscr{R}.$$

Si passa a provare che il complementare di ogni insieme $E \in \mathscr{R}$ appartiene ancora a $\mathscr{R}$. Ciò è vero se $E = A \times B$ è un rettangolo misurabile poiché

$$E^c = (A^c \times B) \dot{\cup} (A \times B^c) \dot{\cup} (A^c \times B^c).$$

Procedendo per induzione, sia

$$E = \Big(\underbrace{\bigcup_{i=1}^{n}(A_i \times B_i)}_{F} \Big) \dot{\bigcup}(A_{n+1} \times B_{n+1}) \in \mathscr{R}$$

e si supponga $F^c \in \mathscr{R}$. Allora $E^c = F^c \cap (A_{n+1} \times B_{n+1})^c \in \mathscr{R}$ essendo $(A_{n+1} \times B_{n+1})^c \in \mathscr{R}$ e poiché $\mathscr{R}$ è chiuso rispetto all'intersezione finita. Ciò completa la dimostrazione.   □

Definizione 4.2. *La σ–algebra generata da $\mathscr{R}$ si chiama σ–algebra prodotto di $\mathscr{F}$ e $\mathscr{G}$ e si denota con $\mathscr{F} \times \mathscr{G}$.*

Esercizio 4.3. Provare che

- $\mathscr{B}\big([a,b) \times [c,d)\big) = \mathscr{B}\big([a,b)\big) \times \mathscr{B}\big([c,d)\big).$
- Se $N, N' \in \mathbb{N}$, allora $\mathscr{B}(\mathbb{R}^{N+N'}) = \mathscr{B}(\mathbb{R}^N) \times \mathscr{B}(\mathbb{R}^{N'}).$

Per ogni $E \in \mathscr{F} \times \mathscr{G}$ definiamo le *sezioni* di E ponendo, per $x \in X$ e $y \in Y$,

$$E_x = \{y \in Y : (x,y) \in E\}, \quad E^y = \{x \in X : (x,y) \in E\}.$$

Proposizione 4.4. *Siano $(X,\mathscr{F},\mu)$ e $(Y,\mathscr{G},\nu)$ spazi di misura σ–finita. Se $E \in \mathscr{F} \times \mathscr{G}$, allora valgono le seguenti affermazioni:*

(a) *$E_x \in \mathscr{G}$ e $E^y \in \mathscr{F}$ per ogni $(x,y) \in X \times Y$;*
(b) *le funzioni*

$$\begin{cases} X \to \mathbb{R} \\ x \mapsto \nu(E_x) \end{cases} \quad e \quad \begin{cases} Y \to \mathbb{R} \\ y \mapsto \mu(E^y) \end{cases}$$

sono di Borel. Inoltre

$$\int_X \nu(E_x)\,d\mu = \int_Y \mu(E^y)\,d\nu.$$

---

[1] Il simbolo $\dot{\cup}$ denota una unione disgiunta.

Dimostrazione. Si supponga dapprima che $E = \dot{\cup}_{i=1}^n (A_i \times B_i)$ appartenga a $\mathscr{R}$. Allora per $(x,y) \in X \times Y$ si ha $E_x = \dot{\cup}_{i=1}^n (A_i \times B_i)_x$ e $E^y = \dot{\cup}_{i=1}^n (A_i \times B_i)^y$, dove

$$(A_i \times B_i)_x = \begin{cases} B_i & \text{se } x \in A_i, \\ \varnothing & \text{se } x \notin A_i, \end{cases} \qquad (A_i \times B_i)^y = \begin{cases} A_i & \text{se } y \in B_i, \\ \varnothing & \text{se } y \notin B_i. \end{cases}$$

Di conseguenza

$$\nu(E_x) = \sum_{i=1}^n \nu\big((A_i \times B_i)_x\big) = \sum_{i=1}^n \nu(B_i)\chi_{A_i}(x),$$

$$\mu(E^y) = \sum_{i=1}^n \mu\big((A_i \times B_i)^y\big) = \sum_{i=1}^n \mu(A_i)\chi_{B_i}(y)$$

da cui segue la tesi. Quindi la tesi è vera per gli insiemi elementari.

Sia $\mathscr{E}$ la famiglia di tutti gli insiemi $E \in \mathscr{F} \times \mathscr{G}$ che verificano la (a). Evidentemente $\emptyset, X \times Y \in \mathscr{E}$. Inoltre per ogni $E_n, E \in \mathscr{E}$ e $(x,y) \in X \times Y$ risulta

$$(E^c)_x = (E_x)^c, \quad (E^c)^y = (E^y)^c,$$

$$\bigcup_{n=1}^\infty (E_n)_x = \left(\bigcup_{n=1}^\infty E_n \right)_x, \quad \bigcup_{n=1}^\infty (E_n)^y = \left(\bigcup_{n=1}^\infty E_n \right)^y.$$

Pertanto $\mathscr{E}$ è una σ–algebra contenente $\mathscr{R}$, e quindi $\mathscr{E} = \mathscr{F} \times \mathscr{G}$.

Si passa a provare la (b). Si assuma dapprima che μ e ν siano finite e si definisca

$$\mathscr{M} = \big\{ E \in \mathscr{F} \times \mathscr{G} \,\big|\, E \text{ verifica la (b)} \big\}.$$

Asseriamo che $\mathscr{M}$ è una classe monotona. Infatti, si consideri $(E_n)_n \subset \mathscr{M}$ tale che $E_n \uparrow E$. Allora, per ogni $(x,y) \in X \times Y$,

$$(E_n)_x \uparrow E_x \quad \text{e} \quad (E_n)^y \uparrow E^y.$$

Quindi
$$\nu\big((E_n)_x\big) \uparrow \nu(E_x) \quad \text{e} \quad \mu\big((E_n)^y\big) \uparrow \mu(E^y).$$

Poiché la funzione $x \mapsto \nu\big((E_n)_x\big)$ è di Borel per ogni $n \in \mathbb{N}$, ne segue che anche $x \mapsto \nu(E_x)$ è di Borel. Analogamente $y \mapsto \mu(E^y)$ è di Borel. Inoltre, per il Teorema della Convergenza Monotona,

$$\int_X \nu(E_x)\, d\mu = \lim_{n \to \infty} \int_X \nu\big((E_n)_x\big)\, d\mu = \lim_{n \to \infty} \int_Y \mu\big((E_n)^y\big)\, d\nu = \int_Y \mu(E^y)\, d\nu.$$

Pertanto $E \in \mathscr{M}$. Si consideri ora $(E_n)_n \subset \mathscr{M}$ tale che $E_n \downarrow E$. Allora, ragionando come nel caso precedente, si prova che, per ogni $(x,y) \in X \times Y$,

$$\nu\big((E_n)_x\big) \downarrow \nu(E_x) \quad \text{e} \quad \mu\big((E_n)^y\big) \downarrow \mu(E^y).$$

Di conseguenza le funzioni $x \mapsto \nu(E_x)$ e $y \mapsto \mu(E^y)$ sono di Borel. Inoltre

$$\nu\big((E_n)_x\big) \leq \nu(Y) \quad \forall x \in X, \qquad \mu\big((E_n)^y\big) \leq \mu(X) \quad \forall y \in Y,$$

e, essendo μ e ν finite, le funzioni costanti sono sommabili. Allora il Teorema di Lebesgue implica

$$\int_X \nu(E_x)\,d\mu = \lim_{n \to \infty} \int_X \nu\big((E_n)_x\big)\,d\mu = \lim_{n \to \infty} \int_Y \mu\big((E_n)^y\big)\,d\nu = \int_Y \mu(E^y)\,d\nu,$$

da cui si deduce $E \in \mathscr{M}$. Pertanto $\mathscr{M}$ è una classe monotona come asserito. Per la prima parte della dimostrazione si ha $\mathscr{R} \subset \mathscr{M}$. Il Teorema di Halmos implica $\mathscr{M} = \mathscr{F} \times \mathscr{G}$.

Allora la tesi è provata quando μ e ν sono finite. Si assuma ora che μ e ν siano σ-finite; si ha $X = \cup_{n=1}^{\infty} X_n$, $Y = \cup_{n=1}^{\infty} Y_n$ per opportune successioni crescenti $(X_n)_n \subset \mathscr{F}$ e $(Y_n)_n \subset \mathscr{G}$ con

$$\mu(X_n) < \infty, \quad \nu(Y_n) < \infty \quad \forall n \in \mathbb{N}. \tag{4.1}$$

Si definisca $\mu_n = \mu \llcorner X_n$, $\nu_n = \nu \llcorner Y_n$ (si veda la Definizione 1.24) e si fissi $E \in \mathscr{F} \times \mathscr{G}$. Per ogni $(x, y) \in X \times Y$

$$E_x \cap Y_n \uparrow E_x \quad \text{e} \quad E^y \cap X_n \uparrow E^y.$$

Quindi

$$\nu_n(E_x) = \nu\big(E_x \cap Y_n\big) \uparrow \nu(E_x) \quad \text{e} \quad \mu_n(E^y) = \mu\big(E^y \cap X_n\big) \uparrow \mu(E^y).$$

Essendo μ_n e ν_n misure finite, per ogni $n \in \mathbb{N}$ la funzione $x \mapsto \nu_n(E_x)$ è di Borel; pertanto anche $x \mapsto \nu(E_x)$ è di Borel. Analogamente si ragiona per provare che $y \mapsto \mu(E^y)$ è di Borel. Inoltre, per il Teorema della Convergenza Monotona e per l'Esercizio 2.72,

$$\int_X \nu(E_x)\,d\mu = \lim_{n \to \infty} \int_{X_n} \nu_n(E_x)\,d\mu = \lim_{n \to \infty} \int_X \nu_n(E_x)\,d\mu_n.$$

$$\int_Y \mu(E^y)\,d\nu = \lim_{n \to \infty} \int_{Y_n} \mu_n(E^y)\,d\nu = \lim_{n \to \infty} \int_Y \mu_n(E^y)\,d\nu_n.$$

Essendo μ_n, ν_n misure finite, allora $\int_X \nu_n(E_x)\,d\mu_n = \int_Y \mu_n(E^y)\,d\nu_n$ per ogni n, e quindi $\int_X \nu(E_x)\,d\mu = \int_Y \mu(E^y)\,d\nu$. $\qquad \square$

Teorema 4.5. *Siano $(X, \mathscr{F}, \mu)$ e $(Y, \mathscr{G}, \nu)$ spazi di misura σ-finita. La funzione di insieme $\mu \times \nu$ così definita*

$$(\mu \times \nu)(E) = \int_X \nu(E_x)\,d\mu = \int_Y \mu(E^y)\,d\nu \qquad \forall E \in \mathscr{F} \times \mathscr{G} \tag{4.2}$$

è una misura σ-finita su $\mathscr{F} \times \mathscr{G}$, chiamata misura prodotto *di μ e ν. Inoltre, se λ è un'altra misura su $\mathscr{F} \times \mathscr{G}$ che verifica*

$$\lambda(A \times B) = \mu(A)\nu(B) \qquad \forall A \in \mathscr{F}, \forall B \in \mathscr{G}, \tag{4.3}$$

allora $\lambda = \mu \times \nu$.

Dimostrazione. Per provare che $\mu \times \nu$ è σ–additiva, si consideri $(E_n)_n$ una successione di insiemi disgiunti in $\mathscr{F} \times \mathscr{G}$. Allora, per ogni $(x,y) \in X \times Y$, $((E_n)_x)_n$ e $((E_n)^y)_n$ sono famiglie disgiunte in $\mathscr{G}$ e $\mathscr{F}$, rispettivamente. Pertanto, utilizzando la Proposizione 2.48

$$(\mu \times \nu) \left(\bigcup_{n=1}^{\infty} E_n \right) = \int_X \nu((\cup_{n=1}^{\infty} E_n)_x) \, d\mu = \int_X \sum_{n=1}^{\infty} \nu((E_n)_x) \, d\mu$$

$$= \sum_{n=1}^{\infty} \int_X \nu((E_n)_x) \, d\mu = \sum_{n=1}^{\infty} (\mu \times \nu)(E_n).$$

Per provare che $\mu \times \nu$ è σ–finita, si osservi che, se $(X_n)_n \subset \mathscr{F}$ e $(Y_n)_n \subset \mathscr{G}$ sono due successioni crescenti tali che $X = \cup_{n=1}^{\infty} X_n$, e $Y = \cup_{n=1}^{\infty} Y_n$ e

$$\mu(X_n) < \infty, \quad \nu(Y_n) < \infty \quad \forall n \in \mathbb{N},$$

allora, ponendo $Z_n = X_n \times Y_n$, si ha $Z_n \in \mathscr{F} \times \mathscr{G}$, $(\mu \times \nu)(Z_n) = \mu(X_n)\nu(Y_n) < \infty$ e $X \times Y = \cup_{n=1}^{\infty} Z_n$. Infine, se λ è una misura su $\mathscr{F} \times \mathscr{G}$ che verifica la (4.3), allora λ e $\mu \times \nu$ coincidono su $\mathscr{R}$. Dal Teorema 1.30 segue che λ e $\mu \times \nu$ coincidono su $\sigma(\mathscr{R})$. $\qquad\square$

Il prossimo risultato è una conseguenza della (4.2).

Corollario 4.6. *Nelle ipotesi del Teorema 4.5, sia $E \in \mathscr{F} \times \mathscr{G}$ tale che $(\mu \times \nu)(E) = 0$. Allora, $\mu(E^y) = 0$ per quasi ogni $y \in Y$, e $\nu(E_x) = 0$ per quasi ogni $x \in X$.*

Esempio 4.7. Si osservi che $\mu \times \nu$ può non essere una misura completa anche se entrambe μ e ν sono complete. Infatti, si denoti con m la misura di Lebesgue in $\mathbb{R}$ e con $\mathscr{G}$ la σ–algebra di tutti gli insiemi misurabili secondo Lebesgue in $\mathbb{R}$ (si veda la Definizione 1.53). Sia $A \in \mathscr{G}$ un insieme non vuoto di misura nulla e sia $B \subset \mathbb{R}$ un insieme non misurabile secondo Lebesgue (si veda l'Esempio 1.63). Allora, $A \times B \subset A \times \mathbb{R}$ e $(m \times m)(A \times \mathbb{R}) = 0$. D'altra parte $A \times B \notin \mathscr{G} \times \mathscr{G}$, altrimenti si avrebbe una contraddizione con la Proposizione 4.4(a).

4.1.2 Teorema di Fubini-Tonelli

In questo paragrafo studieremo come ridurre il calcolo di un integrale doppio rispetto alla misura prodotto $\mu \times \nu$ al calcolo di due integrali semplici. I prossimi due teoremi sono fondamentali nella teoria dell'integrazione multipla.

Teorema 4.8 (Tonelli). *Siano $(X, \mathscr{F}, \mu)$ e $(Y, \mathscr{G}, \nu)$ spazi di misura σ–finita e sia $F : X \times Y \to [0, \infty]$ una funzione di Borel. Allora:*

(a) (i) *per ogni $x \in X$ la funzione $F(x, \cdot) : y \mapsto F(x,y)$ è di Borel;*
    (ii) *per ogni $y \in Y$ la funzione $F(\cdot, y) : x \mapsto F(x,y)$ è di Borel;*
(b) (i) *la funzione $x \mapsto \int_Y F(x,y) \, d\nu(y)$ è di Borel;*

(ii) *la funzione* $y \mapsto \int_X F(x,y) \, d\mu(x)$ *è di Borel;*

(c) *valgono le seguenti identità:*

$$\int_{X \times Y} F(x,y) \, d(\mu \times \nu)(x,y) = \int_X \left[\int_Y F(x,y) \, d\nu(y) \right] d\mu(x) \quad (4.4)$$

$$= \int_Y \left[\int_X F(x,y) \, d\mu(x) \right] d\nu(y). \quad (4.5)$$

Dimostrazione. Si assuma dapprima $F = \chi_E$ con $E \in \mathscr{F} \times \mathscr{G}$. Allora

$$F(x,\cdot) = \chi_{E_x} \qquad \forall x \in X,$$
$$F(\cdot,y) = \chi_{E^y} \qquad \forall y \in Y.$$

Pertanto le proprietà (a) e (b) seguono dalla Proposizione 4.4, mentre la (c) si riduce alla formula (4.2) che definisce la misura prodotto. Di conseguenza la tesi è vera se F è una funzione semplice. Nel caso generale, grazie alla Proposizione 2.46 si può approssimare F puntualmente con una successione crescente di funzioni semplici

$$F_n : X \times Y \to [0, \infty).$$

Per ogni $x \in X$ $F_n(x,\cdot)$ è una successione di funzioni di Borel su Y tale che

$$F_n(x,\cdot) \uparrow F(x,\cdot) \text{ puntualmente per } n \to \infty.$$

Pertanto la funzione $F(x,\cdot)$ è di Borel; ne segue la (a)-(i). Inoltre, per la prima parte della dimostrazione, $x \mapsto \int_Y F_n(x,y) \, d\nu(y)$ è una successione crescente di funzioni di Borel che verifica, grazie al Teorema della Convergenza Monotona,

$$\int_Y F_n(x,y) \, d\nu(y) \quad \uparrow \quad \int_Y F(x,y) \, d\nu(y) \qquad \forall x \in X.$$

Quindi vale la (b)-(i) e, usando di nuovo la convergenza monotona,

$$\int_X \left[\int_Y F_n(x,y) \, d\nu(y) \right] d\mu(x) \quad \uparrow \quad \int_X \left[\int_Y F(x,y) \, d\nu(y) \right] d\mu(x). \quad (4.6)$$

Si ha anche

$$\int_{X \times Y} F_n(x,y) \, d(\mu \times \nu)(x,y) \quad \uparrow \quad \int_{X \times Y} F(x,y) \, d(\mu \times \nu)(x,y). \quad (4.7)$$

Essendo ciascuna F_n una funzione semplice, i primi membri della (4.6) e della (4.7) sono uguali. Quindi saranno uguali anche i secondi membri e si ottiene la (4.4). Analogamente si provano le (a)-(ii), (b)-(ii) e (4.5). La dimostrazione è così completa.   □

Teorema 4.9 (Fubini). *Siano $(X, \mathscr{F}, \mu)$, $(Y, \mathscr{G}, \nu)$ spazi di misura σ-finita e sia $F : X \times Y \to \overline{\mathbb{R}}$ una funzione $(\mu \times \nu)$-sommabile. Allora valgono le seguenti affermazioni:*

(a) (i) *per quasi ogni $x \in X$ la funzione $F(x, \cdot) : y \mapsto F(x, y)$ è ν-sommabile;*
    (ii) *per quasi ogni $y \in Y$ la funzione $F(\cdot, y) : x \mapsto F(x, y)$ è μ-sommabile;*
(b) (i) *la funzione^2 $x \mapsto \int_Y F(x, y) \, d\nu(y)$ è μ-sommabile;*
    (ii) *la funzione $y \mapsto \int_X F(x, y) \, d\mu(x)$ è ν-sommabile;*
(c) *valgono le identità (4.4)–(4.5).*

Dimostrazione. Siano F^+ e F^- le parte positiva e negativa di F. Allora il Teorema 4.8 si applica a F^+ e F^-. In particolare, essendo $\int_{X \times Y} F^{\pm} \, d(\mu \times \nu) \leq \int_{X \times Y} |F| \, d(\mu \times \nu) < \infty$, l'identità (4.4) implica

$$\int_X \left[\int_Y F^{\pm}(x, y) \, d\nu(y) \right] d\mu(x) < \infty.$$

Pertanto le funzioni

$$x \mapsto \int_Y F^{\pm}(x, y) d\nu(y) \tag{4.8}$$

sono μ-sommabili e, grazie alla Proposizione 2.44(i), q.o. finite, ossia

$$\int_Y F^{\pm}(x, y) \, d\nu(y) < \infty \quad \text{per quasi ogni } x \in X.$$

Ne segue che $F^{\pm}(x, \cdot)$ è ν-sommabile per quasi ogni $x \in X$. Poiché

$$F^+(x, \cdot) - F^-(x, \cdot) = F(x, \cdot) \quad \forall x \in X, \tag{4.9}$$

si deduce la (a)-(i).

Si osservi che, per ogni x tale che $F(x, \cdot)$ è ν-sommabile, si può integrare l'identità (4.9) ottenendo

$$\int_Y F^+(x, y) \, d\nu(y) - \int_Y F^-(x, y) \, d\nu(y) = \int_Y F(x, y) \, d\nu(y). \tag{4.10}$$

La (b)-(i) vale per F^+ e F^-, di conseguenza vale anche per F grazie alla (4.10). Scambiando i ruoli di X e Y si dimostrano le (a)-(ii) e (b)-(ii).

Infine le identità (4.4) e (4.5) valgono per $F^{\pm}$; per sottrazione si ottengono le analoghe identità per F. $\qquad\square$

---

^{2} Si osservi che la funzione $x \mapsto \int_Y F(x, y) \, d\nu(y)$ è definita q.o. in X; più precisamente è definita ovunque ad eccezione dell'insieme di misura nulla dei punti in cui $F(x, \cdot)$ non è ν-sommabile. Analogamente la funzione $y \mapsto \int_X F(x, y) \, d\mu(x)$ è definita q.o. in Y. Si veda l'Osservazione 2.74.

Esempio 4.10. Siano $X = Y = [-1, 1)$ con la misura di Lebesgue e si consideri la funzione

$$f(x, y) = \frac{xy}{(x^2 + y^2)^2} \text{ per } (x, y) \neq (0, 0).$$

Definendo arbitrariamente f in $(0, 0)$, si verifica facilmente che f è di Borel. Gli integrali iterati esistono e sono uguali; infatti

$$\int_{-1}^{1} \left[\int_{-1}^{1} f(x, y) \, dx \right] dy = \int_{-1}^{1} \left[\int_{-1}^{1} f(x, y) \, dy \right] dx = 0.$$

D'altra parte l'integrale doppio non esiste, poiché

$$\int_{[-1,1)^2} |f(x, y)| \, dx dy \geq \int_0^1 \left[\int_0^{2\pi} \frac{|\sin \theta \cos \theta|}{r} \, d\theta \right] dr = 2 \int_0^1 \frac{dr}{r} = \infty.$$

Questo esempio mostra che l'esistenza degli integrali iterati non implica, in generale, l'esistenza dell'integrale doppio.

Esempio 4.11. Si considerino gli spazi

$$([0, 1], \mathscr{P}([0, 1]), \mu^{\#}), \quad ([0, 1], \mathscr{B}([0, 1]), m)$$

dove $\mu^{\#}$ denota la misura che conta e m la misura di Lebesgue in $[0, 1]$. Sia Δ la diagonale di $[0, 1]^2$, ossia

$$\Delta = \{(x, x) \mid x \in [0, 1]\}.$$

Per ogni $n \in \mathbb{N}$, si ponga

$$R_n = \left[0, \frac{1}{n}\right]^2 \cup \left[\frac{1}{n}, \frac{2}{n}\right]^2 \cup \ldots \cup \left[\frac{n-1}{n}, 1\right]^2.$$

R_n è unione finita di rettangoli misurabili e $\Delta = \cap_{n=1}^{\infty} R_n$, da cui segue $\Delta \in \mathscr{P}([0, 1]) \times \mathscr{B}([0, 1])$. Allora la funzione caratteristica χ_Δ è misurabile. Si ha

$$\int_0^1 \left[\int_{[0,1]} \chi_\Delta(x, y) \, d\mu^{\#}(x) \right] dy = \int_0^1 1 \, dy = 1,$$

$$\int_0^1 \left[\int_0^1 \chi_\Delta(x, y) \, dy \right] d\mu^{\#}(x) = \int_{[0,1]} 0 \, d\mu^{\#} = 0.$$

Pertanto, poiché μ non è σ–finita, la tesi del Teorema di Tonelli è falsa.

4.2 Compattezza in L^p

Applicando i risultati dei Teoremi di Fubini e di Tonelli deriveremo importanti corollari. Iniziamo con la caratterizzazione di tutti i sottoinsiemi *relativamente compatti di*[3] $L^p(\mathbb{R}^N)$ *per ogni* $1 \le p < \infty$, ovvero tutte le famiglie di funzioni $\mathcal{M} \subset L^p(\mathbb{R}^N)$ la cui chiusura $\overline{\mathcal{M}}$ è compatta.

Vale il seguente lemma.

Lemma 4.12. *Se* $f : \mathbb{R}^N \to \overline{\mathbb{R}}$ *è di Borel, allora le funzioni*

$$(x, y) \in \mathbb{R}^{2N} \mapsto f(x - y) \quad e \quad (x, y) \in \mathbb{R}^{2N} \mapsto f(x + y)$$

sono di Borel.

Dimostrazione. Sia $F_1 : (x, t) \in \mathbb{R}^{2N} \mapsto f(x)$. Poiché f è di Borel, ne segue che F_1 è di Borel. Infatti l'insieme $\{(x, t) \,|\, F_1(x, t) > a\}$ coincide con il rettangolo misurabile $\{x \,|\, f(x) > a\} \times \mathbb{R}$. Fissato $(\xi, \eta) \in \mathbb{R}^{2N}$, si consideri la trasformazione lineare non-singolare di $\mathbb{R}^{2N}$: $x = \xi - \eta$, $y = \xi + \eta$. Grazie all'Esercizio 2.15, la funzione $F_2(\xi, \eta) = F_1(\xi - \eta, \xi + \eta)$ è di Borel su $\mathbb{R}^{2N}$. Essendo $F_2(\xi, \eta) = f(\xi - \eta)$, ne segue la prima parte della tesi. Analogamente si ragiona per la seconda parte. $\square$

Definizione 4.13. *Sia* $1 \le p < \infty$. *Per ogni* $r > 0$ *e* $f \in L^p(\mathbb{R}^N)$ *si definisca* $S_r f : \mathbb{R}^N \to \mathbb{R}$ *mediante la formula di Steklov*

$$S_r f(x) = \frac{1}{\omega_N r^N} \int_{\|y\| < r} f(x + y)\, dy \qquad \forall x \in \mathbb{R}^N,$$

dove ω_N *è il volume della sfera unitaria in* $\mathbb{R}^N$.

Proposizione 4.14. *Sia* $1 \le p < \infty$ *e* $f \in L^p(\mathbb{R}^N)$. *Allora per ogni* $r > 0$ $S_r f$ *è una funzione continua. Inoltre* $S_r f \in L^p(\mathbb{R}^N)$ *e, usando la notazione* $\tau_h f(x) = f(x + h)$, *risulta:*

$$|S_r f(x)| \le \frac{1}{(\omega_N r^N)^{1/p}} \|f\|_p \quad \forall x \in \mathbb{R}^N; \tag{4.11}$$

$$|S_r f(x) - S_r f(x + h)| < \frac{1}{(\omega_N r^N)^{1/p}} \|f - \tau_h f\|_p \quad \forall x, h \in \mathbb{R}^N; \tag{4.12}$$

$$\|S_r f\|_p \le \|f\|_p;$$

$$\|f - S_r f\|_p \le \sup_{0 \le \|h\| \le r} \|f - \tau_h f\|_p. \tag{4.13}$$

Dimostrazione. La (4.11) si deduce dalla disuguaglianza di Hölder:

$$|S_r f(x)| \le \frac{1}{(\omega_N r^N)^{1/p}} \left(\int_{\|y\| < r} |f(x + y)|^p\, dy \right)^{1/p}. \tag{4.14}$$

La (4.12) segue dalla (4.11) applicata a $f - \tau_h f$. Allora per la (4.12) e la Proposizione 3.49 $S_r f$ è una funzione continua. Dalla (4.14), usando il Lemma 4.12 e il Teorema di Tonelli, si ottiene

---

[3] $L^p(\mathbb{R}^N) = L^p(\mathbb{R}^N, m)$ dove m è la misura di Lebesgue.

$$\int_{\mathbb{R}^N} |S_r f|^p \, dx \leq \frac{1}{\omega_N r^N} \int_{|y|<r} \left[\int_{\mathbb{R}^N} |f(x+y)|^p \, dx \right] dy$$

$$= \frac{\|f\|_p^p}{\omega_N r^N} \int_{\|y\|<r} dy = \|f\|_p^p.$$

Per provare la (4.13) si osservi che $(f - S_r f)(x) = \frac{1}{\omega_N r^N} \int_{\|y\|<r} (f(x) - f(x+y)) dy$, da cui

$$|(f - S_r f)(x)| \leq \frac{1}{(\omega_N r^N)^{1/p}} \left(\int_{\|y\|<r} |f(x) - f(x+y)|^p dy \right)^{1/p}.$$

Il Teorema di Tonelli implica

$$\int_{\mathbb{R}^N} |f - S_r f|^p \, dx \leq \frac{1}{\omega_N r^N} \int_{\mathbb{R}^N} \left[\int_{\|y\|<r} |f(x) - f(x+y)|^p \, dy \right] dx$$

$$= \frac{1}{\omega_N r^N} \int_{\|y\|<r} \left[\int_{\mathbb{R}^N} |f(x) - f(x+y)|^p \, dx \right] dy$$

$$\leq \sup_{0 \leq \|h\| \leq r} \|f - \tau_h f\|_p \frac{\int_{\|y\|<r} dy}{\omega_N r^N} = \sup_{0 \leq \|h\| \leq r} \|f - \tau_h f\|_p$$

e quindi la (4.13) è dimostrata. □

Il prossimo teorema ha nello studio degli spazi L^p un ruolo analogo al Teorema di Ascoli–Arzelà E.2 nello studio degli spazi di funzioni continue.

Teorema 4.15 (M. Riesz–Frechét–Kolmogorov). *Sia $1 \leq p < \infty$ e sia $\mathcal{M}$ un insieme limitato in $L^p(\mathbb{R}^N)$. Allora $\mathcal{M}$ è relativamente compatto se e solo se*

$$\sup_{f \in \mathcal{M}} \int_{\|x\|>R} |f|^p \, dx \to 0 \quad \text{per} \quad R \to \infty, \tag{4.15}$$

$$\sup_{f \in \mathcal{M}} \int_{\mathbb{R}^N} |f(x+h) - f(x)|^p \, dx \to 0 \quad \text{per} \quad h \to 0. \tag{4.16}$$

Dimostrazione. La (4.15) e la (4.16) valgono per un singolo elemento di $L^p(\mathbb{R}^N)$ (la (4.15) segue dal teorema di Lebesgue; si veda la Proposizione 3.49 per la (4.16)). Si considerino le sfere in $L^p(\mathbb{R}^N)$:

$$B_r(f) := \{ g \in L^p(\mathbb{R}^N) \mid \|f - g\|_p < r \} \qquad r > 0, \, f \in L^p(\mathbb{R}^N).$$

Se $\mathcal{M}$ è relativamente compatto, allora per ogni $\varepsilon > 0$ esistono funzioni $f_1, \ldots, f_n \in \mathcal{M}$ tali che $\mathcal{M} \subset B_\varepsilon(f_1) \cup \cdots \cup B_\varepsilon(f_n)$. Come già osservato, ciascuna f_i verifica le (4.15)-(4.16). Pertanto esistono $R_\varepsilon, \delta_\varepsilon > 0$ tali che, per ogni $i = 1, \ldots, n$,

$$\int_{\|x\|>R_\varepsilon} |f_i|^p \, dx < \varepsilon^p \quad \& \quad \|f_i - \tau_h f_i\|_p < \varepsilon \text{ se } \|h\| < \delta_\varepsilon. \tag{4.17}$$

dove $\tau_h f(x) = f(x+h)$ per ogni $x, h \in \mathbb{R}^N$. Siano $f \in \mathcal{M}$ e i tali che $f \in B_\varepsilon(f_i)$. Dalla (4.17), usando la disuguaglianza di Minkowski, si ha

$$\left(\int_{\|x\|>R_\varepsilon} |f|^p \, dx \right)^{1/p} \leq \left(\int_{\|x\|>R_\varepsilon} |f - f_i|^p \, dx \right)^{1/p} + \left(\int_{\|x\|>R_\varepsilon} |f_i|^p \, dx \right)^{1/p}$$

$$\leq \|f - f_i\|_p + \left(\int_{\|x\|>R_\varepsilon} |f_i|^p \, dx \right)^{1/p} < 2\varepsilon$$

e, se $\|h\| \leq \delta_\varepsilon$,

$$\|f - \tau_h f\|_p \leq \|f - f_i\|_p + \|f_i - \tau_h f_i\|_p + \|\tau_h f_i - \tau_h f\|_p < 3\varepsilon.$$

L'implicazione '$\Rightarrow$' è così provata.

Per provare il viceversa è sufficiente mostrare che $\mathcal{M}$ è *totalmente limitato*[4]. Si fissi $\varepsilon > 0$. Grazie all'ipotesi (4.15),

$$\exists R_\varepsilon > 0 \quad \text{tale che} \quad \int_{\|x\|>R_\varepsilon} |f|^p \, dx < \varepsilon^p \qquad \forall f \in \mathcal{M}. \tag{4.18}$$

Inoltre, ricordando la (4.13), l'ipotesi (4.16) implica

$$\exists \delta_\varepsilon > 0 \quad \text{tale che} \quad \|f - S_{\delta_\varepsilon} f\|_p < \varepsilon \qquad \forall f \in \mathcal{M}, \tag{4.19}$$

dove S_{δ_ε} è l'operatore di Steklov della Definizione 4.13. Allora le proprietà (4.11) e (4.12) garantiscono che $\{S_{\delta_\varepsilon} f\}_{f \in \mathcal{M}}$ è una famiglia puntualmente limitata e equicontinua sul compatto $K_\varepsilon := \{x \in \mathbb{R}^N : \|x\| \leq R_\varepsilon\}$ e, di conseguenza, è relativamente compatta grazie al Teorema di Ascoli–Arzelà. Pertanto esiste un numero finito di funzioni continue $g_1, \ldots, g_m : K_\varepsilon \to \mathbb{R}$ tale che per ogni $f \in \mathcal{M}$ la funzione $S_{\delta_\varepsilon} f$ verifica, per un opportuno j,

$$|S_{\delta_\varepsilon} f(x) - g_j(x)| < \frac{\varepsilon}{(\omega_N R_\varepsilon^N)^{1/p}} \qquad \forall x \in K_\varepsilon. \tag{4.20}$$

Si ponga

$$f_j(x) := \begin{cases} g_j(x) & \text{se } \|x\| \leq R_\varepsilon, \\ 0 & \text{se } \|x\| > R_\varepsilon. \end{cases}$$

Allora $f_j \in L^p(\mathbb{R}^N)$ e, per le (4.18)-(4.19)-(4.20)

---

[4] Dato uno spazio metrico (X, d) e un sottoinsieme $\mathcal{M} \subset X$, si dice che $\mathcal{M}$ è *totalmente limitato* se per ogni $\varepsilon > 0$ esiste un numero finito di sfere di raggio ε che ricoprono $\mathcal{M}$. Un sottoinsieme $\mathcal{M}$ di uno spazio metrico completo X è relativamente compatto se e solo se è totalmente limitato.

$$\|f - f_j\|_p = \left(\int_{\|x\| > R_\varepsilon} |f|^p \, dx \right)^{1/p} + \left(\int_{K_\varepsilon} |f - g_j|^p \, dx \right)^{1/p}$$

$$< \varepsilon + \left(\int_{K_\varepsilon} |f - S_{\delta_\varepsilon} f|^p \, dx \right)^{1/p} + \left(\int_{K_\varepsilon} |S_{\delta_\varepsilon} f - g_j|^p \, dx \right)^{1/p} < 3\varepsilon.$$

Ciò prova che $\mathscr{M}$ è totalmente limitato e completa la dimostrazione.   □

4.3 Convoluzione e approssimazione

In questo paragrafo svilupperemo una tecnica per approssimare funzioni L^p con funzioni regolari. L'operazione di convoluzione[5] fornisce lo strumento per costruire tali approssimanti regolari. Nel seguito considereremo sempre lo spazio $\mathbb{R}^N$ con la misura di Lebesgue.

4.3.1 Prodotto di convoluzione

Definizione 4.16. *Siano* $f, g : \mathbb{R}^N \to \overline{\mathbb{R}}$ *funzioni di Borel e* $x \in \mathbb{R}^N$ *tale che la funzione*

$$y \in \mathbb{R}^N \mapsto f(x - y)g(y) \tag{4.21}$$

è integrabile[6]. *Il prodotto di convoluzione* $(f * g)(x)$ *è così definito*

$$(f * g)(x) = \int_{\mathbb{R}^N} f(x - y)g(y) \, dy.$$

Osservazione 4.17. Se $f, g : \mathbb{R}^N \to [0, \infty]$ sono di Borel, allora, grazie al Lemma 4.12, la funzione (4.21) è positiva e di Borel per ogni $x \in \mathbb{R}^N$. Ne segue che il prodotto $(f * g)(x)$ è definito per ogni $x \in \mathbb{R}^N$; inoltre $f * g : \mathbb{R}^N \to [0, \infty]$ è di Borel per il Teorema di Tonelli.

Osservazione 4.18. Facendo il cambio di variabile $z = x - y$ e usando l'invarianza per traslazioni della misura di Lebesgue, si ottiene che la funzione (4.21) è integrabile se e solo se la funzione $z \in \mathbb{R}^N \mapsto f(z)g(x - z)$ è integrabile e $(f * g)(x) = (g * f)(x)$. Ciò prova che la convoluzione è commutativa.

Il prossimo risultato fornisce una condizione sufficiente per garantire che il prodotto $f * g$ sia definito q.o. in $\mathbb{R}^N$.

Teorema 4.19 (Young). *Siano* $1 \leq p, q, r \leq \infty$ *tali che*[7]

---

[5] La nozione di convoluzione, estesa alle distribuzioni (si veda [Ru73]), gioca un ruolo fondamentale nelle applicazioni alle equazioni differenziali.

[6] Si veda l'Osservazione 2.67 per la definizione di integrabilità.

[7] Nel seguito si adotterà la convenzione $\frac{1}{\infty} = 0$.

$$\frac{1}{p} + \frac{1}{q} = \frac{1}{r} + 1, \tag{4.22}$$

e siano $f \in L^p(\mathbb{R}^N)$, $g \in L^q(\mathbb{R}^N)$. Allora per quasi ogni $x \in \mathbb{R}^N$ la funzione (4.21) è sommabile. Inoltre[8] $f * g \in L^r(\mathbb{R}^N)$ e

$$\|f * g\|_r \le \|f\|_p \|g\|_q. \tag{4.23}$$

Infine, se $r = \infty$, allora la funzione (4.21) è sommabile per ogni $x \in \mathbb{R}^N$ e $f * g$ è continua su $\mathbb{R}^N$.

Dimostrazione. Si assuma dapprima $r = \infty$; allora $\frac{1}{p} + \frac{1}{q} = 1$. Grazie all'invarianza per traslazioni della misura di Lebesgue, per ogni $x \in \mathbb{R}^N$ la funzione $y \in \mathbb{R}^N \to f(x - y)$ è in $L^p(\mathbb{R}^N)$ e ha la stessa norma L^p di f. Dalla disuguaglianza di Hölder e dall'Esercizio 3.26 segue che per ogni $x \in \mathbb{R}^N$ la funzione (4.21) è sommabile e

$$|(f * g)(x)| \le \|f\|_p \|g\|_q \quad \forall x \in \mathbb{R}^N. \tag{4.24}$$

Essendo almeno uno tra p e q finito ed essendo la convoluzione commutativa, si può assumere, senza perdita di generalità, $p < \infty$. Allora, per ogni $x, h \in \mathbb{R}^N$, la disuguaglianza (4.24) implica

$$|(f * g)(x + h) - (f * g)(x)| = |((\tau_h f - f) * g)(x)| \le \|\tau_h f - f\|_p \|g\|_q$$

dove $\tau_h f(x) = f(x + h)$. Per la Proposizione 3.49 si ha $\|\tau_h f - f\|_p \to 0$ per $h \to 0$; ne segue la continuità di $f * g$. La (4.23) si deduce immediatamente dalla (4.24).

Si assuma ora $r < \infty$ (quindi $p, q < \infty$). Divideremo la dimostrazione in tre passi.

1. Si supponga $p = 1 = q$ (quindi $r = 1$). Allora, $|f| * |g| \in L^1(\mathbb{R}^N)$ e $\||f| * |g|\|_1 = \|f\|_1 \|g\|_1$.

   Infatti, grazie all'Osservazione 4.17, $|f| * |g|$ è una funzione di Borel e il Teorema di Tonelli implica

$$\int_{\mathbb{R}^N} |f| * |g| \, dx = \int_{\mathbb{R}^N} \left[\int_{\mathbb{R}^N} |f(x - y)g(y)| \, dy \right] dx$$

$$= \int_{\mathbb{R}^N} |g(y)| \left[\int_{\mathbb{R}^N} |f(x - y)| \, dx \right] dy = \|f\|_1 \|g\|_1.$$

Ne segue la tesi del passo 1.

---

[8] Si osservi che, in generale, $f * g$ è definita q.o. in $\mathbb{R}^N$ (si veda l'Osservazione 2.74).

2. Asseriamo che, per ogni $f \in L^p(\mathbb{R}^N)$ e $g \in L^q(\mathbb{R}^N)$,

$$(|f| * |g|)^r(x) \le \|f\|_p^{r-p} \|g\|_q^{r-q}(|f|^p * |g|^q)(x) \qquad \forall x \in \mathbb{R}^N. \qquad (4.25)$$

Si assuma dapprima $1 < p, q < \infty$ e siano p' e q' gli esponenti coniugati di p e q, rispettivamente. Allora,

$$\frac{1}{p'} + \frac{1}{q'} + \frac{1}{r} = 2 - \frac{1}{p} - \frac{1}{q} + \frac{1}{r} = 1$$

e

$$1 - \frac{p}{r} = p\left(1 - \frac{1}{q}\right) = \frac{p}{q'}, \quad 1 - \frac{q}{r} = q\left(1 - \frac{1}{p}\right) = \frac{q}{p'}.$$

Usando queste identità, per ogni $x, y \in \mathbb{R}^N$ si ottiene

$$|f(x-y)g(y)| = (|f(x-y)|^p)^{1/q'} (|g(y)|^q)^{1/p'} (|f(x-y)|^p|g(y)|^q)^{1/r},$$

da cui, applicando il risultato dell'Esercizio 3.7 con esponenti q', p', r,

$$(|f| * |g|)(x) \le \|f\|_p^{p/q'} \|g\|_q^{q/p'}(|f|^p * |g|^q)^{1/r}(x) \qquad \forall x \in \mathbb{R}^N.$$

Elevando ambo i membri alla potenza r, si ottiene la (4.25).
La (4.25) è immediata per $p = 1 = q$.
Si consideri il caso $p = 1$ e $1 < q < \infty$ (quindi $r = q$). Per ogni $x, y \in \mathbb{R}^N$ si ha

$$|f(x-y)g(y)| = |f(x-y)|^{1/q'} (|f(x-y)||g(y)|^q)^{1/q}.$$

Allora la disuguaglianza di Hölder implica

$$(|f| * |g|)(x) \le \|f\|_1^{1/q'} (|f| * |g|^q)^{1/q}(x) \qquad \forall x \in \mathbb{R}^N.$$

Elevando ambo i membri alla potenza q si deduce la (4.25).
L'ultimo caso $q = 1$, $1 < p < \infty$ segue dal precedente poiché la convoluzione è commutativa.

3. Conclusione.

Grazie all'Osservazione 4.17, $|f| * |g|$ è una funzione di Borel e

$$\int_{\mathbb{R}^N} (|f| * |g|)^r dx \underbrace{\le \|f\|_p^{r-p} \|g\|_q^{r-q} \| |f|^p * |g|^q \|_1}_{\text{per la (4.25)}} = \underbrace{\|f\|_p^r \|g\|_q^r}_{\text{per il passo 1}}. \qquad (4.26)$$

Allora $|f| * |g| \in L^r(\mathbb{R}^N)$, ossia

$$\int_{\mathbb{R}^N} \left(\int_{\mathbb{R}^N} |f(x-y)g(y)| \, dy \right)^r dx < \infty.$$

Pertanto la funzione $x \mapsto \left(\int_{\mathbb{R}^N} |f(x-y)g(y)|\, dy \right)^r$ è sommabile e, per la Proposizione 2.73(i), q.o. finita. Ne segue che $y \mapsto f(x-y)g(y)$ è sommabile per quasi ogni $x \in \mathbb{R}^N$. Pertanto $f*g$ è definita q.o. Usando di nuovo l'Osservazione 4.17, si ottiene che $f^+ * g^+$, $f^- * g^-$, $f^+ * g^-$, $f^- * g^+$ sono funzioni di Borel; inoltre, per ogni x tale che la (4.21) è integrabile, si ha

$$(f*g)(x) = (f^+ * g^+ + f^- * g^-)(x) - (f^+ * g^- + f^- * g^+)(x).$$

Si deduce che $f*g$ è di Borel e

$$\int_{\mathbb{R}^N} |f*g|^r dx \leq \int_{\mathbb{R}^N} (|f| * |g|)^r dx \underbrace{\leq \|f\|_p^r \|g\|_q^r}_{\text{per la (4.26)}}.$$

$\square$

Osservazione 4.20. Se $r = \infty$ e $1 < p, q < \infty$ nella (4.22), allora

$$\lim_{\|x\| \to \infty} (f*g)(x) = 0.$$

Infatti, siano $\varepsilon > 0$ e $R_\varepsilon > 0$ tali che

$$\int_{\|y\| \geq R_\varepsilon} |f(y)|^p\, dy < \varepsilon^p \quad \& \quad \int_{\|y\| \geq R_\varepsilon} |g(y)|^q\, dy < \varepsilon^q.$$

La disuguaglianza di Hölder implica

$$|(f*g)(x)| \leq \left| \int_{\|y\| \geq R_\varepsilon} f(x-y)g(y)\, dy \right| + \left| \int_{\|y\| < R_\varepsilon} f(x-y)g(y)\, dy \right|$$

$$\leq \|f\|_p \left(\int_{\|y\| \geq R_\varepsilon} |g(y)|^q\, dy \right)^{1/q} + \|g\|_q \left(\int_{\|x-z\| < R_\varepsilon} |f(z)|^p\, dz \right)^{1/p}.$$

Pertanto, se $\|x\| \geq 2R_\varepsilon$, risulta

$$|(f*g)(x)| \leq \varepsilon(\|f\|_p + \|g\|_q).$$

Osservazione 4.21. Si osservi che il Teorema di Young afferma che la convoluzione $f*g$ con $g \in L^1(\mathbb{R}^N)$ fissato definisce una trasformazione $f \mapsto f*g$ che manda le funzioni in $L^p(\mathbb{R}^N)$ nello stesso $L^p(\mathbb{R}^N)$ e inoltre

$$\|f*g\|_p \leq \|f\|_p \|g\|_1. \tag{4.27}$$

Osservazione 4.22. Prendendo $p = 1$ nell'Osservazione 4.21, si deduce che l'operazione di convoluzione

$$* : L^1(\mathbb{R}^N) \times L^1(\mathbb{R}^N) \to L^1(\mathbb{R}^N)$$

definisce una struttura di moltiplicazione su $L^1(\mathbb{R}^N)$. Tale operazione è commutativa (si veda l'Osservazione 4.18) e associativa. Infatti, se $f, g, h \in L^1(\mathbb{R}^N)$, allora, usando il cambio di variabile $z = t - y$ e il Teorema di Fubini,

$$
\begin{aligned}
((f * g) * h)(x) &= \int_{\mathbb{R}^N} (f * g)(x - y)h(y)\, dy \\
&= \int_{\mathbb{R}^N} h(y) \left[\int_{\mathbb{R}^N} f(x - y - z)g(z)\, dz \right] dy \\
&= \int_{\mathbb{R}^N} f(x - t) \left[\int_{\mathbb{R}^N} g(t - y)h(y)\, dy \right] dt \\
&= \int_{\mathbb{R}^N} f(x - t)(g * h)(t)\, dt = (f * (g * h))(x)
\end{aligned}
$$

che dimostra l'associatività. Infine è evidente che la convoluzione verifica la proprietà distributiva. Tuttavia non esiste l'unità in $L^1(\mathbb{R}^N)$ rispetto a questa moltiplicazione. Infatti, si assuma per assurdo l'esistenza di $g \in L^1(\mathbb{R}^N)$ tale che $g * f = f$ per ogni $f \in L^1(\mathbb{R}^N)$. Allora, per l'assoluta continuità dell'integrale di Lebesgue, esiste $\delta > 0$ tale che

$$
A \in \mathscr{B}(\mathbb{R}^N)\ \&\ m(A) \leq \delta \implies \int_A |g|\, dx < 1.
$$

Sia $\rho > 0$ abbastanza piccolo in modo che $m(\{\|y\| < \rho\}) < \delta$ e, prendendo $f = \chi_{\{\|y\| < \rho\}} \in L^1(\mathbb{R}^N)$, per ogni $x \in \mathbb{R}^N$ risulta

$$
\begin{aligned}
|f(x)| = |(g * f)(x)| &\leq \int_{\mathbb{R}^N} |g(x - y)|\,|f(y)|\, dy = \int_{\|y\| < \rho} |g(x - y)|\, dy \\
&= \int_{\|z - x\| < \rho} |g(z)|\, dz < 1
\end{aligned}
$$

da cui segue l'assurdo.

Esercizio 4.23. Si calcoli $f * g$ per $f(x) = \chi_{[-1,1]}(x)$ e $g(x) = e^{-|x|}$.

4.3.2 Approssimazione con funzioni regolari

Definizione 4.24. *Una famiglia* $(\varphi_\varepsilon)_\varepsilon$ *in* $L^1(\mathbb{R}^N)$ *si chiama* approssimante *dell'unità se verifica*

$$
\varphi_\varepsilon \geq 0, \quad \int_{\mathbb{R}^N} \varphi_\varepsilon(x)\, dx = 1 \quad \forall \varepsilon > 0, \tag{4.28}
$$

$$
\forall \delta > 0 : \quad \int_{\|x\| \geq \delta} \varphi_\varepsilon(x)\, dx \to 0 \ \text{per}\ \varepsilon \to 0^+. \tag{4.29}
$$

Osservazione 4.25. Le proprietà (4.28)-(4.29) significano che, prendendo valori sempre più piccoli di ε, si ottengono funzioni φ_ε con picchi sempre più alti concentrati in intorni sempre più piccoli dell'origine.

Osservazione 4.26. Una tecnica per costruire approssimanti dell'unità è considerare una funzione $\varphi \in L^1(\mathbb{R}^N)$ tale che $\varphi \geq 0$ e $\int_{\mathbb{R}^N} \varphi(x)\,dx = 1$ e definire per $\varepsilon > 0$

$$\varphi_\varepsilon(x) = \varepsilon^{-N}\varphi(\varepsilon^{-1}x).$$

Le condizioni (4.28)-(4.29) sono soddisfatte poiché, usando il cambio di variabile $y = \varepsilon^{-1}x$, si ottiene

$$\int_{\mathbb{R}^N} \varphi_\varepsilon(x)\,dx = \int_{\mathbb{R}^N} \varphi(y)\,dy = 1$$

e, grazie al Teorema della Convergenza Dominata di Lebesgue,

$$\int_{\|x\|\geq\delta} \varphi_\varepsilon(x)\,dx = \int_{\|y\|\geq\varepsilon^{-1}\delta} \varphi(y)\,dy \to 0 \text{ per } \varepsilon \to 0^+.$$

Dalla proprietà (4.29) ci si aspetta che l'effetto del passaggio al limite $\varepsilon \to 0$ nella formula $(f * \varphi_\varepsilon)(x) = \int f(x-y)\varphi_\varepsilon(y)\,dy$ sia di enfatizzare i valori $f(x-y)$ che corrispondono a piccoli $\|y\|$. Infatti la prossima proposizione mostra che $f * \varphi_\varepsilon \to f$ in vari sensi, sotto opportune ipotesi su f.

Proposizione 4.27. *Sia* $(\varphi_\varepsilon)_\varepsilon \subset L^1(\mathbb{R}^N)$ *una famiglia approssimante dell'unità. Allora:*

1. *se* $f \in L^\infty(\mathbb{R}^N)$ *è continua in* x_0, *allora* $(f * \varphi_\varepsilon)(x_0) \to f(x_0)$ *per* $\varepsilon \to 0^+$;

2. *se* $f \in L^\infty(\mathbb{R}^N)$ *è uniformemente continua, allora* $f * \varphi_\varepsilon \xrightarrow{L^\infty} f$ *per* $\varepsilon \to 0^+$;

3. *se* $1 \leq p < \infty$ *e* $f \in L^p(\mathbb{R}^N)$, *allora* $f * \varphi_\varepsilon \xrightarrow{L^p} f$ *per* $\varepsilon \to 0^+$.

Dimostrazione. 1. Dal Teorema di Young segue che $f * \varphi_\varepsilon$ è continua e $f * \varphi_\varepsilon \in L^\infty(\mathbb{R}^N)$. Se f è continua in x_0, allora, dato $\eta > 0$, esiste $\delta > 0$ tale che

$$|f(x_0 - y) - f(x_0)| \leq \eta \quad \text{se } \|y\| \leq \delta. \tag{4.30}$$

Essendo $\int_{\mathbb{R}^N} \varphi_\varepsilon(y)\,dy = 1$, si ha

$$|(f * \varphi_\varepsilon)(x_0) - f(x_0)| = \left| \int_{\mathbb{R}^N} (f(x_0 - y) - f(x_0))\varphi_\varepsilon(y)\,dy \right|$$

$$\leq \int_{\|y\|<\delta} |f(x_0 - y) - f(x_0)|\varphi_\varepsilon(y)\,dy$$

$$+ \int_{\|y\|\geq\delta} |f(x_0 - y) - f(x_0)|\varphi_\varepsilon(y)\,dy$$

$$\leq \eta \int_{\mathbb{R}^N} \varphi_\varepsilon(y)\,dy + 2\|f\|_\infty \int_{\|y\|\geq\delta} \varphi_\varepsilon(y)\,dy$$

$$= \eta + 2\|f\|_\infty \int_{\|y\|\geq\delta} \varphi_\varepsilon(y)\,dy.$$

La conclusione segue dalla (4.29).

2. La dimostrazione è analoga alla precedente tenendo conto che ora la stima (4.30) vale uniformemente per $x_0 \in \mathbb{R}^N$.

3. Grazie all'Osservazione 4.21 si ha $f * \varphi_\varepsilon \in L^p(\mathbb{R}^N)$ per ogni $\varepsilon > 0$. Essendo $\int_{\mathbb{R}^N} \varphi_\varepsilon(y) \, dy = 1$, per ogni $x \in \mathbb{R}^N$ risulta

$$|(f * \varphi_\varepsilon)(x) - f(x)| \le \int_{\mathbb{R}^N} |f(x - y) - f(x)| \varphi_\varepsilon(y) \, dy. \qquad (4.31)$$

Asseriamo che per ogni $x \in \mathbb{R}^N$:

$$|(f * \varphi_\varepsilon)(x) - f(x)|^p \le \int_{\mathbb{R}^N} |f(x - y) - f(x)|^p \varphi_\varepsilon(y) \, dy. \qquad (4.32)$$

La (4.32) si riduce alla (4.31) quando $p = 1$. Se $1 < p < \infty$, dalla (4.31) si deduce

$$|(f * \varphi_\varepsilon)(x) - f(x)| \le \int_{\mathbb{R}^N} |f(x - y) - f(x)| (\varphi_\varepsilon(y))^{1/p} (\varphi_\varepsilon(y))^{1/p'} \, dy.$$

dove $\frac{1}{p} + \frac{1}{p'} = 1$, e, applicando la disuguaglianza di Hölder, e elevando successivamente ambo i membri alla potenza p, si ottiene

$$|(f * \varphi_\varepsilon)(x) - f(x)|^p \le \left(\int_{\mathbb{R}^N} |f(x - y) - f(x)|^p \varphi_\varepsilon(y) \, dy \right) \left(\int_{\mathbb{R}^N} \varphi_\varepsilon(y) \, dy \right)^{p/p'}$$
$$= \int_{\mathbb{R}^N} |f(x - y) - f(x)|^p \varphi_\varepsilon(y) \, dy.$$

Pertanto la (4.32) vale per $1 \le p < \infty$. Integrando su $\mathbb{R}^N$, e scambiando l'ordine di integrazione per il Teorema di Tonelli, si ha

$$\|f * \varphi_\varepsilon - f\|_p^p \le \int_{\mathbb{R}^N} \|\tau_{-y} f - f\|_p^p \, \varphi_\varepsilon(y) \, dy$$

dove $\tau_{-y} f(x) = f(x - y)$. Si ponga $\Delta(y) = \|\tau_{-y} f - f\|_p^p$; la disuguaglianza precedente diventa
$$\|f * \varphi_\varepsilon - f\|_p^p \le (\Delta * \varphi_\varepsilon)(0).$$

Dalla Proposizione 3.49 segue che Δ è continua. Poiché $\Delta(y) \le 2^p \|f\|_p^p$, allora $\Delta \in L^\infty(\mathbb{R}^N)$. La prima parte della dimostrazione implica $(\Delta * \varphi_\varepsilon)(0) \to \Delta(0) = 0$. □

Prima di passare al prossimo risultato, introduciamo alcune notazioni.

Sia $\Omega \subset \mathbb{R}^N$ un insieme aperto e $k \in \mathbb{N}$. $\mathscr{C}^k(\Omega)$ è lo spazio delle funzioni $f : \Omega \to \mathbb{R}$ che sono k volte differenziabili con derivate continue e[9]

---

[9] Si veda il paragrafo 3.4.2 per la definizione di $\mathscr{C}_c(\Omega)$.

$$\mathscr{C}^{\infty}(\Omega) = \cap_{k=0}^{\infty} \mathscr{C}^{k}(\Omega),$$

$$\mathscr{C}_{c}^{k}(\Omega) = \mathscr{C}^{k}(\Omega) \cap \mathscr{C}_{c}(\Omega), \quad \mathscr{C}_{c}^{\infty}(\Omega) = \mathscr{C}^{\infty}(\Omega) \cap \mathscr{C}_{c}(\Omega).$$

In particolare, se $k = 0$, $\mathscr{C}^{0}(\Omega) = \mathscr{C}(\Omega)$ è lo spazio delle funzioni continue $f : \Omega \to \mathbb{R}$. Se $f \in \mathscr{C}^{k}(\Omega)$ e $\alpha = (\alpha_1, \ldots, \alpha_N)$ è un multi–indice tale che $|\alpha| := \alpha_1 + \ldots + \alpha_N \leq k$, allora si pone

$$D^{\alpha} f = \frac{\partial^{|\alpha|} f}{\partial x_1^{\alpha_1} \partial x_2^{\alpha_2} \ldots \partial x_N^{\alpha_N}}.$$

Se $\alpha = (0, \ldots, 0)$, si pone $D^0 f = f$.

Proposizione 4.28. *Sia $f \in L^1(\mathbb{R}^N)$ e $g \in \mathscr{C}^{k}(\mathbb{R}^N)$ tale che $D^{\alpha} g \in L^{\infty}(\mathbb{R}^N)$ se $|\alpha| \leq k$. Allora $f * g \in \mathscr{C}^{k}(\mathbb{R}^N)$ e*

$$D^{\alpha}(f * g) = f * D^{\alpha} g \quad se \ |\alpha| \leq k.$$

Dimostrazione. La continuità di $f * g$ segue dal Teorema di Young. Per induzione sarà sufficiente dimostrare la tesi quando $k = 1$. Ponendo

$$F(x, y) = f(y)g(x - y),$$

si ha

$$\left| \frac{\partial F}{\partial x_i}(x, y) \right| = \left| f(y) \frac{\partial g}{\partial x_i}(x - y) \right| \leq \left\| \frac{\partial g}{\partial x_i} \right\|_{\infty} |f(y)|.$$

Poiché $(f * g)(x) = \int_{\mathbb{R}^N} F(x, y) dy$, la Proposizione 2.105 implica che $f * g$ è differenziabile e

$$\frac{\partial (f * g)}{\partial x_i}(x) = \int_{\mathbb{R}^N} f(y) \frac{\partial g}{\partial x_i}(x - y) dy = \left(f * \frac{\partial g}{\partial x_i} \right)(x).$$

Per ipotesi $\frac{\partial g}{\partial x_i} \in \mathscr{C}(\mathbb{R}^N) \cap L^{\infty}(\mathbb{R}^N)$. Usando di nuovo il Teorema di Young si ottiene $f * \frac{\partial g}{\partial x_i} \in \mathscr{C}(\mathbb{R}^N)$; quindi $f * g \in \mathscr{C}^{1}(\mathbb{R}^N)$. □

La convoluzione con una funzione regolare produce una funzione regolare. Ciò fornisce uno strumento potente per provare diversi teoremi di densità.

Definizione 4.29. *Per ogni $\varepsilon > 0$ sia $\rho_{\varepsilon} : \mathbb{R}^N \to \mathbb{R}$ la funzione così definita*

$$\rho_{\varepsilon}(x) = \begin{cases} C\varepsilon^{-N} \exp\left(\dfrac{\varepsilon^2}{\|x\|^2 - \varepsilon^2} \right) & se \ \|x\| < \varepsilon, \\ 0 & se \ \|x\| \geq \varepsilon \end{cases}$$

dove $\frac{1}{C} = \int_{\|x\| < 1} \exp\left(\frac{1}{\|x\|^2 - 1} \right) dx$. La famiglia $(\rho_{\varepsilon})_{\varepsilon}$ si chiama mollificatore.

Lemma 4.30. *Il mollificatore $(\rho_{\varepsilon})_{\varepsilon}$ verifica*

$$\rho_{\varepsilon} \in \mathscr{C}_{c}^{\infty}(\mathbb{R}^N), \quad \mathrm{supp}(\rho_{\varepsilon}) = \{\|x\| \leq \varepsilon\} \quad \forall \varepsilon > 0;$$

$(\rho_{\varepsilon})_{\varepsilon}$ è un'approssimante dell'unità.

Dimostrazione. Sia $f : \mathbb{R} \to \mathbb{R}$ così definita:

$$f(t) = \begin{cases} \exp\left(\dfrac{1}{t-1}\right) & \text{se } t < 1 \\ 0 & \text{se } t \geq 1 \end{cases}$$

Allora f è una funzione $\mathscr{C}^\infty$. Infatti è sufficiente verificare la regolarità in $t = 1$. Per $t \downarrow 1$ tutte le derivate sono zero. Per $t \uparrow 1$ le derivate sono combinazioni lineari finite di termini della forma $\frac{1}{(t-1)^l} \exp\left(\frac{1}{t-1}\right)$, essendo l un intero maggiore o uguale a zero, e ciascuno di questi termini tende a zero per $t \uparrow 1$.

Si osservi che per ogni $\varepsilon > 0$

$$\rho_\varepsilon(x) = \frac{1}{\varepsilon^N} \rho_1\left(\frac{x}{\varepsilon}\right) = C \frac{1}{\varepsilon^N} f\left(\frac{\|x\|^2}{\varepsilon}\right).$$

Allora $\rho_\varepsilon \in \mathscr{C}_c^\infty(\mathbb{R}^N)$ e $\operatorname{supp}(\rho_\varepsilon) = \{\|x\| \leq \varepsilon\}$. La definizione di C implica $\int_{\mathbb{R}^N} \rho_1(x)dx = 1$. La conclusione segue dall'Osservazione 4.26.   □

Lemma 4.31. *Siano $f, g \in \mathscr{C}_c(\mathbb{R}^N)$. Allora $f * g \in \mathscr{C}_c(\mathbb{R}^N)$ e*

$$\operatorname{supp}(f * g) \subset \operatorname{supp}(f) + \operatorname{supp}(g),$$

dove la somma di due insiemi A e B in $\mathbb{R}^N$ è così definita: $A + B = \{x + y \mid x \in A,\ y \in B\}$.

Dimostrazione. Dalla Proposizione 4.28 si ha $f * g \in \mathscr{C}(\mathbb{R}^N)$. Si ponga $A = \operatorname{supp}(f)$, $B = \operatorname{supp}(g)$. Per ogni $x \in \mathbb{R}^N$ risulta

$$(f * g)(x) = \int_{(x - \operatorname{supp}(f)) \cap \operatorname{supp}(g)} f(x - y)g(y)\, dy.$$

Se $x \in \mathbb{R}^N$ è tale che $(f * g)(x) \neq 0$, allora necessariamente $(x - \operatorname{supp}(f)) \cap \operatorname{supp}(g) \neq \emptyset$, ossia $x \in \operatorname{supp}(f) + \operatorname{supp}(g)$.   □

Proposizione 4.32. *Sia $\Omega \subset \mathbb{R}^N$ un insieme aperto. Allora[10]*

- *lo spazio $\mathscr{C}_c^\infty(\Omega)$ è denso in $\mathscr{C}_0(\Omega)$;*
- *lo spazio $\mathscr{C}_c^\infty(\Omega)$ è denso in $L^p(\Omega)$ per ogni $1 \leq p < \infty$.*

Dimostrazione. Grazie al Teorema 3.45 e all'Esercizio 3.46 è sufficiente provare che, data $f \in \mathscr{C}_c(\Omega)$, esiste una successione $(f_n)_n \subset \mathscr{C}_c^\infty(\Omega)$ tale che $f_n \xrightarrow{L^\infty} f$ e $f_n \xrightarrow{L^p} f$. Si ponga

$$\tilde{f} = \begin{cases} f(x) & \text{se } x \in \Omega, \\ 0 & \text{se } x \in \mathbb{R}^N \setminus \Omega. \end{cases}$$

---

[10] Si veda l'Esercizio 3.46 per la definizione di $\mathscr{C}_0(\Omega)$.

Allora $\tilde{f} \in \mathscr{C}_c(\mathbb{R}^N)$. Sia $(\rho_\varepsilon)_\varepsilon$ il mollificatore e per ogni n si definisca $f_n :=$ $f * \rho_{1/n}$. Per la Proposizione 4.28 e il Lemma 4.31 $f_n \in \mathscr{C}_c^\infty(\mathbb{R}^N)$. Si ponga $K = \mathrm{supp}(f)$ e[11] $\eta = \inf_{x \in K} d_{\partial\Omega}(x) > 0$. Allora $\tilde{K} := \{x \in \mathbb{R}^N \mid d_K(x) \le \frac{\eta}{2}\}$ è un sottoinsieme compatto di Ω. Usando il Lemma 4.31, se n è tale che $\frac{1}{n} < \frac{\eta}{2}$, risulta

$$\mathrm{supp}(f_n) \subset K + \left\{\|x\| \le \frac{1}{n}\right\} = \left\{x \in \mathbb{R}^N \,\Big|\, d_K(x) \le \frac{1}{n}\right\} \subset \tilde{K}.$$

Allora $f_n \in \mathscr{C}_c^\infty(\Omega)$ per n sufficientemente grande. Essendo $\tilde{f}$ uniformemente continua, la Proposizione 4.27.2 implica $f_n \to \tilde{f}$ in $L^\infty(\mathbb{R}^N)$, da cui segue

$$f_n \to f \text{ in } L^\infty(\Omega).$$

Infine, per n grande,

$$\int_\Omega |f_n - f|^p \, dx = \int_{\tilde{K}} |f_n - f|^p \, dx \le m(\tilde{K}) \|f_n - f\|_\infty^p \to 0.$$

□

Una interessante conseguenza della proprietà di regolarizzazione della convoluzione è il seguente *Teorema di Approssimazione di Weierstrass*[12].

Teorema 4.33 (Weierstrass). *Sia $f \in \mathscr{C}_c(\mathbb{R}^N)$. Allora esiste una successione di polinomi $(P_n)_n$ tale che $P_n \to f$ uniformemente sui compatti di $\mathbb{R}^N$.*

Dimostrazione. Per ogni $\varepsilon > 0$ si definisca

$$\varphi_\varepsilon(x) = (\varepsilon\sqrt{\pi})^{-N} \exp(-\|\varepsilon^{-1} x\|^2), \quad x \in \mathbb{R}^N.$$

La ben nota *formula di Poisson*

$$\int_{\mathbb{R}^N} \exp(-\|x\|^2) dx = \pi^{N/2}$$

e l'Osservazione 4.26 implicano che $(\varphi_\varepsilon)_\varepsilon$ è un'approssimante dell'unità. Dal Teorema 4.27.2 segue

$$\varphi_\varepsilon * f \xrightarrow{L^\infty} f \text{ per } \varepsilon \to 0. \tag{4.33}$$

Pertanto è sufficiente provare che, fissato $\varepsilon > 0$, esiste una successione di polinomi $(P_n)_n$ tale che

$$P_n \to \varphi_\varepsilon * f \text{ uniformemente sui compatti.} \tag{4.34}$$

---

[11] $d_{\partial\Omega}(x)$ denota la distanza tra l'insieme $\partial\Omega$ e il punto x (si veda l'Appendice A).
[12] Il Teorema di Weierstrass è un caso particolare di un risultato di approssimazione più generale noto come Teorema di Stone-Weierstrass (si veda [Fo99]).

Si osservi che la funzione φ_ε è analitica, e pertanto si può approssimare uniformemente sui compatti con le somme parziali $(Q_n)_n$ della sua serie di Taylor e tali somme sono polinomi. Si ponga

$$P_n(x) = \int_{\mathbb{R}^N} Q_n(x-y)f(y)\, dy. \tag{4.35}$$

Essendo f a supporto compatto, allora la funzione integranda nella (4.35) è limitata da $|f|\sup_{y\in\mathrm{supp}(f)} |Q_n(x-y)|$ che è sommabile per ogni $x \in \mathbb{R}^N$. Allora P_n è ben definito su $\mathbb{R}^N$. Inoltre $Q_n(x-y)$ è un polinomio nelle variabili (x,y), pertanto si può rappresentare con una somma del tipo $\sum_{k=1}^{K_n} s_k(x)t_k(y)$ con s_k, t_k polinomi in $\mathbb{R}^N$; sostituendo nella (4.35) si deduce che anche ogni P_n è un polinomio. Si consideri $K \subset \mathbb{R}^N$ un insieme compatto. Allora anche $\tilde{K} := K-\mathrm{supp}(f)$ è compatto, da cui $Q_n \to \varphi_\varepsilon$ uniformemente in $\tilde{K}$; pertanto, per ogni $x \in K$

$$|P_n(x) - (\varphi_\varepsilon * f)(x)| \leq \int_{\mathrm{supp}(f)} |Q_n(x-y) - \varphi_\varepsilon(x-y)||f(y)|dy$$

$$\leq \sup_{z\in\tilde{K}} |Q_n(z) - \varphi_\varepsilon(z)| \int_{\mathbb{R}^N} |f(y)|dy$$

da cui segue la (4.34). $\qquad\square$

Corollario 4.34. *Sia $A \in \mathscr{B}(\mathbb{R}^N)$ un insieme limitato e $1 \leq p < \infty$. Allora l'insieme $\mathscr{P}_A$ dei polinomi definiti su A è denso in $L^p(A)$.*

Dimostrazione. Si consideri $f \in L^p(A)$ e sia $\tilde{f}$ l'estensione di f a zero fuori di A. Allora $\tilde{f} \in L^p(\mathbb{R}^N)$; fissato $\varepsilon > 0$, la Proposizione 4.32 implica l'esistenza di $g \in \mathscr{C}_c(\mathbb{R}^N)$ tale che

$$\int_A |f - g|^p\, dx \leq \int_{\mathbb{R}^N} |\tilde{f} - g|^p\, dx \leq \varepsilon^p.$$

Essendo $\bar{A}$ un insieme compatto, per il Teorema 4.33 esiste un polinomio P tale che $\sup_{x\in\bar{A}} |g(x) - P(x)| \leq \varepsilon$. Allora

$$\int_A |g - P|^p\, dx \leq \sup_{x\in\bar{A}} |g(x) - P(x)|^p\, m(A) \leq \varepsilon^p m(A),$$

da cui

$$\left(\int_A |f - P|^p\, dx\right)^{1/p} \leq \left(\int_A |f - g|^p\, dx\right)^{1/p} + \left(\int_A |g - P|^p\, dx\right)^{1/p}$$

$$\leq \varepsilon + \varepsilon(m(A))^{1/p}.$$

$\qquad\square$

Osservazione 4.35. Dal Corollario 4.34 si deduce che, se $A \in \mathscr{B}(\mathbb{R}^N)$ è limitato, allora l'insieme dei polinomi definiti su A a coefficienti razionali è numerabile e denso in $L^p(A)$ per $1 \leq p < \infty$ (si veda la Proposizione 3.47).

Parte II

Analisi funzionale

5

Spazi di Hilbert

Definizioni ed esempi – Proiezione ortogonale – Teorema di Rappresentazione di Riesz – Successioni e basi ortonormali

Inizia con questo capitolo la parte del libro dedicata all'analisi funzionale. Così come nella prima parte abbiamo mostrato come si possano estendere ad un ambiente astratto alcune nozioni base dell'analisi matematica, come quella di integrale, adesso ci proponiamo di spiegare come alcuni concetti dell'algebra lineare e della geometria si possano generalizzare ad opportuni spazi vettoriali dotati di una topologia. Studieremo dapprima gli spazi di Hilbert, che sono quelli più simili agli spazi euclidei in quanto dispongono della nozione di vettori ortogonali, e nel capitolo successivo prenderemo in esame la classe più generale degli spazi di Banach. L'analisi si potrebbe estendere ulteriormente nella classe degli spazi vettoriali topologici, ma un tale livello di generalità esulerebbe dalle finalità di questo testo.

Subito dopo le definizioni introduttive vedremo come impostare e risolvere il problema della proiezione su un convesso chiuso, e in particolare su un sottospazio chiuso. Esporremo quindi alcuni risultati sui funzionali lineari e continui su spazi di Hilbert, e affronteremo poi il classico problema della rappresentazione mediante serie di Fourier di un elemento dello spazio. Si tratta di argomenti classici, analizzati in tutti i testi di base di analisi funzionale, tra i quali segnaliamo [Br83], [Co90], [Ko02], [Ru73], [Ru74] e [Yo65]. A questi riferimenti rimandiamo il lettore interessato ai molteplici sviluppi successivi della teoria degli spazi di Hilbert, quali la teoria spettrale degli operatori compatti e autoaggiunti ed altri che in questa sede non riusciremo neanche a menzionare.

In tutto il capitolo indicheremo con H uno spazio vettoriale su $\mathbb{R}$. La teoria nel caso in cui il corpo scalare sia $\mathbb{C}$ è analoga, con alcune modifiche che appesantiscono un po' le notazioni. In alcuni dei riferimenti ricordati poc'anzi, il lettore potrà trovare risultati analoghi a quelli di questo capitolo nel caso di spazi di Hilbert complessi.

Cannarsa P, D'Aprile T: Introduzione alla teoria della misura e all'analisi funzionale.
© Springer-Verlag Italia, Milano, 2008

5.1 Definizioni ed esempi

Definizione 5.1. *Si chiama* prodotto scalare $\langle \cdot, \cdot \rangle$ *su H un'applicazione*

$$\langle \cdot, \cdot \rangle : H \times H \to \mathbb{R}$$

con le seguenti proprietà:

1. $\langle x, x \rangle \geq 0$ *per ogni* $x \in H$ *e* $\langle x, x \rangle = 0$ *se e solo se* $x = 0$;
2. $\langle x, y \rangle = \langle y, x \rangle$ *per ogni* $x, y \in H$;
3. $\langle \alpha x + \beta y, z \rangle = \alpha \langle x, z \rangle + \beta \langle y, z \rangle$ *per ogni* $x, y, z \in H$ *e* $\alpha, \beta \in \mathbb{R}$.

Uno spazio vettoriale H munito di un prodotto scalare si chiama spazio prehilbertiano.

Osservazione 5.2. Poiché, per ogni $y \in H$, $0\,y = 0$, risulta

$$\langle x, 0 \rangle = 0 \, \langle x, y \rangle = 0 \qquad \forall x \in H.$$

In uno spazio pre–hilbertiano $(H, \langle \cdot, \cdot \rangle)$, si consideri la funzione $\| \cdot \| : H \to \mathbb{R}$ data da

$$\|x\| = \sqrt{\langle x, x \rangle} \qquad \forall x \in H. \tag{5.1}$$

Vale la seguente fondamentale disuguaglianza.

Proposizione 5.3 (Cauchy–Schwarz). *Sia* $(H, \langle \cdot, \cdot \rangle)$ *uno spazio pre–hilbertiano. Allora*

$$|\langle x, y \rangle| \leq \|x\| \, \|y\| \qquad \forall x, y \in H. \tag{5.2}$$

Inoltre vale l'uguaglianza se e solo se x e y sono linearmente dipendenti.

Dimostrazione. La conclusione è banale se $y = 0$. Si supponga $y \neq 0$. Allora

$$0 \leq \left\| x - \frac{\langle x, y \rangle}{\|y\|^2} y \right\|^2 = \|x\|^2 - \frac{\langle x, y \rangle^2}{\|y\|^2}, \tag{5.3}$$

da cui si deduce la (5.2).

Se x e y sono linearmente dipendenti, è evidente che $|\langle x, y \rangle| = \|x\| \, \|y\|$. Viceversa, se $\langle x, y \rangle = \pm \|x\| \, \|y\|$ e $y \neq 0$, allora la (5.3) implica $\|x - \frac{\langle x, y \rangle}{\|y\|^2} y\| = 0$, da cui, usando la proprietà 1 della Definizione 5.1, segue che $x = \frac{\langle x, y \rangle}{\|y\|^2} y$. $\square$

Esercizio 5.4. Si definisca

$$F(\lambda) = \|x + \lambda y\|^2 = \lambda^2 \|y\|^2 + 2\lambda \langle x, y \rangle + \|x\|^2 \qquad \forall \lambda \in \mathbb{R}.$$

Osservando che $F(\lambda) \geq 0$ per ogni $\lambda \in \mathbb{R}$, si dia una dimostrazione alternativa della (5.2).

Corollario 5.5. *Sia* $(H, \langle \cdot, \cdot \rangle)$ *uno spazio pre–hilbertiano. Allora* H *è uno spazio normato*[1] *con la norma definita dalla (5.1).*

La norma (5.1) si chiama *norma indotta dal prodotto scalare* $\langle \cdot, \cdot \rangle$.

Dimostrazione. Basta verificare la disuguaglianza triangolare, essendo le altre proprietà evidenti dalla Definizione 5.1. Per ogni $x, y \in H$ si ha

$$\|x + y\|^2 = \langle x + y, x + y \rangle = \|x\|^2 + \|y\|^2 + 2\langle x, y \rangle$$
$$\leq \|x\|^2 + \|y\|^2 + 2\|x\| \, \|y\| = (\|x\| + \|y\|)^2$$

per la disuguaglianza di Cauchy–Schwartz. Ne segue la tesi. □

Osservazione 5.6. In uno spazio pre–hilbertiano $(H, \langle \cdot, \cdot \rangle)$ la funzione

$$d(x, y) = \|x - y\| \qquad \forall x, y \in H \tag{5.4}$$

è una metrica.

Nel seguito utilizzeremo spesso la seguente abbreviazione: dato H uno spazio pre–hilbertiano e $(x_n)_n \subset H$, $x \in H$, scriveremo

$$x_n \xrightarrow{H} x$$

per indicare che $(x_n)_n$ converge a x nella metrica (5.4), cioè $\|x_n - x\| \to 0$ (per $n \to \infty$).

Definizione 5.7. *Uno spazio pre–hilbertiano* $(H, \langle \cdot, \cdot \rangle)$ *si chiama* spazio di Hilbert *se è completo rispetto alla metrica definita nella (5.4).*

Esempio 5.8. $\mathbb{R}^N$ è uno spazio di Hilbert con il prodotto scalare

$$\langle x, y \rangle = \sum_{k=1}^{N} x_k y_k,$$

dove $x = (x_1, \ldots, x_N)$, $y = (y_1, \ldots, y_N) \in \mathbb{R}^N$.

Esempio 5.9. Sia $(X, \mathscr{E}, \mu)$ uno spazio di misura. Allora $L^2(X, \mu)$, munito del prodotto scalare

$$\langle f, g \rangle = \int_X fg \, d\mu, \quad f, g \in L^2(X, \mu),$$

è uno spazio di Hilbert (la completezza segue dalla Proposizione 3.11).

---

[1] Si veda la Definizione 6.1.

Esempio 5.10. Sia ℓ^2 lo spazio delle successioni reali $x = (x_k)_k$ tali che[2]

$$\sum_{k=1}^{\infty} |x_k|^2 < \infty.$$

ℓ^2 è uno spazio vettoriale con le usuali operazioni

$$a(x_k)_k = (ax_k)_k, \quad (x_k)_k + (y_k)_k = (x_k + y_k)_k, \quad a \in \mathbb{R}, \ (x_k)_k, (y_k)_k \in \ell^2.$$

Lo spazio ℓ^2, munito del prodotto scalare

$$\langle x, y \rangle = \sum_{k=1}^{\infty} x_k y_k, \quad x = (x_k)_k, \ y = (y_k)_k \in \ell^2$$

è uno spazio di Hilbert. Questo è un caso particolare dell'esempio precedente, prendendo $X = \mathbb{N}$ con la σ–algebra $\mathscr{P}(\mathbb{N})$ delle parti e la misura $\mu^{\#}$ che conta.

Esercizio 5.11. Si provi che ℓ^2 è completo ragionando come segue. Si prenda $x^{(n)}$, $n = 1, 2, \ldots$, una successione di Cauchy in ℓ^2, e si ponga $x^{(n)} = \left(x_k^{(n)}\right)_k$ per ogni $n \in \mathbb{N}$.

1. Provare che, per ogni $k \in \mathbb{N}$, $\left(x_k^{(n)}\right)_n$ è una successione di Cauchy in $\mathbb{R}$, e dedurre che esiste il limite $x_k := \lim_{n \to \infty} x_k^{(n)}$.

2. Provare che $x := (x_k)_k \in \ell^2$.

3. Provare che $x^{(n)} \xrightarrow{\ell^2} x$ per $n \to \infty$.

Esercizio 5.12. Sia $H = \mathscr{C}([-1,1])$ lo spazio vettoriale delle funzioni continue $f : [-1,1] \to \mathbb{R}$. Provare che

1. H è uno spazio pre–hilbertiano con il prodotto scalare

$$\langle f, g \rangle = \int_{-1}^{1} f(t)g(t)dt.$$

2. H non è uno spazio di Hilbert.

   Suggerimento. Si consideri

$$f_n(t) = \begin{cases} 1 & \text{se} \quad t \in \left[\frac{1}{n}, 1\right], \\ nt & \text{se} \quad t \in \left(-\frac{1}{n}, \frac{1}{n}\right), \\ -1 & \text{se} \quad t \in \left[-1, -\frac{1}{n}\right], \end{cases}$$

   e si provi che $(f_n)_n$ è una successione di Cauchy in H. Si osservi che, se $f_n \xrightarrow{H} f$, allora

$$f(t) = \begin{cases} 1 & \text{se} \quad t \in (0, 1] \\ -1 & \text{se} \quad t \in [-1, 0). \end{cases}$$

---

[2] Si veda l'Esempio 3.2.

Osservazione 5.13. Sia $(H, \langle \cdot, \cdot \rangle)$ uno spazio pre–hilbertiano. Con un semplice calcolo, utilizzando soltanto le proprietà del prodotto scalare indicate nella Definizione 5.1, si può esprimere il prodotto scalare $\langle \cdot, \cdot \rangle$ in termini della sua norma associata:

$$\langle x, y \rangle = \frac{1}{4} \left(\|x + y\|^2 - \|x - y\|^2 \right) \qquad \forall x, y \in H.$$

Questa è nota come *identità di polarizzazione*. Analogamente una verifica diretta permette di stabilire la seguente *identità del parallelogramma*:

$$\|x + y\|^2 + \|x - y\|^2 = 2(\|x\|^2 + \|y\|^2) \qquad \forall x, y \in H. \tag{5.5}$$

In realtà l'identità del parallelogramma caratterizza le norme associate a un prodotto scalare, più precisamente si può dimostrare che ogni norma che verifichi la (5.5) deve essere indotta da un prodotto scalare (si veda [Da73]).

Esercizio 5.14. Sia H uno spazio pre–hilbertiano e siano $x, y \in H$ vettori linearmente indipendenti tali che $\|x\| = \|y\| = 1$. Provare che

$$\|\lambda x + (1 - \lambda)y\| < 1 \qquad \forall \lambda \in (0, 1).$$

Suggerimento. Si osservi che

$$\| \underbrace{\lambda x + (1 - \lambda)y}_{x_\lambda} \|^2 = 1 + 2\lambda(1 - \lambda)\big(\langle x, y \rangle - 1\big) \tag{5.6}$$

e si usi la disuguaglianza di Cauchy–Schwarz (l'uguaglianza (5.6), scritta nella forma $\|\lambda x + (1 - \lambda)y\|^2 = 1 - \lambda(1 - \lambda)\|x - y\|^2$, implica che ogni spazio pre–hilbertiano è *uniformemente convesso*, si veda [Ko02]).

Figura 5.1. Convessità uniforme.

5.2 Proiezione ortogonale

Definizione 5.15. *Due vettori x e y di uno spazio pre–hilbertiano H si dicono ortogonali se $\langle x, y \rangle = 0$. In tal caso scriveremo $x \perp y$. Due sottoinsiemi A, B di H si dicono ortogonali $(A \perp B)$ se $x \perp y$ per ogni $x \in A$ e $y \in B$.*

La prossima proposizione è la versione del *Teorema di Pitagora* negli spazi pre–hilbertiani.

Proposizione 5.16. *Se $x_1, \ldots, x_n$ sono vettori a due a due ortogonali in uno spazio pre–hilbertiano H, allora*

$$\|x_1 + x_2 + \cdots + x_n\|^2 = \|x_1\|^2 + \|x_2\|^2 + \cdots + \|x_n\|^2.$$

Esercizio 5.17. Si dimostri la Proposizione 5.16.

Esercizio 5.18. Provare che, se $x_1, \ldots, x_n$ sono vettori a due a due ortogonali in uno spazio pre–hilbertiano H, allora $x_1, \ldots, x_n$ sono linearmente indipendenti.

5.2.1 Proiezione su un insieme convesso chiuso

Definizione 5.19. *Dato H uno spazio pre–hilbertiano, un insieme $K \subset H$ si dice* convesso *se, per ogni $x, y \in K$,*

$$[x, y] := \{\lambda x + (1 - \lambda)y \mid \lambda \in [0, 1]\} \subset K.$$

Ad esempio, ogni sottospazio di H è convesso. Così pure per ogni $x_0 \in H$ e $r > 0$ la sfera

$$B_r(x_0) = \{x \in H \mid \|x - x_0\| < r\} \qquad (5.7)$$

è un insieme convesso.

Esercizio 5.20. Mostrare che, se $(K_i)_{i \in I}$ è una famiglia di sottoinsiemi convessi di uno spazio pre–hilbertiano H, allora $\cap_{i \in I} K_i$ è convesso.

È noto che in uno spazio finito–dimensionale un punto x ha una proiezione non vuota su un insieme chiuso non vuoto (si veda la Proposizione A.2). Il prossimo risultato estende tale proprietà ai sottoinsiemi convessi di uno spazio di Hilbert.

Teorema 5.21. *Sia H uno spazio di Hilbert e $K \subset H$ un insieme convesso, chiuso e non vuoto. Allora per ogni $x \in H$ esiste un unico elemento $y_x = p_K(x) \in K$, chiamato* proiezione ortogonale *di x su K, tale che*

$$\|x - y_x\| = \inf_{y \in K} \|x - y\|. \qquad (5.8)$$

Inoltre $p_K(x)$ è l'unica soluzione del problema

$$\begin{cases} y \in K, \\ \langle x - y, z - y \rangle \leq 0 \qquad \forall z \in K. \end{cases} \qquad (5.9)$$

Dimostrazione. Sia $d = \inf_{y \in K} \|x - y\|$. Divideremo la dimostrazione in quattro passi.

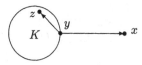

Figura 5.2. La disuguaglianza (5.9) ha un evidente significato geometrico.

1. Sia $(y_n)_n \subset K$ una successione minimizzante, ossia

$$\|x - y_n\| \to d \quad \text{per} \quad n \to \infty.$$

Allora $(y_n)_n$ è una successione di Cauchy. Infatti, per ogni $m, n \in \mathbb{N}$, l'identità del parallelogramma (5.5) implica

$$\|(x - y_n) + (x - y_m)\|^2 + \|(x - y_n) - (x - y_m)\|^2 = 2\|x - y_n\|^2 + 2\|x - y_m\|^2.$$

Essendo K convesso, si ha che $\frac{y_n + y_m}{2} \in K$, e pertanto

$$\|y_n - y_m\|^2 = 2\|x - y_n\|^2 + 2\|x - y_m\|^2 - 4 \left\| x - \frac{y_n + y_m}{2} \right\|^2$$
$$\leq 2\|x - y_n\|^2 + 2\|x - y_m\|^2 - 4d^2$$

Quindi $\|y_n - y_m\| \to 0$ per $m, n \to \infty$, come asserito.

2. Poiché H è completo e K è chiuso, $(y_n)_n$ converge a un punto $y_x \in K$ che verifica $\|x - y_x\| = d$. L'esistenza di y_x è così dimostrata.

3. Procediamo con il provare che la (5.9) è verificata da ogni punto $y \in K$ in cui l'estremo inferiore (5.8) è raggiunto. Sia $z \in K$ e sia $\lambda \in (0, 1]$. Poiché $\lambda z + (1 - \lambda)y \in K$, si ha che $\|x - y\| \leq \|x - y - \lambda(z - y)\|$. Pertanto

$$0 \geq \frac{1}{\lambda} \left[\|x - y\|^2 - \|x - y - \lambda(z - y)\|^2 \right] = 2 \langle x - y, z - y \rangle - \lambda \|z - y\|^2.$$

Passando al limite per $\lambda \downarrow 0$ si deduce la (5.9).

4. Completiamo la dimostrazione mostrando che il problema (5.9) ha al più una soluzione. Sia y un'altra soluzione del problema (5.9). Allora

$$\langle x - y_x, y - y_x \rangle \leq 0 \quad \text{e} \quad \langle x - y, y_x - y \rangle \leq 0.$$

Da tali disuguaglianze segue che $\|y - y_x\|^2 \leq 0$, e quindi $y = y_x$.

$\square$

Esercizio 5.22. Nello spazio di Hilbert[3] $H = L^2(0, 1)$ si consideri l'insieme

$$H_+ = \{ f \in H \mid f \geq 0 \text{ q.o.} \}.$$

---

[3] $L^2(0, 1) = L^2([0, 1], m)$ dove m è la misura di Lebesgue in $[0, 1]$. Si veda la nota 7 a pagina 81.

1. Si provi che H_+ è un convesso chiuso di H.
2. Data $f \in H$, si faccia vedere che $p_{H_+}(f) = f^+$, dove $f^+ = \max\{f, 0\}$ è la parte positiva di f.

Esempio 5.23. In uno spazio di Hilbert infinito–dimensionale la proiezione di un punto su un insieme chiuso non vuoto può essere vuota (in assenza dell'ipotesi di convessità). Per convincersi di ciò, sia Q l'insieme delle successioni $x^{(n)} = \left(x_k^{(n)}\right)_k \in \ell^2$ così definite

$$x_k^{(n)} = \begin{cases} 0 & \text{se} \quad k \neq n, \\ 1 + \frac{1}{n} & \text{se} \quad k = n. \end{cases}$$

Allora Q è chiuso. Infatti, poiché

$$n \neq m \quad \Longrightarrow \quad \|x^{(n)} - x^{(m)}\| > \sqrt{2},$$

Q non ha punti limite in ℓ^2. D'altra parte, Q non ha elementi di minima norma (ossia, 0 non ha proiezione su Q), dato che

$$\inf_{n \geq 1} \|x^{(n)}\| = \inf_{n \geq 1} \left(1 + \frac{1}{n}\right) = 1,$$

ma $\|x^{(n)}\| > 1$ per ogni $n \geq 1$.

Esercizio 5.24. Sia H uno spazio di Hilbert e $K \subset H$ un insieme convesso, chiuso e non vuoto. Provare che

$$\langle x - y, p_K(x) - p_K(y) \rangle \geq \|p_K(x) - p_K(y)\|^2 \qquad \forall x, y \in H.$$

Suggerimento. Si applichi la (5.9) a $z = p_K(x)$ e $z = p_K(y)$.

5.2.2 Proiezione su un sottospazio chiuso

Il Teorema 5.21 si applica, in particolare, ai sottospazi di H. In questo caso, tuttavia, la disuguaglianza variazionale nella (5.9) si può scrivere in un'altra forma.

Corollario 5.25. *Sia M un sottospazio chiuso non vuoto di uno spazio di Hilbert H. Allora, per ogni $x \in H$, $p_M(x)$ è l'unica soluzione del problema*

$$\begin{cases} y \in M, \\ \langle x - y, v \rangle = 0 \qquad \forall v \in M. \end{cases} \tag{5.10}$$

Dimostrazione. È sufficiente mostrare che i problemi (5.9) e (5.10) sono equivalenti quando M è un sottospazio. Se y è una soluzione di (5.10), allora (5.9) segue prendendo $v = z - y$. Viceversa, si supponga che y verifichi (5.9). Allora, prendendo $z = y + \lambda v$ con $\lambda \in \mathbb{R}$ e $v \in M$ si ottiene

$$\lambda \langle x - y, v \rangle \leq 0 \qquad \forall \lambda \in \mathbb{R}.$$

Poiché λ è un qualunque numero reale, necessariamente $\langle x - y, v \rangle = 0$.   □

Esercizio 5.26. Sia H uno spazio di Hilbert.

1. È noto che ogni sottospazio di H finito–dimensionale è chiuso (si veda l'Appendice C). Mostrare con un esempio che questo non è vero, in
generale, per i sottospazi infinito–dimensionali.

   Suggerimento. Si consideri l'insieme di tutte le successioni $x = (x_k)_k \in \ell^2$
tali che $x_k = 0$ tranne al più un numero finito di indici k, e mostrare che
questo è un sottospazio denso di ℓ^2.

2. Mostrare che, se M è un sottospazio chiuso di H e $M \neq H$, allora esiste
$x_0 \in H \setminus \{0\}$ tale che $\langle x_0, y \rangle = 0$ per ogni $y \in M$.

3. Sia L un sottospazio di H. Mostrare che $\overline{L}$ è un sottospazio di H.

4. Per ogni $A \subset H$ si ponga

$$A^\perp = \{x \in H \mid x \perp A\}. \tag{5.11}$$

   Provare che, se $A, B \subset H$, allora

   a) $A^\perp$ è un sottospazio chiuso di H;

   b) $A \subset B \implies B^\perp \subset A^\perp$;

   c) $(A \cup B)^\perp = A^\perp \cap B^\perp$.

   $A^\perp$ si chiama *complemento ortogonale* di A in H.

Proposizione 5.27. *Sia M un sottospazio chiuso di uno spazio di Hilbert H.
Allora valgono le seguenti affermazioni:*

(i) *per ogni $x \in H$ esiste un'unica coppia $(y_x, z_x) \in M \times M^\perp$ tale che*

$$x = y_x + z_x \tag{5.12}$$

(l'uguaglianza (5.12) si chiama decomposizione ortogonale di Riesz *del
vettore x). Inoltre*

$$y_x = p_M(x) \qquad e \qquad z_x = p_{M^\perp}(x).$$

(ii) $p_M : H \to H$ *è lineare e* $\|p_M(x)\| \leq \|x\|$ *per ogni $x \in H$.*

(iii) a) $p_M \circ p_M = p_M$;

   b) $\ker p_M = M^\perp$;

   c) $p_M(H) = M$.

Dimostrazione. Si fissi $x \in H$.

(i) Si definisca $y_x = p_M(x)$ e $z_x = x - y_x$; allora dalla (5.10) segue che $z_x \perp M$
e

$$\langle x - z_x, v \rangle = \langle y_x, v \rangle = 0 \qquad \forall v \in M^\perp.$$

Pertanto $z_x = p_{M^\perp}(x)$ grazie al Corollario 5.25. Si supponga $x = y + z$
con $y \in M$ e $z \in M^\perp$. Allora

$$y_x - y = z - z_x \in M \cap M^\perp = \{0\}.$$

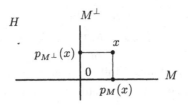

Figura 5.3. Decomposizione ortogonale di Riesz.

(ii) Per ogni $x_1, x_2 \in H$, $\alpha_1, \alpha_2 \in \mathbb{R}$ e $y \in M$, si ha

$$\langle (\alpha_1 x_1 + \alpha_2 x_2) - (\alpha_1 p_M(x_1) + \alpha_2 p_M(x_2)), y \rangle$$
$$= \alpha_1 \langle x_1 - p_M(x_1), y \rangle + \alpha_2 \langle x_2 - p_M(x_2), y \rangle = 0.$$

Allora, per il Corollario 5.25, $p_M(\alpha_1 x_1 + \alpha_2 x_2) = \alpha_1 p_M(x_1) + \alpha_2 p_M(x_2)$. Inoltre, poiché $\langle x - p_M(x), p_M(x) \rangle = 0$ per ogni $x \in H$, si ottiene

$$\|p_M(x)\|^2 = \langle x, p_M(x) \rangle \le \|x\| \, \|p_M(x)\|.$$

(iii) La a) segue dal fatto che $p_M(x) = x$ per ogni $x \in M$. La b) e la c) sono conseguenza della (i).

$\square$

Esercizio 5.28. Nello spazio di Hilbert $H = L^2(0,1)$ si considerino gli insiemi

$$M = \{u \in H \mid u \text{ è costante q.o. in } (0,1)\}$$

e

$$N = \left\{ u \in H \ \middle| \ \int_0^1 u(x) \, dx = 0 \right\}.$$

1. Mostrare che M e N sono sottospazi chiusi di H.
2. Provare che $N = M^\perp$.
3. La funzione $f(x) := 1/\sqrt[3]{x}$, $0 < x < 1$, appartiene a H? In caso affermativo, trovare la decomposizione ortogonale di Riesz di f rispetto a M e N.

Esercizio 5.29. Dato H uno spazio di Hilbert e $A \subset H$, mostrare che l'intersezione di tutti i sottospazi chiusi che contengono A è un sottospazio chiuso di H. Tale sottospazio, il cosiddetto *sottospazio chiuso generato da A*, si denota con $\overline{\text{sp}}(A)$.

Dato H uno spazio di Hilbert e $A \subset H$, denoteremo con $\text{sp}(A)$ il *sottospazio generato da A*, ossia

$$\text{sp}(A) = \left\{ \sum_{k=1}^{n} c_k x_k \ \middle| \ n \ge 1, \ c_k \in \mathbb{R}, \ x_k \in A \right\}.$$

Esercizio 5.30. Provare che $\overline{\mathrm{sp}}(A)$ è la chiusura di $\mathrm{sp}(A)$, cioè $\overline{\mathrm{sp}}(A) = \overline{\mathrm{sp}(A)}$.

Suggerimento. Poiché $\overline{\mathrm{sp}(A)}$ è un sottospazio chiuso contenente A, si ha che $\overline{\mathrm{sp}}(A) \subset \overline{\mathrm{sp}(A)}$. Viceversa $\mathrm{sp}(A) \subset \overline{\mathrm{sp}}(A)$, da cui segue $\overline{\mathrm{sp}(A)} \subset \overline{\mathrm{sp}}(A)$.

Corollario 5.31. *In uno spazio di Hilbert H valgono le seguenti proprietà:*

(i) *se M è un sottospazio chiuso di H, allora* $(M^\perp)^\perp = M$;

(ii) *per ogni* $A \subset H$, $(A^\perp)^\perp = \overline{\mathrm{sp}}(A)$;

(iii) *se L è un sottospazio di H, allora L è denso se e solo se* $L^\perp = \{0\}$.

Dimostrazione. Proveremo separatamente le singole proprietà.

(i) Dal punto (i) della Proposizione 5.27 si deduce che

$$p_{M^\perp} = I - p_M.$$

Analogamente $p_{(M^\perp)^\perp} = I - p_{M^\perp} = p_M$. Pertanto, grazie al punto (iii) della stessa proposizione,

$$(M^\perp)^\perp = p_{(M^\perp)^\perp}(H) = p_M(H) = M.$$

(ii) Sia $M = \overline{\mathrm{sp}}(A)$. Essendo $A \subset M$, si ha $A^\perp \supset M^\perp$ (si ricordi l'Esercizio 5.26.4). Allora $(A^\perp)^\perp \subset (M^\perp)^\perp = M$. Viceversa, si osservi che A è contenuto nel sottospazio chiuso $(A^\perp)^\perp$. Quindi $M \subset (A^\perp)^\perp$.

(iii) Si osservi anzitutto che, poiché $\overline{L}$ è un sottospazio chiuso, $\overline{L} = \overline{\mathrm{sp}}(L)$. Pertanto, grazie al punto (ii) precedente,

$$\overline{L} = H \iff (L^\perp)^\perp = H \iff L^\perp = \{0\}.$$

La dimostrazione è così completata. $\qquad\qquad\qquad\qquad\qquad\qquad$ $\square$

Esercizio 5.32. Usando il Corollario 5.31 mostrare che

$$\ell^1 := \left\{ (x_n)_n \ \middle| \ x_n \in \mathbb{R}, \ \sum_{n=1}^\infty |x_n| < \infty \right\}$$

è un sottospazio denso di ℓ^2.

Esercizio 5.33. Calcolare

$$\min_{a,b,c \in \mathbb{R}} \int_{-1}^1 |x^3 - a - bx - cx^2|^2 \, dx.$$

Esercizio 5.34. Sia H l'insieme delle funzioni $f \in L^2(0, \infty)$ tali che

$$\int_0^\infty f^2(x) e^{-x} \, dx < \infty.$$

Dimostrare che H è uno spazio di Hilbert con il prodotto scalare

$$\langle f, g \rangle = \int_0^\infty f(x)g(x)e^{-x}\,dx.$$

Determinare

$$\min_{a,b \in \mathbb{R}} \int_0^\infty |x^2 - a - bx|^2 e^{-x}\,dx.$$

Esercizio 5.35. Sia H uno spazio di Hilbert, $x_0 \in H$ e $M \subset H$ un sottospazio chiuso. Dimostrare che

$$\min_{x \in M} \|x - x_0\| = \max\{|\langle x_0, y \rangle| \mid y \in M^\perp, \|y\| = 1\}.$$

5.3 Teorema di Rappresentazione di Riesz

5.3.1 Funzionali lineari limitati

Definizione 5.36. *Sia H uno spazio vettoriale su $\mathbb{R}$. Un'applicazione lineare $F : H \to \mathbb{R}$ si chiama* funzionale lineare *su H.*

Definizione 5.37. *Un funzionale lineare F su uno spazio pre–hilbertiano H si dice* limitato *se esiste $C > 0$ tale che*

$$|F(x)| \leq C\|x\| \qquad \forall x \in H.$$

Proposizione 5.38. *Sia H uno spazio pre–hilbertiano e F un funzionale lineare su H. Allora sono affermazioni equivalenti:*

(a) *F è continuo;*
(b) *F è continuo in 0;*
(c) *F è continuo in un punto di H;*
(d) *F è limitato.*

Dimostrazione. Le implicazioni (a)$\Rightarrow$(b)$\Rightarrow$(c) e (d)$\Rightarrow$(b) sono ovvie. Pertanto è sufficiente provare che (c)$\Rightarrow$(a) e (b)$\Rightarrow$(d).

(c)$\Rightarrow$(a) Sia F continuo in x_0 e sia $y_0 \in H$. Per ogni successione $(y_n)_n$ in H convergente a y_0, si ha

$$x_n = y_n - y_0 + x_0 \to x_0.$$

Allora $F(x_n) = F(y_n) - F(y_0) + F(x_0) \to F(x_0)$. Pertanto $F(y_n) \to F(y_0)$. Quindi F è continuo in y_0.

(b)$\Rightarrow$(d) Per ipotesi, esiste $\delta > 0$ tale che $|F(x)| < 1$ per ogni $x \in H$ con $\|x\| < \delta$. Allora, per ogni $\varepsilon > 0$ e $x \in H$ risulta

$$\left| F\left(\frac{\delta x}{\|x\| + \varepsilon} \right) \right| < 1.$$

Pertanto $|F(x)| < \frac{1}{\delta}(\|x\| + \varepsilon)$. Ne segue la tesi data l'arbitrarietà di ε. $\qquad\square$

Definizione 5.39. *La famiglia dei funzionali lineari limitati su uno spazio pre–hilbertiano H di chiama* duale *(topologico) di H e si denota con H^*. Per ogni $F \in H^*$ si pone*

$$\|F\|_* = \sup_{\|x\| \leq 1} |F(x)|.$$

Esercizio 5.40. Sia H uno spazio pre–hilbertiano.

1. Provare che H^* è uno spazio vettoriale su $\mathbb{R}$ e $\|\cdot\|_*$ è una norma su H^*.
2. Provare che per ogni $F \in H^*$ risulta

$$\|F\|_* = \min \left\{ C \geq 0 \mid |F(x)| \leq C\|x\| \ \forall x \in X \right\}$$

$$= \sup_{\|x\|=1} |F(x)| = \sup_{x \neq 0} \frac{|F(x)|}{\|x\|} = \sup_{\|x\|<1} |F(x)|.$$

5.3.2 Teorema di Riesz

Esempio 5.41. Dato H uno spazio pre–hilbertiano, per ogni $y \in H$ si consideri F_y il funzionale lineare su H così definito

$$F_y(x) = \langle x, y \rangle \qquad \forall x \in H.$$

Per la disuguaglianza di Cauchy–Schwartz si ha $|F_y(x)| \leq \|y\| \, \|x\|$ per ogni $x \in H$. Pertanto $F_y \in H^*$ e $\|F_y\|_* \leq \|y\|$. Risulta così definita un'applicazione

$$\begin{cases} j : H \to H^*, \\ j(y) = F_y. \end{cases} \tag{5.13}$$

Si verifica facilmente che j è lineare. Inoltre, poiché $|F_y(y)| = \|y\|^2$ per ogni $y \in H$, si deduce $\|F_y\|_* = \|y\|$. Pertanto j è una *isometria*[4] *lineare*.

Il prossimo risultato prova che l'applicazione j è anche surgettiva. Pertanto j è un isomorfismo[5] isometrico, chiamato *isomorfismo di Riesz*.

Teorema 5.42 (Riesz). *Sia H uno spazio di Hilbert e sia F un funzionale lineare limitato su H. Allora esiste un unico $y_F \in H$ tale che*

$$F(x) = \langle x, y_F \rangle, \quad \forall x \in H. \tag{5.14}$$

Inoltre $\|F\|_* = \|y_F\|$.

---

[4] Dati X, Y due spazi normati, un'applicazione $T : X \to Y$ si chiama *isometria* se risulta $\|T(x)\| = \|x\|$ per ogni $x \in X$.

[5] Dati X, Y due spazi normati, si chiama *isomorfismo (topologico)* di X su Y un'applicazione lineare biunivoca $T : X \to Y$ tale che T e T^{-1} sono continue. Se T è anche un'isometria, ossia $\|T(x)\| = \|x\|$ per ogni $x \in X$, allora T si chiama *isomorfismo isometrico* di X su Y.

Dimostrazione. Si supponga $F \neq 0$ (altrimenti la conclusione segue banalmente prendendo $y_F = 0$) e si ponga $M = \ker F$. Poiché M è un sottospazio chiuso proprio[6] di H, per il Corollario 5.31(iii) esiste $y_0 \in M^\perp \setminus \{0\}$. Sostituendo eventualmente y_0 con $\frac{y_0}{F(y_0)} \in M^\perp \setminus \{0\}$, si può assumere, senza perdita di generalità, $F(y_0) = 1$. Allora per ogni $x \in H$ risulta $F(x - F(x)y_0) = 0$. Pertanto $x - F(x)y_0 \in M$, da cui segue $\langle x - F(x)y_0, y_0 \rangle = 0$ o, equivalentemente,

$$F(x)\|y_0\|^2 = \langle x, y_0 \rangle \qquad \forall x \in H.$$

Ciò implica che $y_F := \frac{y_0}{\|y_0\|^2}$ verifica la (5.14). L'unicità di y_F e l'uguaglianza $\|F\|_* = \|y_F\|$ seguono dal fatto che l'applicazione j dell'Esempio 5.41 è un'isometria lineare. $\square$

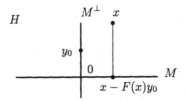

Figura 5.4. Dimostrazione del Teorema di Riesz.

Esempio 5.43. Se $H = L^2(X, \mu)$, dove $(X, \mathscr{E}, \mu)$ è uno spazio di misura, dal teorema precedente si deduce che per ogni funzionale lineare limitato $F : L^2(X, \mu) \to \mathbb{R}$ esiste un unico $g \in L^2(X)$ tale che

$$F(f) = \int_X fg \, d\mu \qquad \forall f \in L^2(X, \mu).$$

Inoltre $\|F\|_* = \|g\|_2$.

Esercizio 5.44. Sia $F : L^2(0, 2) \to \mathbb{R}$ il funzionale lineare così definito

$$F(f) = \int_0^1 f(x) \, dx + \int_1^2 (x - 1) f(x) \, dx.$$

Dimostrare che F è limitato e calcolare $\|F\|_*$.

Definizione 5.45. *Dato uno spazio vettoriale H, un sottoinsieme $\Pi \subset H$ si chiama* varietà affine *se*

$$\Pi = x_0 + \Pi_0 := \{x_0 + y \mid y \in \Pi_0\}$$

---

[6] Cioè $M \neq H$.

dove x_0 è un vettore fissato e Π_0 è un sottospazio di H. Se Π_0 ha codimensione[7] 1, allora la varietà affine Π si chiama iperpiano in H.

Dato uno spazio di Hilbert H e un funzionale lineare $F \in H^*$, $F \neq 0$, per ogni $c \in \mathbb{R}$ si ponga

$$\Pi_c = \{x \in H \mid F(x) = c\}.$$

Dal Teorema di Riesz si deduce che ker $F = \Pi_0 = \{y_F\}^\perp$. Quindi, per il Corollario 5.31(ii), $\Pi_0^\perp = \{\lambda y_F \mid \lambda \in \mathbb{R}\}$. Allora, dalla decomposizione ortogonale di Riesz segue che Π_0 è un sottospazio chiuso di codimensione 1. Inoltre, fissato un qualunque $x_c \in \Pi_c$, risulta $\Pi_c = x_c + \Pi_0$. Pertanto, Π_c è un iperpiano chiuso in H.

Il prossimo risultato fornisce una condizione sufficiente per 'separare in senso stretto' due insiemi convessi mediante un iperpiano chiuso.

Proposizione 5.46. *Siano A e B insiemi convessi, non vuoti e disgiunti in uno spazio di Hilbert H. Si supponga che A è compatto e B è chiuso. Allora esistono un funzionale $F \in H^*$ e due costanti c_1, c_2 tali che*

$$F(x) \leq c_1 < c_2 \leq F(y) \qquad \forall x \in A, \ \forall y \in B.$$

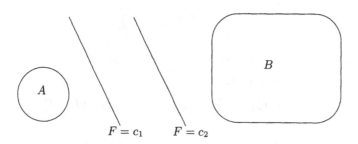

Figura 5.5. Separazione di insiemi convessi.

Dimostrazione. Si ponga $C = B - A := \{y - x \mid x \in A, \ y \in B\}$. Si verifica facilmente che C è un insieme convesso non vuoto tale che $0 \notin C$. Facciamo vedere che C è chiuso. Sia $(y_n - x_n)_n \subset C$ una successione tale che $y_n - x_n \to z$. Essendo A compatto, esiste una sottosuccessione $(x_{k_n})_n$ tale che $x_{k_n} \to x \in A$. Pertanto

$$y_{k_n} = y_{k_n} - x_{k_n} + \underbrace{x_{k_n} - x}_{\to 0} + x \to z + x$$

---

[7] Si dice che un sottospazio Π_0 di uno spazio vettoriale H ha codimensione n se esistono n vettori $x_1, \ldots, x_n \in H$ linearmente indipendenti tali che $x_1, \ldots, x_n \notin \Pi_0$ e $H = \Pi_0 + \mathbb{R}x_1 + \ldots + \mathbb{R}x_n := \{x + \lambda_1 x_1 + \ldots + \lambda_n x_n \mid x \in \Pi_0, \ \lambda_1, \ldots, \lambda_n \in \mathbb{R}\}$.

e quindi, essendo B chiuso, $z+x \in B$. Ne segue che C è chiuso, come asserito. Allora, grazie al Teorema 5.21, $z_0 := p_C(0)$ verifica $z_0 \neq 0$ e

$$\langle 0 - z_0, y - x - z_0 \rangle \leq 0 \qquad \forall x \in A, \ \forall y \in B,$$

o, equivalentemente,

$$\langle x, z_0 \rangle + \|z_0\|^2 \leq \langle y, z_0 \rangle \qquad \forall x \in A, \ \forall y \in B.$$

Scegliendo

$$F = F_{z_0}, \qquad c_1 = \sup_{x \in A} \langle x, z_0 \rangle, \qquad c_2 = \inf_{y \in B} \langle y, z_0 \rangle$$

si ottiene la tesi.   □

Esercizio 5.47.   1. Fissato $N \geq 1$ si definisca

$$F : \ell^2 \to \mathbb{R}, \quad F((x_k)_k) = x_N.$$

Provare che $F \in (\ell^2)^*$ e trovare $y \in \ell^2$ tale che $F = F_y$.

2. Provare che, per ogni $x = (x_k)_k \in \ell^2$, la serie di potenze $\sum_{k=1}^{\infty} x_k z^k$ ha raggio di convergenza maggiore o uguale a 1.

3. Fissato $z \in (-1, 1)$, si definisca

$$F : \ell^2 \to \mathbb{R}, \quad F((x_k)_k) = \sum_{k=1}^{\infty} x_k z^k.$$

Provare che $F \in (\ell^2)^*$ e trovare $y \in \ell^2$ che verifica $F = F_y$.

4. In ℓ^2 si considerino gli insiemi[8]

$$A := \left\{ (x_k)_k \in \ell^2 \mid k|x_k - k^{-2/3}| \leq x_1 \quad \forall k \geq 2 \right\}$$

e

$$B := \left\{ (x_k)_k \in \ell^2 \mid x_k = 0 \quad \forall k \geq 2 \right\}.$$

a) Provare che A e B sono insiemi convessi, chiusi e disgiunti in ℓ^2.

b) Mostrare che

$$A - B = \left\{ (x_k)_k \in \ell^2 \mid \exists C \geq 0 : k|x_k - k^{-2/3}| \leq C \quad \forall k \geq 2 \right\}.$$

c) Dedurre che $A - B$ è *denso* in ℓ^2.

Suggerimento. Fissato $x = (x_k)_k \in \ell^2$, sia $(x^{(n)})_n$ la successione in $A - B$ così definita

$$x_k^{(n)} = \begin{cases} x_k & \text{. se } k \leq n, \\ k^{-2/3} & \text{se } k \geq n+1. \end{cases}$$

Allora $x^{(n)} \xrightarrow{\ell^2} x$.

_____

[8] Vedi [Ko02, p.14].

d) Provare che A e B non si possono separare mediante un funzionale $F \in (\ell^2)^*$ come nella Proposizione 5.46. (Questo esempio mostra che l'ipotesi di compattezza di A è essenziale nella Proposizione 5.46.)

Suggerimento. Altrimenti $A - B$ sarebbe contenuto nel semispazio chiuso $\{F \leq 0\}$.

5.4 Successioni e basi ortonormali

Definizione 5.48. *Sia H uno spazio pre–hilbertiano. Una successione $(e_k)_k \subset H$ si dice* ortonormale *se verifica*

$$\langle e_h, e_k \rangle = \begin{cases} 1 & se \quad h = k, \\ 0 & se \quad h \neq k. \end{cases}$$

Esempio 5.49. La successione di vettori

$$e_k = (\overbrace{0, \ldots, 0}^{k-1}, 1, 0, \ldots) \qquad k = 1, 2, \ldots$$

è ortonormale in ℓ^2.

Esempio 5.50. Sia $\{\varphi_k \,|\, k = 0, 1, \ldots\}$ la successione di funzioni in $L^2(-\pi, \pi)$ così definita

$$\varphi_0(t) = \frac{1}{\sqrt{2\pi}},$$

$$\varphi_{2k-1}(t) = \frac{\sin(kt)}{\sqrt{\pi}}, \quad \varphi_{2k}(t) = \frac{\cos(kt)}{\sqrt{\pi}} \quad (k \geq 1).$$

Poiché per ogni $h, k \geq 1$ risulta

$$\frac{1}{\pi} \int_{-\pi}^{\pi} \cos(ht) \sin(kt) \, dt = 0,$$

$$\frac{1}{\pi} \int_{-\pi}^{\pi} \sin(ht) \sin(kt) \, dt = \begin{cases} 0 & se \ h \neq k, \\ 1 & se \ h = k, \end{cases}$$

$$\frac{1}{\pi} \int_{-\pi}^{\pi} \cos(ht) \cos(kt) \, dt = \begin{cases} 0 & se \ h \neq k, \\ 1 & se \ h = k, \end{cases}$$

un semplice calcolo mostra che $\{\varphi_k \,|\, k = 0, 1, \ldots\}$ è una successione ortonormale in $L^2(-\pi, \pi)$. Tale successione si chiama *sistema trigonometrico*.

5.4.1 Disuguaglianza di Bessel

Proposizione 5.51. *Sia H uno spazio di Hilbert e sia $(e_k)_k$ è una successione ortonormale.*

1. Per ogni $N \in \mathbb{N}$ vale la seguente identità di Bessel:

$$\left\| x - \sum_{k=1}^{N} \langle x, e_k \rangle e_k \right\|^2 = \|x\|^2 - \sum_{k=1}^{N} |\langle x, e_k \rangle|^2 \qquad \forall x \in H. \qquad (5.15)$$

2. Vale la seguente disuguaglianza di Bessel:

$$\sum_{k=1}^{\infty} |\langle x, e_k \rangle|^2 \leq \|x\|^2 \qquad \forall x \in H.$$

In particolare, la serie a sinistra è convergente.

3. Per ogni successione $(c_k)_k \subset \mathbb{R}$ risulta[9]:

$$\sum_{k=1}^{\infty} c_k e_k \in H \quad \Longleftrightarrow \quad \sum_{k=1}^{\infty} |c_k|^2 < \infty.$$

Dimostrazione. Sia $x \in H$. L'identità di Bessel si può facilmente dedurre per induzione su N. Per $N = 1$ la (5.15) è vera[10]. Si supponga vera per $N \geq 1$. Allora

$$\left\| x - \sum_{k=1}^{N+1} \langle x, e_k \rangle e_k \right\|^2$$

$$= \left\| x - \sum_{k=1}^{N} \langle x, e_k \rangle e_k \right\|^2 + |\langle x, e_{N+1} \rangle|^2 - 2 \left\langle x - \sum_{k=1}^{N} \langle x, e_k \rangle e_k, \langle x, e_{N+1} \rangle e_{N+1} \right\rangle$$

$$= \|x\|^2 - \sum_{k=1}^{N} |\langle x, e_k \rangle|^2 - |\langle x, e_{N+1} \rangle|^2.$$

Pertanto la (5.15) vale per ogni $N \geq 1$. Inoltre l'identità di Bessel implica che tutte le somme parziali della serie $\sum_{k=1}^{\infty} |\langle x, e_k \rangle|^2$ sono limitate dall'alto da $\|x\|^2$, da cui segue la disuguaglianza di Bessel. Infine per ogni $n \in \mathbb{N}$ si ha

$$\left\| \sum_{k=n+1}^{n+p} c_k e_k \right\|^2 = \sum_{k=n+1}^{n+p} |c_k|^2, \qquad p = 1, 2, \ldots.$$

Quindi la successione delle somme parziali della serie $\sum_{k=1}^{\infty} c_k e_k$ è di Cauchy se e solo se la serie numerica $\sum_{k=1}^{\infty} c_k^2$ è convergente. Poiché lo spazio H è completo, ne segue l'asserto del punto 3. □

---

[9] L'espressione '$\sum_{k=1}^{\infty} c_k e_k \in H$' significa che la successione delle somme parziali $\sum_{k=1}^{n} c_k e_k$ è convergente nella metrica di H per $n \to \infty$.

[10] Infatti la (5.15) per $N = 1$ è stata usata per provare la disuguaglianza di Cauchy–Schwarz (5.2).

Definizione 5.52. *Nelle ipotesi della Proposizione 5.51, per ogni $x \in H$ i numeri $\langle x, e_k \rangle$ si chiamano* coefficienti di Fourier *di x e la serie $\sum_{k=1}^{\infty} \langle x, e_k \rangle e_k$ si chiama* serie di Fourier *di x.*

Osservazione 5.53. Nelle ipotesi della Proposizione 5.51, fissato $n \in \mathbb{N}$ si ponga $M_n := \mathrm{sp}(\{e_1, \ldots, e_n\}) = \mathrm{sp}(e_1, \ldots, e_n)$. Allora

$$p_{M_n}(x) = \sum_{k=1}^{n} \langle x, e_k \rangle e_k \qquad \forall x \in H.$$

Infatti, per ogni $x \in H$ e ogni $c_1, c_2, \ldots, c_n \in \mathbb{R}$, si ha

$$\left\| x - \sum_{k=1}^{n} c_k e_k \right\|^2 = \|x\|^2 - 2 \sum_{k=1}^{n} c_k \langle x, e_k \rangle + \sum_{k=1}^{n} |c_k|^2$$

$$= \left(\|x\|^2 - \sum_{k=1}^{n} |\langle x, e_k \rangle|^2 \right) + \sum_{k=1}^{n} |c_k - \langle x, e_k \rangle|^2$$

$$= \left\| x - \sum_{k=1}^{n} \langle x, e_k \rangle e_k \right\|^2 + \sum_{k=1}^{n} |c_k - \langle x, e_k \rangle|^2$$

grazie all'identità di Bessel (5.15).

5.4.2 Basi ortonormali

Si vogliono ora caratterizzare i vettori $x \in H$ che coincidono con la somma della loro serie di Fourier.

Teorema 5.54. *Sia $(e_k)_k$ una successione ortonormale in uno spazio di Hilbert H. Allora sono affermazioni equivalenti:*

(a) $\mathrm{sp}(e_k \mid k \in \mathbb{N})$ *è denso in H;*

(b) *ogni $x \in H$ è somma della sua serie di Fourier[11]:*

$$x = \sum_{k=1}^{\infty} \langle x, e_k \rangle e_k;$$

(c) *ogni $x \in H$ verifica l'identità di Parseval:*

$$\|x\|^2 = \sum_{k=1}^{\infty} |\langle x, e_k \rangle|^2; \tag{5.16}$$

---

[11] L'espressione '$x = \sum_{k=1}^{\infty} \langle x, e_k \rangle e_k$' significa che la successione delle somme parziali corrispondenti alla serie di Fourier di x converge a x nella metrica di $L^2(-\pi, \pi)$, ossia $\sum_{k=1}^{n} \langle x, e_k \rangle e_k \xrightarrow{L^2} x$ per $n \to \infty$.

(d) *se $x \in H$ è tale che $\langle x, e_k \rangle = 0$ per ogni $k \in \mathbb{N}$, allora $x = 0$.*

Dimostrazione. Mostreremo che (a)$\Rightarrow$(b)$\Rightarrow$(c)$\Rightarrow$(d)$\Rightarrow$(a).

- (a)$\Rightarrow$(b)
  Per ogni $n \in \mathbb{N}$ sia $M_n := \mathrm{sp}(e_1, \ldots, e_n)$. Allora, per ipotesi, per ogni $x \in H$ si ha $d_{M_n}(x) \to 0$ per $n \to \infty$, dove $d_{M_n}(x)$ denota la distanza di x da M_n. Pertanto, grazie all'Osservazione 5.53,

$$\left\| x - \sum_{k=1}^{n} \langle x, e_k \rangle e_k \right\|^2 = \| x - p_{M_n}(x) \|^2 = d_{M_n}^2(x) \to 0 \quad (n \to \infty).$$

  Ciò implica la (b)
- (b)$\Rightarrow$(c) Segue dall'identità di Bessel
- (c)$\Rightarrow$(d) È immediato
- (d)$\Rightarrow$(a)
  Sia $L := \mathrm{sp}(e_k \mid k \in \mathbb{N})$. Allora, per ipotesi, $L^\perp = \{0\}$. Pertanto L è denso grazie al punto (iii) del Corollario 5.31.

$\square$

Definizione 5.55. *Una successione ortonormale $(e_k)_k$ in uno spazio di Hilbert H si dice* completa *se $\mathrm{sp}(e_k \mid k \in \mathbb{N})$ è denso H (oppure se vale una delle quattro condizioni equivalenti del Teorema 5.54). In tal caso, $(e_k)_k$ si chiama anche* base ortonormale *di H.*

Esercizio 5.56. Provare che, se uno spazio di Hilbert H possiede una base ortonormale $(e_k)_k$, allora H è *separabile*, cioè, H contiene un insieme numerabile denso.

Suggerimento. Si consideri l'insieme delle combinazioni lineari dei vettori e_k con coefficienti razionali.

Esercizio 5.57. Sia $(y_k)_k$ una successione in uno spazio di Hilbert H. Provare che esiste un insieme al più numerabile di vettori *linearmente indipendenti* $\{x_j \mid j \in J\}$ in H tale che

$$\mathrm{sp}(y_k \mid k \in \mathbb{N}) = \mathrm{sp}(x_j \mid j \in J).$$

Suggerimento. Per ogni $j \in \mathbb{N}$ sia k_j il primo intero $k \in \mathbb{N}$ tale che

$$\dim \mathrm{sp}(y_1, \ldots, y_k) = j.$$

Si ponga $x_j := y_{k_j}$. Allora $\mathrm{sp}(x_1, \ldots, x_j) = \mathrm{sp}(y_1, \ldots, y_{k_j})$.

Esercizio 5.58. Sia $(e_k)_k$ una base ortonormale in uno spazio di Hilbert H. Provare che

$$\langle x, y \rangle = \sum_{k=1}^{\infty} \langle x, e_k \rangle \langle y, e_k \rangle \qquad \forall x, y \in H.$$

Suggerimento. Si osservi che

$$\langle x, y \rangle = \frac{\|x + y\|^2 - \|x\|^2 - \|y\|^2}{2}$$

e si usi l'identità di Parseval (5.16).

Il prossimo risultato mostra il viceversa della proprietà descritta nell'Esercizio 5.56.

Proposizione 5.59. *Sia H uno spazio di Hilbert separabile di dimensione infinita. Allora H possiede una base ortonormale.*

Dimostrazione. Sia $(y_k)_k$ una successione densa in H e sia A l'insieme al più numerabile di vettori linearmente indipendenti costruiti nell'Esercizio 5.57. Allora $\mathrm{sp}(A) = \mathrm{sp}(y_k \,|\, k \in \mathbb{N})$ è denso in H. Se A fosse finito, allora $\mathrm{sp}(A)$ avrebbe dimensione finita e, di conseguenza, sarebbe un sottospazio chiuso di H (si veda il Corollario C.4), da cui seguirebbe $\mathrm{sp}(A) = H$, in contraddizione con l'ipotesi che H ha dimensione infinita. Pertanto A è infinito e numerabile. Si ponga $A = (x_k)_k$ e si definisca[12]

$$e_1 = \frac{x_1}{\|x_1\|} \quad \text{e} \quad e_k = \frac{x_k - \sum_{j<k}\langle x_k, e_j\rangle e_j}{\left\| x_k - \sum_{j<k}\langle x_k, e_j\rangle e_j \right\|} \quad (k \geq 2).$$

Allora $(e_k)_k$ è una successione ortonormale per costruzione. Inoltre risulta

$$\mathrm{sp}(e_1, \ldots, e_k) = \mathrm{sp}(x_1, \ldots, x_k) \qquad \forall k \geq 1. \tag{5.17}$$

Infatti, per induzione si verifica facilmente che $\{e_1, \ldots, e_k\} \subset \mathrm{sp}(x_1, \ldots, x_k)$, da cui segue $\mathrm{sp}(e_1, \ldots, e_k) \subset \mathrm{sp}(x_1, \ldots, x_k)$. D'altra parte i vettori $e_1, \ldots, e_k$, essendo ortogonali, sono linearmente indipendenti (si veda l'Esercizio 5.18). Perciò $\dim \mathrm{sp}(e_1, \ldots, e_k) = k = \dim \mathrm{sp}(x_1, \ldots, x_k)$, da cui segue la (5.17). Quindi $\mathrm{sp}(e_k \,|\, k \in \mathbb{N})$ è denso in H. □

Osservazione 5.60. Se H non è separabile, si può ancora stabilire (mediante l'Assioma della Scelta) l'esistenza di una base ortonormale $\{e_i \,|\, i \in I\}$ non numerabile. Il Teorema 5.54 resta valido se si sostituiscono le serie convergenti con delle *famiglie sommabili* (si veda [Sh61]).

Esempio 5.61. In $H = \ell^2$ è immediato verificare che la successione ortonormale $(e_k)_k$ dell'Esempio 5.49 è completa.

Dalla Proposizione 1.70 sappiamo che la misura di Lebesgue in $\mathbb{R}^N$ è, a meno di costanti moltiplicative, l'unica misura di Radon invariante per traslazioni. L'esercizio che segue mostra che, in uno spazio di Hilbert di dimensione infinita, non esistono misure non banali con analoghe proprietà.

---

[12] Questo procedimento si chiama *ortonormalizzazione di Gram–Schmidt.*

Esercizio 5.62. Sia H uno spazio di Hilbert separabile di dimensione infinita. Provare che, se μ è una misura di Borel in H, invariante per traslazioni e finita sui limitati di H, allora $\mu \equiv 0$.

Suggerimento. Sia μ una misura di Borel in H, invariante per traslazioni e finita sui limitati di H. Si assuma $\mu \neq 0$. Utilizzando le sfere (5.7), $\mu(B_r(0)) > 0$ per un opportuno raggio $r > 0$. Presa una successione ortonormale completa $(e_k)_k$, si fissi $R > r\sqrt{2}$. Allora, per $i \neq j$, risulta $B_r(Re_i) \cap B_r(Re_j) = \varnothing$ perché...

Esercizio 5.63. Siano $(e_k)_k$ e $(e'_k)_k$ due successioni ortonormali in uno spazio di Hilbert H tali che

$$\sum_{k=1}^{\infty} \|e_k - e'_k\|^2 < 1.$$

Si dimostri che:

- per ogni $x \in \{e'_k \mid k \in \mathbb{N}\}^{\perp} \setminus \{0\}$ risulta $\sum_{k=1}^{\infty} |\langle x, e_k \rangle|^2 < \|x\|^2$;
- $(e_k)_k$ è completa se e solo se $(e'_k)_k$ è completa.

5.4.3 Completezza del sistema trigonometrico

In questo paragrafo proveremo che la successione ortonormale $\{\varphi_k \mid k = 0, 1, \ldots\}$ definita nell'Esempio 5.50 è una base ortonormale in $L^2(-\pi, \pi)$.

A tal fine faremo uso di un'opportuna successione di polinomi trigonometrici. Ricordiamo che un *polinomio trigonometrico* $q(t)$ è una somma del tipo

$$q(t) = a_0 + \sum_{k=1}^{n} \big(a_k \cos(kt) + b_k \sin(kt) \big) \qquad (n \in \mathbb{N})$$

con coefficienti $a_k, b_k \in \mathbb{R}$, ossia un elemento di $\mathrm{sp}(\varphi_k \mid k = 0, 1, \ldots)$. Ogni polinomio trigonometrico q è una funzione continua 2π-periodica.

Lemma 5.64. *Esiste una successione di polinomi trigonometrici $(q_n)_n$ tale che*

(a) $q_n(t) \geq 0$ *per ogni* $t \in \mathbb{R}$, *per ogni* $n \in \mathbb{N}$;

(b) $\frac{1}{2\pi} \int_{-\pi}^{\pi} q_n(t)\, dt = 1$ *per ogni* $n \in \mathbb{N}$;

(c) *per ogni* $\delta > 0$

$$\lim_{n \to \infty} \sup_{\delta \leq |t| \leq \pi} q_n(t) = 0.$$

Dimostrazione. Per ogni $n \in \mathbb{N}$ si definisca

$$q_n(t) = c_n \left(\frac{1 + \cos t}{2} \right)^n \qquad \forall t \in \mathbb{R},$$

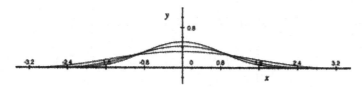

Figura 5.6. La successione q_n.

dove c_n è scelto in modo che sia verificata la proprietà (b). Ricordando che

$$\cos(kt)\cos t = \frac{1}{2}\Big[\cos\big((k+1)t\big) + \cos\big((k-1)t\big)\Big],$$

si verifica facilmente che q_n è combinazione lineare finita dei termini $\cos(kt)$, $k \in \mathbb{N}$. Pertanto q_n è un polinomio trigonometrico.

Essendo la proprietà (a) immediata, resta solo da verificare la (c). Si osservi che, poiché q_n è pari,

$$1 = \frac{c_n}{\pi}\int_0^\pi \Big(\frac{1+\cos t}{2}\Big)^n dt \geq \frac{c_n}{\pi}\int_0^\pi \Big(\frac{1+\cos t}{2}\Big)^n \sin t\, dt$$

$$= \frac{c_n}{\pi(n+1)}\Big[-2\Big(\frac{1+\cos t}{2}\Big)^{n+1}\Big]_0^\pi = \frac{2c_n}{\pi(n+1)},$$

da cui si deduce

$$c_n \leq \frac{\pi(n+1)}{2} \qquad \forall n \in \mathbb{N}.$$

Si fissi ora $0 < \delta < \pi$. Essendo q_n pari in $[-\pi, \pi]$ e decrescente in $[0, \pi]$, utilizzando la precedente stima per c_n, si ottiene

$$\sup_{\delta \leq |t| \leq \pi} q_n(t) = q_n(\delta) \leq \frac{\pi(n+1)}{2}\Big(\frac{1+\cos\delta}{2}\Big)^n \overset{n\to\infty}{\longrightarrow} 0,$$

il che completa la dimostrazione. $\square$

Il prossimo obiettivo è derivare il classico teorema di approssimazione uniforme con polinomi trigonometrici.

Teorema 5.65 (Weierstrass). *Sia $f : \mathbb{R} \to \mathbb{R}$ una funzione continua 2π-periodica. Allora esiste una successione di polinomi trigonometrici $(p_n)_n$ tale che $\|f - p_n\|_\infty \to 0$ per $n \to \infty$.*

Dimostrazione. [13] Sia (q_n) la successione di polinomi trigonometrici costruita nel Lemma 5.64. Per ogni $n \in \mathbb{N}$ e $t \in \mathbb{R}$, una semplice verifica mostra che

---

[13] Questa dimostrazione, basata sul metodo della *convoluzione*, è dovuta a de la Vallée Poussin.

$$p_n(t) := \frac{1}{2\pi} \int_{-\pi}^{\pi} f(t-s) q_n(s) \, ds$$

$$= \frac{1}{2\pi} \int_{t-\pi}^{t+\pi} f(\tau) q_n(t-\tau) \, d\tau = \frac{1}{2\pi} \int_{-\pi}^{\pi} f(\tau) q_n(t-\tau) \, d\tau.$$

Ciò implica che p_n è un polinomio trigonometrico. Infatti, se

$$q_n(t) = a_0 + \sum_{k=1}^{k_n} \Big[a_k \cos(kt) + b_k \sin(kt) \Big],$$

allora

$$p_n(t) - \frac{a_0}{2\pi} \int_{-\pi}^{\pi} f(\tau) \, d\tau$$

$$= \frac{1}{2\pi} \sum_{k=1}^{k_n} \int_{-\pi}^{\pi} f(\tau) \Big[a_k \cos\big(k(t-\tau)\big) + b_k \sin\big(k(t-\tau)\big) \Big] d\tau$$

$$= \frac{1}{2\pi} \sum_{k=1}^{k_n} a_k \Big[\cos(kt) \int_{-\pi}^{\pi} f(\tau) \cos(k\tau) \, d\tau + \sin(kt) \int_{-\pi}^{\pi} f(\tau) \sin(k\tau) \, d\tau \Big]$$

$$+ \frac{1}{2\pi} \sum_{k=1}^{k_n} b_k \Big[\sin(kt) \int_{-\pi}^{\pi} f(\tau) \cos(k\tau) \, d\tau - \cos(kt) \int_{-\pi}^{\pi} f(\tau) \sin(k\tau) \, d\tau \Big].$$

Per ogni $\delta \in (0, \pi]$ si ponga

$$\omega_f(\delta) = \sup_{|x-y|<\delta} |f(x) - f(y)|.$$

Usando le proprietà (a) e (b) del Lemma 5.64, per ogni $t \in \mathbb{R}$ si ha

$$|f(t) - p_n(t)| = \left| \frac{1}{2\pi} \int_{-\pi}^{\pi} [f(t) - f(t-s)] q_n(s) \, ds \right|$$

$$\leq \frac{1}{2\pi} \int_{-\pi}^{\pi} |f(t) - f(t-s)| q_n(s) \, ds$$

$$\leq \frac{1}{2\pi} \int_{-\delta}^{\delta} \omega_f(\delta) q_n(s) \, ds + \frac{1}{2\pi} \int_{\delta \leq |s| \leq \pi} 2\|f\|_\infty q_n(s) \, ds$$

$$\leq \omega_f(\delta) + 2\|f\|_\infty \sup_{\delta \leq |s| \leq \pi} q_n(s).$$

Essendo f uniformemente continua, si deduce $\omega_f(\delta) \to 0$ per $\delta \to 0$. Fissato $\varepsilon > 0$, si scelga $\delta_\varepsilon \in (0, \pi]$ tale che $\omega_f(\delta_\varepsilon) < \varepsilon$. Grazie alla (c) del Lemma 5.64, esiste $n_\varepsilon \in \mathbb{N}$ tale che $\sup_{\delta_\varepsilon \leq |s| \leq \pi} q_n(s) < \varepsilon$ per ogni $n \geq n_\varepsilon$. Allora

$$\|f - p_n\|_\infty < (1 + 2\|f\|_\infty)\varepsilon \qquad \forall n \geq n_\varepsilon.$$

$\square$

Osservazione 5.66. Il Teorema di Weierstrass si può così riformulare: ogni funzione continua $f : [a, b] \to \mathbb{R}$ tale che $f(a) = f(b)$ è il limite uniforme di una successione di polinomi trigonometrici in $[a, b]$, dove per polinomio trigonometrico in $[a, b]$ si intende combinazioni lineari di elementi del sistema

$$1, \quad \cos\frac{2\pi kt}{b-a}, \quad \sin\frac{2\pi kt}{b-a} \quad (k \geq 1).$$

La sviluppabilità in serie di Taylor delle funzioni $\cos(kt)$ e $\sin(kt)$ implica che ogni funzione continua $f : [a, b] \to \mathbb{R}$ è il limite uniforme di una successione di polinomi algebrici[14]. Per una dimostrazione diretta si veda ad esempio [Ro68].

Come preannunciato, passiamo ora a dimostrare la completezza del sistema trigonometrico. Denotiamo con $\mathscr{C}_c(a, b) = \mathscr{C}_c\big((a, b)\big)$ lo spazio della funzioni continue $f : (a, b) \to \mathbb{R}$ con supporto compatto (si veda il paragrafo 3.4.2).

Teorema 5.67. $\{\varphi_k \mid k = 0, 1, \ldots\}$ *è una base ortonormale di* $L^2(-\pi, \pi)$.

Dimostrazione. Faremo vedere che i polinomi trigonometrici sono densi in $L^2(-\pi, \pi)$ e la tesi seguirà, allora, dal Teorema 5.54. Sia $f \in L^2(-\pi, \pi)$ e si fissi $\varepsilon > 0$. Poiché $\mathscr{C}_c(-\pi, \pi)$ è denso in $L^2(-\pi, \pi)$ grazie al Teorema 3.45, esiste $f_\varepsilon \in \mathscr{C}_c(-\pi, \pi)$ tale che $\|f - f_\varepsilon\|_2 < \varepsilon$. Evidentemente f_ε si può estendere per periodicità a una funzione continua periodica su tutta la retta reale. Inoltre per il Teorema di Weierstrass 5.65 esiste un polinomio trigonometrico p_ε tale che $\|f_\varepsilon - p_\varepsilon\|_\infty < \varepsilon$. Allora

$$\|f - p_\varepsilon\|_2 \leq \|f - f_\varepsilon\|_2 + \|f_\varepsilon - p_\varepsilon\|_2 \leq \varepsilon + \varepsilon\sqrt{2\pi}.$$

$\square$

Osservazione 5.68. Sia $f \in L^2(-\pi, \pi)$. Secondo la Definizione 5.52 i coefficienti di Fourier di f rispetto al sistema trigonometrico sono

$$\langle f, \varphi_k \rangle = \int_{-\pi}^{\pi} f(t)\varphi_k(t)\, dt := \hat{f}(k), \quad k = 0, 1, 2\ldots.$$

La serie di Fourier associata è quindi:

$$\frac{\hat{f}(0)}{\sqrt{2\pi}} + \frac{1}{\sqrt{\pi}} \sum_{k=1}^{\infty} \Big[\hat{f}(2k)\cos(kt) + \hat{f}(2k-1)\sin(kt)\Big], \qquad (5.18)$$

le cui somme parziali sono i polinomi trigonometrici

$$S_n(f) = S_n(f, t) = \frac{\hat{f}(0)}{\sqrt{2\pi}} + \frac{1}{\sqrt{\pi}} \sum_{k=1}^{n} \Big[\hat{f}(2k)\cos(kt) + \hat{f}(2k-1)\sin(kt)\Big].$$

Essendo il sistema trigonometrico una base ortonormale di $L^2(-\pi, \pi)$, allora, per il Teorema 5.54, si ha:

---

[14] È sufficiente scrivere f come $f = (f - g) + g$ dove $g = (x - a)\frac{f(b)-f(a)}{b-a}$ e applicare il Teorema di Weierstrass alla funzione $f - g$ che verifica $(f - g)(a) = (f - g)(b) = f(a)$.

- f è sviluppabile in serie di Fourier rispetto al sistema trigonometrico, risulta cioè

$$S_n(f) \xrightarrow{L^2} f \text{ per } n \to \infty;$$

- vale l'identità di Parseval

$$\|f\|_2^2 = \sum_{k=0}^{\infty} |\hat{f}(k)|^2. \qquad (5.19)$$

Si noti che non si hanno informazioni sulla convergenza puntuale della serie di Fourier (5.18), se non che una sottosuccessione $(S_{n_k})_k$ converge q.o. in $(-\pi, \pi)$ (si veda il Teorema 3.11). In realtà è possibile provare che la stessa serie di Fourier converge q.o. (si veda [Ka76], [Mo71]).

Esercizio 5.69. Applicando la (5.19) alla funzione

$$f(t) = t \qquad t \in [-\pi, \pi],$$

si derivi l'identità di Eulero

$$\sum_{k=1}^{\infty} \frac{1}{k^2} = \frac{\pi^2}{6}.$$

6

Spazi di Banach

Definizioni e esempi – Operatori lineari limitati – Funzionali lineari limitati – Convergenza debole e riflessività

Nel capitolo precedente abbiamo visto come sia possibile associare una norma $\| \cdot \|$ a un prodotto scalare $\langle \cdot, \cdot \rangle$ su uno spazio pre–hilbertiano H. Vogliamo studiare adesso le proprietà di uno spazio vettoriale dotato di una norma $\| \cdot \|$, e quindi della metrica da essa indotta, senza supporre che tale norma derivi da un prodotto scalare. Questa generalizzazione è assai importante perché ci permetterà di applicare la teoria a numerosissimi esempi di grande rilevanza, come gli spazi $L^p(X, \mu)$ con $p \neq 2$ o gli spazi di funzioni continue, i quali non rientrano nella famiglia degli spazi di Hilbert semplicemente perché la loro norma non è indotta da un prodotto scalare.

Date le definizioni iniziali e introdotta la nozione di spazio di Banach, cioè di spazio normato completo rispetto alla metrica indotta dalla norma, passeremo ad analizzare la classe delle applicazioni lineari e continue tra spazi di Banach. Tale classe gode di interessanti proprietà metriche e topologiche che, scoperte generalmente nella prima metà del novecento, sono essenzialmente conseguenze del Lemma di Baire. Quindi studieremo l'estendibilità dei funzionali lineari limitati su sottospazi e ne dedurremo utili applicazioni geometriche riguardo la separazione di sottoinsiemi convessi. Il capitolo si concluderà con un'approfondita discussione della proprietà di Bolzano–Weierstrass in dimensione infinita e dei sui legami con i concetti di convergenza debole e di spazio riflessivo.

Gran parte degli esempi sono ambientati in spazi di funzioni sommabili. Peraltro, tutti questi esempi sono significativi anche nel caso particolare degli spazi di successioni ℓ^p, per i quali è possibile ottenere risultati raffinati senza fare ricorso alla teoria dell'integrazione. Ad esempio, in questo capitolo caratterizzeremo i duali degli spazi ℓ^p; il risultato analogo per gli spazi $L^p(X, \mu)$ richiede una tecnica più avanzata e verrà quindi presentato nella sezione 8.4.

Anche per quanto riguarda gli spazi di Banach tratteremo solo il caso reale, fermo restando che la gran parte degli enunciati rimangono validi per spazi vettoriali su $\mathbb{C}$.

Cannarsa P, D'Aprile T: Introduzione alla teoria della misura e all'analisi funzionale.
© Springer-Verlag Italia, Milano, 2008

6.1 Definizioni e esempi

Definizione 6.1. *Dato X uno spazio vettoriale, si chiama norma $\| \cdot \|$ su X un'applicazione $\| \cdot \| : X \to [0, \infty)$ con le seguenti proprietà:*

1. *$\|x\| = 0$ se e solo se $x = 0$;*
2. *$\|\alpha x\| = |\alpha| \|x\|$ per ogni $x \in X$ e $\alpha \in \mathbb{R}$;*
3. *$\|x + y\| \leq \|x\| + \|y\|$ per ogni $x, y \in X$.*

La coppia $(X, \| \cdot \|)$ si chiama spazio normato.

Una funzione $X \to [0, \infty)$ che verifichi le proprietà precedenti tranne la 1 si chiama *seminorma* su X.

Come già osservato nel Capitolo 5, in uno spazio normato $(X, \| \cdot \|)$ la funzione

$$d(x, y) = \|x - y\| \qquad \forall x, y \in X \tag{6.1}$$

è una metrica.

Definizione 6.2. *Due norme $\| \cdot \|_1$ e $\| \cdot \|_2$ su uno spazio vettoriale X si dicono* equivalenti *se esistono due costanti $C \geq c > 0$ tali che*

$$c\|x\|_1 \leq \|x\|_2 \leq C\|x\|_1 \qquad \forall x \in X.$$

Esercizio 6.3. Dato X uno spazio vettoriale, provare che due norme su X sono equivalenti se e solo se inducono la stessa topologia in X.

Esercizio 6.4. In $\mathbb{R}^N$ provare che le seguenti norme sono equivalenti

$$\|x\|_p = \left(\sum_{k=1}^{N} |x_k|^p \right)^{1/p} \qquad e \quad \|x\|_\infty = \max_{1 \leq k \leq N} |x_k|,$$

dove $x = (x_1, \ldots, x_N) \in \mathbb{R}^N$ e $p \geq 1$.

Definizione 6.5. *Uno spazio normato $(X, \| \cdot \|)$ si chiama* spazio di Banach *se è completo rispetto alla metrica definita nella (6.1).*

Esempio 6.6. 1. Ogni spazio di Hilbert è uno spazio di Banach.

2. Dato un insieme $S \neq \emptyset$, la famiglia $\mathrm{B}(S)$ di tutte le funzioni limitate $f : S \to \mathbb{R}$ è uno spazio vettoriale su $\mathbb{R}$ con le usuali operazioni di somma e prodotto così definite

$$\forall x \in S \quad \begin{cases} (f + g)(x) = f(x) + g(x), \\ (\alpha f)(x) = \alpha f(x), \end{cases}$$

per ogni $f, g \in \mathrm{B}(S)$ e $\alpha \in \mathbb{R}$. Inoltre $\mathrm{B}(S)$, munito della norma

$$\|f\|_\infty = \sup_{x \in S} |f(x)| \qquad \forall f \in \mathrm{B}(S),$$

è uno spazio di Banach (vedi, ad esempio, [Gi83]).

3. Sia (X, d) uno spazio metrico. La famiglia $\mathscr{C}_b(X)$ di tutte le funzioni limitate e continue $f : X \to \mathbb{R}$ è un sottospazio chiuso di $B(X)$. Pertanto $(\mathscr{C}_b(X), \|\cdot\|_\infty)$ è uno spazio di Banach.

4. Sia $(X, \mathscr{E}, \mu)$ uno spazio di misura. Gli spazi $L^p(X, \mu)$, con $1 \le p \le \infty$, introdotti nel Capitolo 3 sono alcuni dei principali esempi di spazi di Banach con la norma

$$\|f\|_p = \left(\int_X |f|^p d\mu \right)^{1/p} \qquad \forall f \in L^p(X, \mu), \ 1 \le p < \infty$$

e

$$\|f\|_\infty = \inf\{m \ge 0 \mid \mu(|f| > m) = 0\} \qquad \forall f \in L^\infty(X, \mu).$$

Ricordiamo che, se $\mu^\#$ è la misura che conta in $\mathbb{N}$, utilizzeremo l'abbreviazione ℓ^p per denotare lo spazio $L^p(\mathbb{N}, \mu^\#)$. In tal caso si ha

$$\|x\|_p = \left(\sum_{n=1}^\infty |x_n|^p \right)^{1/p} \qquad \forall x = (x_n)_n \in \ell^p, \ 1 \le p < \infty$$

e

$$\|x\|_\infty = \sup_{n \ge 1} |x_n|, \qquad \forall x = (x_n)_n \in \ell^\infty.$$

Il caso $p = 2$ è stato studiato nel Capitolo 5.

Esercizio 6.7.

1. Sia (X, d) uno spazio metrico localmente compatto. Provare che l'insieme $\mathscr{C}_0(X)$ di tutte le funzioni $f \in \mathscr{C}_b(X)$ tali che, per ogni $\varepsilon > 0$, l'insieme $\{x \in X \mid |f(x)| \ge \varepsilon\}$ è compatto, è un sottospazio chiuso di $\mathscr{C}_b(X)$ (e quindi è a sua volta uno spazio di Banach).

Suggerimento. Osservare che, se $f_n, f \in \mathscr{C}_0(X)$ e $f_n \to f$ in $\mathscr{C}_b(X)$, definitivamente

$$\{x \in X \mid |f(x)| \ge \varepsilon\} \subset \{x \in X \mid |f_n(x)| \ge \varepsilon/2\}.$$

2. Provare che l'insieme

$$c_0 := \left\{ (x_n)_n \in \ell^\infty \mid \lim_{n \to \infty} x_n = 0 \right\} \tag{6.2}$$

è un sottospazio chiuso di ℓ^∞ (e quindi è uno spazio di Banach).

3. Provare che la norma $\|\cdot\|_\infty$ (in $B(S)$, $\mathscr{C}_b(M)$ o ℓ^∞) non è indotta da un prodotto scalare.

Suggerimento: utilizzare l'identità del parallelogramma (5.5).

Nel seguito utilizzeremo spesso la seguente abbreviazione: dato X uno spazio normato e $(x_n)_n \subset X$, $x \in X$, scriveremo

$$x_n \xrightarrow{X} x,$$

oppure semplicemente $x_n \to x$, per indicare che $(x_n)_n$ converge a x nella metrica (6.1), cioè $\|x_n - x\| \to 0$ (per $n \to \infty$). Si osservi che, grazie alla ben nota disuguaglianza $|\,\|x\| - \|y\|\,| \leq \|x - y\|$—che è a sua volta conseguenza della proprietà triangolare della norma—segue che

$$x_n \xrightarrow{X} x \quad \Longrightarrow \quad \|x_n\| \longrightarrow \|x\|.$$

Esercizio 6.8. In uno spazio di Banach X, sia $(x_n)_n$ una successione tale che $\sum_{n=1}^{\infty} \|x_n\| < \infty$. Provare che la serie $\sum_{n=1}^{\infty} x_n$ è convergente in X, ossia esiste $x \in X$ tale che

$$\sum_{k=1}^{n} x_k \xrightarrow{X} x \quad \text{per } n \to \infty.$$

Inoltre

$$\|x\| \leq \sum_{n=1}^{\infty} \|x_n\|.$$

Suggerimento. Dalla proprietà 3 della Definizione 6.1 si deduce

$$\left\| \sum_{k=n+1}^{n+p} x_k \right\| \leq \sum_{k=n+1}^{n+p} \|x_k\| \quad p = 1, 2, \ldots,$$

da cui segue che la successione delle somme parziali $(\sum_{k=1}^{n} x_k)_n$ è di Cauchy.

6.2 Operatori lineari limitati

Siano X, Y due spazi vettoriali. Un *operatore lineare* da X in Y è un'applicazione lineare $\Lambda : X \to Y$. Se $Y = \mathbb{R}$, Λ si chiama anche *funzionale lineare*. Nel seguito considereremo sempre spazi normati, ciascuno con una propria norma. Per non appesantire la notazione, qualora non vi sia pericolo di ambiguità, indicheremo ogni norma con lo stesso simbolo $\|\cdot\|$, senza specificare lo spazio in questione con un indice.

Definizione 6.9. *Dati X e Y spazi normati, un operatore lineare $\Lambda : X \to Y$ si dice* limitato *se esiste $C \geq 0$ tale che*

$$\|\Lambda x\| \leq C\|x\| \quad \forall x \in X.$$

Lo spazio degli operatori lineari limitati da X in Y si denota con $\mathscr{L}(X, Y)$. Se $X = Y$, utilizzeremo l'abbreviazione $\mathscr{L}(X, X) = \mathscr{L}(X)$. Se $Y = \mathbb{R}$, come nel caso degli spazi di Hilbert, $\mathscr{L}(X, \mathbb{R})$ si chiama duale topologico *di X e si denota con X^*. Gli elementi di X^* si chiamano* funzionali lineari limitati.

Procedendo esattamente come nella dimostrazione della Proposizione 5.38, si ottiene il seguente risultato.

Proposizione 6.10. *Dati X, Y due spazi normati e un operatore lineare $\Lambda :$ $X \to Y$, allora le seguenti proprietà sono equivalenti:*

(a) *Λ è continuo;*
(b) *Λ è continuo in 0;*
(c) *Λ è continuo in un punto;*
(d) *Λ è limitato.*

Come nella Definizione 5.39, si ponga

$$\|\Lambda\| = \sup_{\|x\|\leq 1} \|\Lambda x\| \quad \forall \Lambda \in \mathscr{L}(X, Y). \tag{6.3}$$

Allora, per ogni $\Lambda \in \mathscr{L}(X, Y)$, si ha

$$\|\Lambda\| = \min\big\{C \geq 0 \mid \|\Lambda x\| \leq C\|x\| \ \forall x \in X\big\}$$
$$= \sup_{\|x\|=1} \|\Lambda x\| = \sup_{\|x\|<1} \|\Lambda x\| = \sup_{x\neq 0} \frac{\|\Lambda x\|}{\|x\|} \tag{6.4}$$

(si veda anche l'Esercizio 5.40). Se $Y = \mathbb{R}$, la (6.3) è detta *norma duale* e si denota anche con $\|\cdot\|_*$.

Esercizio 6.11. Mostrare che la (6.3) definisce una norma su $\mathscr{L}(X, Y)$.

Proposizione 6.12. *Siano X, Y due spazi normati. Se Y è di Banach, allora anche $\mathscr{L}(X, Y)$ è di Banach. In particolare, il duale topologico X^* è uno spazio di Banach.*

Dimostrazione. Sia $(\Lambda_n)_n$ una successione di Cauchy in $\mathscr{L}(X, Y)$. Per ogni $x \in X$, essendo $\|\Lambda_n(x) - \Lambda_m(x)\| \leq \|\Lambda_n - \Lambda_m\| \|x\|$, si deduce che $(\Lambda_n x)_n$ è una successione di Cauchy in Y. Essendo Y completo, allora $(\Lambda_n x)_n$ converge in Y a un punto che denotiamo con Λx. Si è così definita un'applicazione $\Lambda : X \to Y$. È immediato verificare che Λ è lineare. Inoltre, poiché $(\Lambda_n)_n$ è una successione limitata in $\mathscr{L}(X, Y)$, ossia $\|\Lambda_n\| \leq M$ per ogni $n \in \mathbb{N}$, allora

$$\|\Lambda_n x\| \leq M\|x\| \quad \forall n \in \mathbb{N}, \ \forall x \in X,$$

da cui, passando al limite per $n \to \infty$, si ha che $\|\Lambda x\| \leq M\|x\|$ per ogni $x \in X$. Pertanto, $\Lambda \in \mathscr{L}(X, Y)$ e $\|\Lambda\| \leq M$. Infine, per mostrare che to $\Lambda_n \to \Lambda$ in $\mathscr{L}(X, Y)$, si fissi $\varepsilon > 0$ e si scelga $n_\varepsilon \in \mathbb{N}$ tale che $\|\Lambda_n - \Lambda_m\| < \varepsilon$ per ogni $n, m \geq n_\varepsilon$. Allora $\|\Lambda_n x - \Lambda_m x\| < \varepsilon\|x\|$ per ogni $x \in X$. Passando al limite per $m \to \infty$, si ottiene $\|\Lambda_n x - \Lambda x\| \leq \varepsilon\|x\|$ per ogni $x \in X$. Quindi $\|\Lambda_n - \Lambda\| \leq \varepsilon$ per ogni $n \geq n_\varepsilon$ e la dimostrazione è così completa. $\square$

Esercizio 6.13. 1. Data una funzione continua $f : [a, b] \to \mathbb{R}$, si definisca[1] $\Lambda : L^1(a, b) \to L^1(a, b)$ ponendo

$$\Lambda g(t) = f(t)g(t) \qquad t \in [a, b].$$

Provare che Λ è un operatore lineare limitato e $\|\Lambda\| = \|f\|_\infty$.

Suggerimento. Dall'Esercizio 3.26 segue $\|\Lambda\| \le \|f\|_\infty$; per provare l'uguaglianza, si supponga $|f(x)| > \|f\|_\infty - \varepsilon$ per ogni $x \in [x_0, x_1] \subset [a, b]$ e si consideri $g(x) = \chi_{[x_0, x_1]}$ la funzione caratteristica dell'intervallo $[x_0, x_1]$.

2. Sia $\Lambda : \mathscr{C}([-1, 1]) \to \mathbb{R}$ il funzionale lineare definito da

$$\Lambda f = \int_{-1}^{1} f(x) \operatorname{sign} x \, dx.$$

Dimostrare che Λ è limitato e $\|\Lambda\|_* = 2$.

Suggerimento. Considerare la successione $(f_n)_n$ dell'Esercizio 5.12.2.

Esercizio 6.14. Sia X uno spazio di Banach.

1. Provare che, se $\Lambda, \Lambda' \in \mathscr{L}(X)$, allora $\Lambda\Lambda' := \Lambda \circ \Lambda' \in \mathscr{L}(X)$ e $\|\Lambda\Lambda'\| \le \|\Lambda\| \, \|\Lambda'\|$.

2. Provare che, se $\Lambda \in \mathscr{L}(X)$ verifica $\|\Lambda\| < 1$, allora $I - \Lambda$ è invertibile e $(I - \Lambda)^{-1} \in \mathscr{L}(X)$.

   Suggerimento. Mostrare che $(I - \Lambda)^{-1} = \sum_{n=0}^{\infty} \Lambda^n$ (per $n = 0$ si pone $\Lambda^0 = I$).

3. Provare che l'insieme degli operatori invertibili $\Lambda \in \mathscr{L}(X)$ tali che Λ^{-1} è continuo formano un aperto di $\mathscr{L}(X)$.

   Suggerimento. Osservare che, se $\Lambda_0^{-1} \in \mathscr{L}(X)$, allora per tutti i $\Lambda \in \mathscr{L}(X)$ tali che $\|\Lambda - \Lambda_0\| < 1/\|\Lambda_0^{-1}\|$ si ha che $\Lambda^{-1} = [I + \Lambda_0^{-1}(\Lambda - \Lambda_0)]^{-1}\Lambda_0^{-1}$.

Se X è uno spazio normato e $x_0 \in X$, nel seguito indicheremo con $B_r(x_0)$ la sfera aperta di centro x_0 e raggio $r > 0$, ossia

$$B_r(x_0) = \{x \in X \mid \|x - x_0\| < r\},$$

mentre indicheremo con $\overline{B}_r(x_0)$ la sfera chiusa

$$\overline{B}_r(x_0) = \{x \in X \mid \|x - x_0\| \le r\} = \overline{B_r(x_0)}.$$

Se $x_0 = 0$, utilizzeremo l'abbreviazione $B_r = B_r(0)$ e $\overline{B}_r = \overline{B}_r(0)$.

Esercizio 6.15. Provare che, in uno spazio normato X, risulta $\overline{B}_r(x) = \overline{B_r(x)}$ per ogni $r > 0$ e ogni $x \in X$ (a differenza di quanto accade in un generico spazio metrico[2]).

---

[1] $L^1(a, b) = L^1([a, b], m)$ dove m è la misura di Lebesgue in $[a, b]$. Si veda la nota 7 a pagina 81.

[2] Vedi l'Osservazione D.2.

6.2.1 Il Principio di Limitatezza Uniforme

Il risultato seguente, generalmente attribuito a Banach e Steinhaus benché sia stato ottenuto da vari autori sotto forme diverse, è anche noto come *Principio di Limitatezza Uniforme*. Infatti, esso permette di dedurre maggiorazioni uniformi per una famiglia di operatori lineari e continui a partire da maggiorazioni puntuali.

Teorema 6.16 (Banach–Steinhaus). *Sia X uno spazio di Banach, Y uno spazio normato e $(\Lambda_i)_{i \in I} \subset \mathscr{L}(X, Y)$. Allora,*

o esiste $M \geq 0$ tale che

$$\|\Lambda_i\| \leq M \qquad \forall i \in I, \tag{6.5}$$

oppure esiste un insieme denso $D \subset X$ tale che

$$\sup_{i \in I} \|\Lambda_i x\| = \infty \qquad \forall x \in D. \tag{6.6}$$

Dimostrazione. Si definisca

$$\alpha(x) := \sup_{i \in I} \|\Lambda_i x\| \qquad \forall x \in X.$$

Essendo $\alpha : X \to [0, \infty]$ una funzione semicontinua inferiormente (si veda il Corollario B.6), per ogni $n \in \mathbb{N}$

$$V_n := \{x \in X \mid \alpha(x) > n\} \tag{6.7}$$

è un insieme aperto in X (si veda il Teorema B.4). Se tutti gli insiemi V_n sono densi, allora la (6.6) vale su $D := \cap_{n=1}^{\infty} V_n$ e D è un insieme denso grazie al Lemma di Baire (si veda la Proposizione D.1). Si supponga ora che uno di questi insiemi, per esempio V_N, non sia denso in X. Allora esiste una sfera chiusa $\overline{B}_r(x_0) \subset X \setminus \overline{V}_N$. Pertanto

$$\|x\| \leq r \quad \Longrightarrow \quad x_0 + x \notin V_N \quad \Longrightarrow \quad \alpha(x_0 + x) \leq N.$$

Di conseguenza, $\|\Lambda_i x\| \leq \|\Lambda_i x_0\| + \|\Lambda_i(x + x_0)\| \leq 2N$ per ogni $i \in I$ e ogni $\|x\| \leq r$. Quindi, per ogni $i \in I$,

$$\|\Lambda_i x\| = \frac{\|x\|}{r} \left\| \Lambda_i \frac{rx}{\|x\|} \right\| \leq \frac{2N}{r} \|x\| \qquad \forall x \in X \setminus \{0\},$$

da cui si ottiene la (6.5) con $M = 2N/r$. $\qquad\square$

Esercizio 6.17. Si dia una dimostrazione diretta (cioè basata solo sulla definizione della funzione α) del fatto che gli insiemi V_n in (6.7) sono aperti.

Corollario 6.18. *Siano X uno spazio di Banach, Y uno spazio normato e sia $(\Lambda_n)_n \subset \mathscr{L}(X, Y)$ tale che, per ogni $x \in X$, la successione $(\Lambda_n x)_n$ sia convergente. Allora, posto $\Lambda x := \lim_{n \to \infty} \Lambda_n x$ per ogni $x \in X$, si ha che $\Lambda \in \mathscr{L}(X, Y)$ e*

$$\|\Lambda\| \leq \liminf_{n \to \infty} \|\Lambda_n\| < \infty.$$

Dimostrazione. Dal Teorema di Banach–Steinhaus segue immediatamente che

$$\sup_{n \in \mathbb{N}} \|A_n\| = M < \infty.$$

Pertanto, $\liminf_{n \to \infty} \|A_n\| < \infty$. Inoltre, per ogni $n \in \mathbb{N}$ si ha

$$\|A_n x\| \leq M \|x\| \quad \forall x \in X,$$

da cui, passando al limite per $n \to \infty$, si ottiene

$$\|A x\| \leq M \|x\| \quad \forall x \in X.$$

Quindi, poiché è immediato verificare che A è lineare, si ha che $A \in \mathscr{L}(X, Y)$. Infine, passando al minimo limite nella maggiorazione $\|A_n x\| \leq \|A_n\| \|x\|$, si deduce che

$$\|A x\| \leq \liminf_{n \to \infty} \|A_n\| \|x\| \quad \forall x \in X,$$

il che completa la dimostrazione. □

Esercizio 6.19. Sia $x = (x_n)_n \subset \mathbb{R}$ una successione e siano $1 \leq p, p' \leq \infty$ esponenti coniugati[3]. Provare che, se la serie $\sum_{n=1}^{\infty} x_n y_n$ converge per ogni $y = (y_n)_n \in \ell^{p'}$, allora $x \in \ell^p$.

Suggerimento. Si ponga

$$A_n : \ell^{p'} \to \mathbb{R}, \quad A_n y = \sum_{k=1}^{n} x_k y_k.$$

Provare che $A_n \in (\ell^{p'})^*$, $\|A_n\|_* = (\sum_{k=1}^{n} |x_k|^p)^{1/p}$ e $A_n y \to \sum_{k=1}^{\infty} x_k y_k$ per ogni $y \in \ell^{p'}$. Usare quindi il Corollario 6.18.

Esercizio 6.20. [4] Dato $(X, \mathscr{E}, \mu)$ uno spazio di misura σ–finita, siano $1 \leq p, p' \leq \infty$ esponenti coniugati e sia $f : X \to \overline{\mathbb{R}}$ una funzione di Borel tale che $f g \in L^1(X, \mu)$ per ogni $g \in L^{p'}(X, \mu)$. Provare che $f \in L^p(X, \mu)$.

Suggerimento. Sia $(X_n)_n \subset \mathscr{E}$ una successione crescente tale che $\mu(X_n) < \infty$ e $X_n \uparrow X$, e si ponga

$$A_n : L^{p'}(X, \mu) \to \mathbb{R}, \quad A_n g = \int_{X_n} f \chi_{\{|f| \leq n\}} g \, d\mu.$$

Provare che $A_n \in (L^{p'}(X, \mu))^*$, $\|A_n\|_* = \|f \chi_{X_n \cap \{|f| \leq n\}}\|_p$ e $A_n g \to \int_X f g \, d\mu$ per ogni $g \in L^{p'}(X, \mu)$. Usare quindi il Corollario 6.18.

---

[3] Due numeri $1 \leq p, p' \leq \infty$ si dicono *coniugati* se $\frac{1}{p} + \frac{1}{p'} = 1$, con la convenzione $\frac{1}{\infty} = 0$.

[4] Si confronti con l'Esercizio 3.9.

6.2.2 Il Teorema dell'Applicazione Aperta

Gli operatori lineari limitati tra due spazi di Banach godono di importanti proprietà topologiche che risultano molto utili per le applicazioni, ad esempio, alle equazioni differenziali. La prima e più importante di queste proprietà è nota come Teorema dell'Applicazione Aperta.

Teorema 6.21 (Schauder). *Siano X, Y spazi di Banach e sia $\Lambda \in \mathscr{L}(X,Y)$ un'applicazione surgettiva. Allora Λ è un'applicazione* aperta[5].

Dimostrazione. Dividiamo la dimostrazione in quattro passi.

1. Mostriamo che esiste un raggio $r > 0$ tale che

$$B_{2r} \subset \overline{\Lambda(B_1)}. \tag{6.8}$$

Si osservi che, poiché Λ è surgettiva, si ha

$$Y = \bigcup_{k=1}^{\infty} \overline{\Lambda(B_k)}.$$

Pertanto, per la Proposizione D.1 (Lemma di Baire), almeno uno degli in-

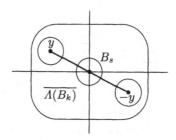

Figura 6.1. Il Teorema dell'Applicazione Aperta.

siemi chiusi $\overline{\Lambda(B_k)}$ ha interno non vuoto e quindi contiene una sfera, diciamo $B_s(y) \subset \overline{\Lambda(B_k)}$. Poiché $\Lambda(B_k)$ è un insieme simmetrico rispetto all'origine 0, si deduce

$$B_s(-y) \subset -\overline{\Lambda(B_k)} = \overline{\Lambda(B_k)}.$$

Di conseguenza, per ogni $y' \in B_s$, si ha $y' \pm y \in B_s(\pm y) \subset \overline{\Lambda(B_k)}$. Essendo $\overline{\Lambda(B_k)}$ un insieme convesso, si conclude che

$$y' = \frac{(y' + y) + (y' - y)}{2} \in \overline{\Lambda(B_k)}.$$

Quindi $B_s \subset \overline{\Lambda(B_k)}$. La (6.8) segue prendendo $r = s/2k$ e ragionando per omotetia: sia $z \in B_{2r} = B_{s/k}$; allora $kz \in B_s$ ed esiste una successione $(x_n)_n$ in B_k tale che $\Lambda x_n \to kz$. Perciò, $x_n/k \in B_1$ e $\Lambda(x_n/k) \to z$, da cui $z \in \overline{\Lambda(B_1)}$.

---

[5] Cioè Λ trasforma ogni aperto di X in un aperto di Y.

2. Si osservi che, per linearità, la (6.8) implica la famiglia di inclusioni

$$B_{2^{1-n}r} \subset \overline{\Lambda(B_{2^{-n}})} \qquad \forall n \in \mathbb{N}. \tag{6.9}$$

3. Procediamo con il provare che

$$B_r \subset \Lambda(B_1). \tag{6.10}$$

Sia $y \in B_r$. Applicando la (6.9) con $n = 1$, troviamo un punto

$$x_1 \in B_{2^{-1}} \quad \text{tale che} \quad \|y - \Lambda x_1\| < \frac{r}{2}.$$

Quindi $y - \Lambda x_1 \in B_{2^{-1}r}$. Allora, applicando la (6.9) con $n = 2$ troviamo un secondo punto

$$x_2 \in B_{2^{-2}} \quad \text{tale che} \quad \|y - \Lambda(x_1 + x_2)\| < \frac{r}{2^2}.$$

Iterando il procedimento, si costruisce una successione $(x_n)_n$ in X tale che

$$x_n \in B_{2^{-n}} \quad \text{e} \quad \|y - \Lambda(x_1 + \cdots + x_n)\| < \frac{r}{2^n}. \tag{6.11}$$

Poiché

$$\sum_{n=1}^{\infty} \|x_n\| < \sum_{n=1}^{\infty} \frac{1}{2^n} = 1,$$

ricordando l'Esercizio 6.8 si conclude che la serie $\sum_{n=1}^{\infty} x_n$ converge a un punto $x \in X$, ossia $\sum_{k=1}^{n} x_k \xrightarrow{X} x$. Inoltre $\|x\| \leq \sum_{n=1}^{\infty} \|x_n\| < 1$. Per la continuità di Λ si ha $\sum_{k=1}^{n} \Lambda x_k \xrightarrow{Y} \Lambda x$. D'altra parte, per la (6.11), $\sum_{k=1}^{n} \Lambda x_k \xrightarrow{Y} y$; quindi risulta $y = \Lambda x \in \Lambda B_1$, e ciò prova la (6.10).

4. Sia $U \subset X$ un insieme aperto e sia $x \in U$. Allora esiste $\rho > 0$ tale che $B_\rho(x) \subset U$, da cui segue $\Lambda x + \Lambda(B_\rho) \subset \Lambda(U)$. Pertanto

$$B_{r\rho}(\Lambda x) = \underbrace{\Lambda x + B_{r\rho} \subset \Lambda x + \Lambda(B_\rho)}_{\text{per la (6.10)}} \subset \Lambda(U).$$

Ciò implica che $\Lambda(U)$ è un insieme aperto in Y.

$\square$

Una conseguenza immediata del precedente risultato è il prossimo corollario, noto come Teorema dell'Applicazione Inversa.

Corollario 6.22 (Banach). *Siano X, Y spazi di Banach e sia $\Lambda \in \mathscr{L}(X, Y)$ un'applicazione bigettiva. Allora $\Lambda^{-1} \in \mathscr{L}(Y, X)$. Di conseguenza, X e Y sono spazi di Banach isomorfi.*

Dimostrazione. Una verifica banale mostra che Λ^{-1} è lineare. Inoltre, per ogni insieme aperto $U \subset X$, si ha che $(\Lambda^{-1})^{-1}(U) = \Lambda(U)$ è un insieme aperto in Y grazie al Teorema dell'Applicazione Aperta. Ne segue che Λ^{-1} è un'applicazione continua, e quindi $\Lambda^{-1} \in \mathscr{L}(Y, X)$. $\square$

Esercizio 6.23. Siano X, Y spazi di Banach e sia $\Lambda \in \mathscr{L}(X, Y)$ un'applicazione bigettiva. Provare che esiste una costante $\lambda > 0$ tale che

$$\|\Lambda x\| \geq \lambda \|x\| \forall x \in X.$$

Suggerimento. Usare il Corollario 6.22 e applicare la Proposizione 6.10 a Λ^{-1}.

Esercizio 6.24. Siano $\|\cdot\|_1$ e $\|\cdot\|_2$ due norme su uno spazio vettoriale X. Supponiamo che X munito di ciascuna delle norme $\|\cdot\|_1$ e $\|\cdot\|_2$ sia uno spazio di Banach. Se esiste una costante $c > 0$ tale che $\|x\|_2 \leq c\|x\|_1$ per ogni $x \in X$, allora esiste un'altra costante $C > 0$ tale che $\|x\|_1 \leq C\|x\|_2$ per ogni $x \in X$ (cioè $\|\cdot\|_1$ e $\|\cdot\|_2$ sono norme equivalenti).

Suggerimento. Basta applicare il risultato dell'Esercizio 6.23 all'applicazione identica $(X, \|\cdot\|_1) \to (X, \|\cdot\|_2)$.

Prima di passare al prossimo corollario, si osservi che il prodotto cartesiano $X \times Y$ di due spazi normati X, Y si può munire in modo naturale della *norma prodotto*

$$\|(x, y)\| := \|x\| + \|y\| \forall (x, y) \in X \times Y.$$

Esercizio 6.25. Provare che, se X, Y sono spazi di Banach, allora $\big(X \times Y, \|(\cdot, \cdot)\|\big)$ è uno spazio di Banach.

Concludiamo con il cosiddetto Teorema del Grafico Chiuso.

Corollario 6.26 (Banach). *Siano X, Y spazi di Banach e sia $\Lambda : X \to Y$ un'applicazione lineare. Allora $\Lambda \in \mathscr{L}(X, Y)$ se e solo se il* grafico *di Λ, ossia l'insieme*

$$\mathrm{Graph}(\Lambda) := \big\{(x, y) \in X \times Y \mid y = \Lambda x\big\},$$

è chiuso in $X \times Y$.

Dimostrazione. Si supponga dapprima $\Lambda \in \mathscr{L}(X, Y)$. Allora è immediato vedere che

$$\Delta : X \times Y \to Y   \Delta(x, y) = y - \Lambda x$$

è un'applicazione continua. Pertanto $\mathrm{Graph}(\Lambda) = \Delta^{-1}(0)$ è un insieme chiuso.

Viceversa, si supponga che $\mathrm{Graph}(\Lambda)$ sia un insieme chiuso in $X \times Y$. Allora $\mathrm{Graph}(\Lambda)$, essendo un sottospazio chiuso dello spazio di Banach $X \times Y$, è a sua volta uno spazio di Banach munito della norma prodotto. Inoltre l'applicazione lineare

$$\Pi_\Lambda : \mathrm{Graph}(\Lambda) \to X   \Pi_\Lambda(x, \Lambda x) := x$$

è limitata e bigettiva. Quindi, grazie al Corollario 6.22, l'applicazione

$$\Pi_\Lambda^{-1} : X \to \text{Graph}(\Lambda) \qquad \Pi_\Lambda^{-1}x = (x, \Lambda x)$$

è continua; essendo $\Lambda = \Pi_Y \circ \Pi_\Lambda^{-1}$, dove

$$\Pi_Y : X \times Y \to Y \qquad \Pi_Y(x, y) := y,$$

si conclude che anche Λ è continua. $\qquad\qquad\qquad\qquad\qquad$ $\square$

Esempio 6.27. Si considerino gli spazi

$$Y = \mathscr{C}([0, 1]) = \{f : [0, 1] \to \mathbb{R} \mid f \text{ continua}\}$$

e

$$X = \mathscr{C}^1([0, 1]) = \{f : [0, 1] \to \mathbb{R} \mid f \text{ derivabile e } f' \in \mathscr{C}([0, 1])\}$$

entrambi muniti della norma $\|\cdot\|_\infty$. Si definisca

$$\Lambda f(t) = f'(t) \qquad \forall f \in X, \ \forall t \in [0, 1].$$

Allora $\text{Graph}(\Lambda)$ è un insieme chiuso in $X \times Y$ poiché

$$\begin{cases} f_n \xrightarrow{L^\infty} f \\ f_n' \xrightarrow{L^\infty} g \end{cases} \implies f \in \mathscr{C}^1([0, 1]) \ \& \ f' = g.$$

D'altra parte Λ non è un operatore continuo. Infatti, prendendo

$$f_n(t) = t^n \qquad \forall t \in [0, 1],$$

si ha

$$f_n \in X, \qquad \|f_n\|_\infty = 1, \qquad \|\Lambda f_n\|_\infty = n \qquad \forall n \geq 1.$$

Ciò dimostra che l'ipotesi di completezza di X è essenziale nel Corollario 6.26.

Esercizio 6.28. Siano X, Y spazi di Banach e sia $\Lambda \in \mathscr{L}(X, Y)$. Provare che le seguenti proprietà sono equivalenti:

(a) esiste $c > 0$ tale che $\|\Lambda x\| \geq c\|x\|$ per ogni $x \in X$;
(b) $\ker \Lambda = \{0\}$ e $\Lambda(X)$ è un insieme chiuso in Y.

Suggerimento. Nell'implicazione (b) $\Rightarrow$ (a) applicare il risultato dell'Esercizio 6.23 all'operatore bigettivo $x \in X \mapsto \Lambda x \in \Lambda(X)$.

Esercizio 6.29. Sia H uno spazio di Hilbert con prodotto scalare $\langle \cdot, \cdot \rangle$ e siano $A, B : H \to H$ due operatori lineari tali che

$$\langle Ax, y \rangle = \langle x, By \rangle \qquad \forall x, y \in H. \tag{6.12}$$

Provare che[6] $A, B \in \mathscr{L}(H)$.

Suggerimento. Usare la (6.12) per dedurre che $\text{Graph}(A)$ e $\text{Graph}(B)$ sono insiemi chiusi in $H \times H$; applicare quindi il Corollario 6.26.

---

[6] Questo risultato risale al 1910 (vedi [Ko02, p. 67]).

Esercizio 6.30. Sia X uno spazio di Banach separabile di dimensione infinita e sia $(e_i)_{i \in I}$ una *base di Hamel*[7] di X tale che $\|e_i\| = 1$ per ogni $i \in I$.

1. Provare che I non è numerabile.

   Suggerimento. Si supponga per assurdo $I = \mathbb{N}$ e si usi il Lemma di Baire D.1 prendendo gli insiemi chiusi $F_n = \mathbb{R}e_1 + \ldots + \mathbb{R}e_n = \{\sum_{i=1}^n \lambda_i e_i \,|\, \lambda_i \in \mathbb{R}\}$.

2. Provare che l'applicazione $\|\cdot\|_1$ così definita

$$\|x\|_1 = \sum_{i \in J} |\lambda_i| \quad \text{se} \quad x = \sum_{i \in J} \lambda_i e_i, \quad J \subset I \text{ finito}$$

   è una norma in X e $\|x\| \leq \|x\|_1$ per ogni $x \in X$.

3. Mostrare che X non è completo rispetto alla norma $\|\cdot\|_1$.

   Suggerimento. Se $(X, \|\cdot\|_1)$ fosse uno spazio di Banach, allora $\|\cdot\|$ e $\|\cdot\|_1$ sarebbero due norme equivalenti per l'Esercizio 6.24. Ma, per ogni $i \neq j$, si ha $\|e_i - e_j\|_1 = 2$ e da ciò segue che $(X, \|\cdot\|_1)$ non è separabile (si proceda come nell'Esempio 3.27).

6.3 Funzionali lineari limitati

In questo paragrafo studieremo una classe speciale di operatori lineari limitati, ovvero i *funzionali lineari limitati*. Proveremo che tali funzionali godono di un'importante proprietà di estensione descritta dal Teorema di Hahn–Banach. In seguito deriveremo utili conseguenze analitiche e geometriche di tale proprietà. Questi risultati saranno essenziali per l'analisi degli spazi duali che svilupperemo nel prossimo paragrafo. Infine caratterizzeremo i duali dagli spazi di Banach ℓ^p.

6.3.1 Il Teorema di Hahn–Banach

Si consideri il seguente problema di estensione: dati uno spazio normato X, un sottospazio $M \subset X$ (non necessariamente chiuso) e un funzionale lineare limitato $f : M \to \mathbb{R}$,

$$\text{trovare} \quad F \in X^* \quad \text{tale che} \quad \begin{cases} F_{|M} = f, \\ \|F\|_* = \|f\|_* \end{cases} \tag{6.13}$$

---

[7] Dato X uno spazio vettoriale reale, si chiama base di Hamel un sottoinsieme massimale di X costituito da vettori linearmente indipendenti. Ricordiamo che, applicando il Lemma di Zorn, si può dimostrare che ogni insieme di vettori linearmente indipendenti è contenuto in una base di Hamel. Inoltre, se $(e_i)_{i \in I}$ è una base di Hamel in X, allora il sottospazio lineare generato da $(e_i)_{i \in I}$ coincide con X, ossia $X = \{\sum_{j \in J} \lambda_j e_j \,|\, J \subset I \text{ finito}, \lambda_j \in \mathbb{R}\}$.

(qui si è indicata con lo stesso simbolo sia la norma duale di f, visto come elemento di M^*, che quella di F, elemento di X^*).

Osservazione 6.31. Si osservi che un funzionale lineare limitato f definito su un sottospazio M si può estendere—in modo unico—alla chiusura $\overline{M}$ con una semplice procedura di completamento. Infatti, sia $\overline{x} \in \overline{M}$ e sia $(x_n)_n \subset M$ tale che $x_n \to \overline{x}$. Poiché

$$|f(x_n) - f(x_m)| \le \|f\|_* \|x_n - x_m\|,$$

allora $(f(x_n))_n$ è una successione di Cauchy in $\mathbb{R}$. Pertanto $(f(x_n))_n$ è convergente. Allora si verifica facilmente che $F(\overline{x}) := \lim_n f(x_n)$ è un'estensione di f e verifica $\|F\|_* = \|f\|_*$. Quindi il problema (6.13) ha un'*unica soluzione* quando M è denso in X.

Osservazione 6.32. Un altro caso in cui il problema (6.13) ha un'unica soluzione è quando X è uno spazio di Hilbert. Infatti, si continui a denotare con f l'estensione alla chiusura $\overline{M}$ ottenuta con il procedimento descritto nell'Osservazione 6.31. Si osservi che $\overline{M}$ è uno spazio di Hilbert. Pertanto, per il Teorema di Riesz, esiste un unico vettore $y_f \in \overline{M}$ tale che $\|y_f\| = \|f\|_*$ e

$$f(x) = \langle x, y_f \rangle \qquad \forall x \in \overline{M}.$$

Si definisca

$$F(x) = \langle x, y_f \rangle \qquad \forall x \in X.$$

Allora $F \in X^*$, $F\big|_M = f$ e e $\|F\|_* = \|y_f\| = \|f\|_*$. Asseriamo che F è l'*unica estensione* di f con tali proprietà. Infatti, sia G un'altra soluzione del problema (6.13) e sia y_G il vettore in X associato a G nella rappresentazione di Riesz. Si consideri la decomposizione ortogonale di Riesz di y_G, ossia

$$y_G = y_G' + y_G'' \quad \text{dove} \quad y_G' \in \overline{M} \quad \text{e} \quad y_G'' \perp \overline{M}.$$

Allora

$$\langle x, y_G' \rangle = G(x) = f(x) = \langle x, y_f \rangle \qquad \forall x \in \overline{M}.$$

Quindi $y_G' = y_f$. Inoltre

$$\|y_G''\|^2 = \|y_G\|^2 - \|y_G'\|^2 = \|G\|_*^2 - \|y_f\|^2 = \|f\|_*^2 - \|y_f\|^2 = 0.$$

In generale, il seguente classico risultato assicura l'esistenza di una soluzione del problema (6.13) anche se non è garantita l'unicità dell'estensione.

Teorema 6.33 (Hahn–Banach). *Sia X uno spazio normato, M un sottospazio di X, e $f : M \to \mathbb{R}$ un funzionale lineare limitato. Allora esiste $F \in X^*$ tale che $F\big|_M = f$ e $\|F\|_* = \|f\|_*$.*

Dimostrazione. Osserviamo subito che nonè restrittivo supporre $\|f\|_* \neq 0$ (altrimenti la tesi si ottiene immediatamente prendendo $F \equiv 0$). Si può assumere pure, senza perdita di generalità, che $\|f\|_* = 1$. Mostreremo dapprima come estendere f a un sottospazio di X che include *strettamente* M. Il caso generale sarà trattato successivamente—nei passi 2 e 3—utilizzando un argomento di massimalità.

1. Si supponga $M \neq X$ e sia $x_0 \in X \setminus M$. Costruiremo un'estensione di f al sottospazio

$$M_0 := M + \mathbb{R}x_0 = \{x + \lambda x_0 \mid x \in M, \ \lambda \in \mathbb{R}\}.$$

Si definisca

$$f_0(x + \lambda x_0) := f(x) + \lambda \alpha \qquad \forall x \in M, \ \forall \lambda \in \mathbb{R}, \qquad (6.14)$$

dove α è un qualsiasi numero reale prefissato. Evidentemente f_0 è un funzionale lineare su M_0 che estende f. Occorre ora scegliere $\alpha \in \mathbb{R}$ tale che il funzionale esteso sia limitato e abbia norma 1. Questo accadrà se

$$|f_0(x + \lambda x_0)| \leq \|x + \lambda x_0\| \qquad \forall x \in M, \ \forall \lambda \in \mathbb{R}.$$

Una semplice omotetia mostra che la precedente disuguaglianza è equivalente a

$$|f_0(x_0 - y)| \leq \|x_0 - y\| \qquad \forall y \in M.$$

Pertanto, sostituendo a f_0 la sua definizione (6.14), si deduce che α deve verificare $|\alpha - f(y)| \leq \|x_0 - y\|$ per ogni $y \in M$, o, equivalentemente,

$$f(y) - \|x_0 - y\| \leq \alpha \leq f(y) + \|x_0 - y\| \qquad \forall y \in M.$$

Tale scelta di α è possibile poiché

$$f(y) - f(z) = f(y - z) \leq \|y - z\| \leq \|x_0 - y\| + \|x_0 - z\| \quad \forall y, z \in M,$$

e quindi

$$\sup_{y \in M} \big\{f(y) - \|x_0 - y\|\big\} \leq \inf_{z \in M} \big\{f(z) + \|x_0 - z\|\big\}.$$

2. Si denoti con $\mathscr{P}$ la famiglia di tutte le coppie $(\widetilde{M}, \widetilde{f})$, dove $\widetilde{M}$ è un sottospazio di X contenente M e $\widetilde{f}$ è un funzionale lineare limitato che estende f a $\widetilde{M}$ tale che $\|\widetilde{f}\|_* = 1$. $\mathscr{P} \neq \varnothing$ poiché contiene (M, f). Inoltre $\mathscr{P}$ è un insieme parzialmente ordinato rispetto alla relazione d'ordine così definita: per ogni $(M_1, f_1), (M_2, f_2) \in \mathscr{P}$,

$$(M_1, f_1) \leq (M_2, f_2) \quad \Longleftrightarrow \quad \begin{cases} M_1 \text{ sottospazio di } M_2, \\ f_2 = f_1 \text{ su } M_1. \end{cases} \qquad (6.15)$$

Asseriamo che $\mathscr{P}$ è un insieme induttivo, ossia ogni sottoinsieme di $\mathscr{P}$ totalmente ordinato ammette un estremo superiore. Per verificarlo, sia $\mathscr{Q} = \{(M_i, f_i)_{i \in I}\}$ un sottoinsieme totalmente ordinato di $\mathscr{P}$. Allora si vede facilmente che, ponendo

$$\begin{cases} \widetilde{M} := \bigcup_{i \in I} M_i, \\ \widetilde{f}(x) := f_i(x) \quad \text{se} \quad x \in M_i, \end{cases}$$

la coppia $(\widetilde{M}, \widetilde{f}) \in \mathscr{P}$ risulta un maggiorante (anzi, proprio l'estremo superiore) di $\mathscr{Q}$.

3. Per il Lemma di Zorn, $\mathscr{P}$ ha un elemento massimale che indicheremo con $(\mathscr{M}, F)$. La tesi seguirà se proviamo che $\mathscr{M} = X$. Infatti $F = f$ su M e $\|F\|_* = 1$ per costruzione, quindi F è l'estensione richiesta. Se $\mathscr{M}$ fosse un sottospazio proprio di X allora per il primo passo della dimostrazione si avrebbe l'esistenza di un'estensione propria di $(\mathscr{M}, F)$, che contraddice la sua massimalità.

Il teorema è così completamente dimostrato. $\qquad\qquad\qquad\qquad\qquad$ $\square$

Esempio 6.34. In generale, l'estensione fornita dal Teorema di Hahn–Banach non è unica. Per esempio, si considerino gli spazi

$$\tilde{c} := \left\{ x = (x_n)_n \in \ell^\infty \ \Big| \ \exists \lim_{n \to \infty} x_n \right\},$$

$$\tilde{c}' := \left\{ x = (x_n)_n \in \ell^\infty \ \Big| \ \exists \lim_{n \to \infty} x_{2n} \ \& \ \exists \lim_{n \to \infty} x_{2n+1} \right\}.$$

Si verifica facilmente che $\tilde{c}, \tilde{c}'$ sono sottospazi chiusi di ℓ^∞. Evidentemente $\tilde{c} \subset \tilde{c}'$. Siano $f \in (\tilde{c})^*$, $f_1, f_2 \in (\tilde{c}')^*$ i funzionali lineari continui così definiti:

$$f(x) := \lim_{n \to \infty} x_n \qquad \forall x = (x_n)_n \in \tilde{c},$$

$$f_1(x) := \lim_{n \to \infty} x_{2n}, \ \ f_2(x) := \lim_{n \to \infty} x_{2n+1} \qquad \forall x = (x_n)_n \in \tilde{c}'.$$

Allora $\|f\|_* = \|f_1\|_* = \|f_2\|_* = 1$, $f_1 \equiv f_2 \equiv f$ su $\tilde{c}$, ma $f_1 \not\equiv f_2$ su $\tilde{c}'$. Altri esempi di estensioni molteplici di funzionali lineari continui sono illustrati negli Esercizi 6.35 e 6.36.

Esercizio 6.35. Sia M il sottospazio chiuso di ℓ^1:

$$M = \{x = (x_k)_k \in \ell^1 \mid x_k = 0 \ \forall k \geq 2\}$$

e si definiscano i funzionali

$$f(x) = x_1 \qquad \forall x = (x_k)_k \in M,$$

$$F(x) = \sum_{k=1}^{\infty} x_k, \quad F_n(x) = \sum_{k=1}^{n} x_k \quad \forall x = (x_k)_k \in \ell^1.$$

Provare che, per ogni $n \geq 1$, $f \in M^*$, $F, F_n \in (\ell^1)^*$, $F_n\big|_M = F\big|_M = f$ e $\|F\|_* = \|F_n\|_* = \|f\|_* = 1$.

Esercizio 6.36. In $\mathbb{R}^2$ con la norma

$$\|x\|_1 = |x_1| + |x_2| \quad \forall x = (x_1, x_2) \in \mathbb{R}^2$$

si consideri il sottospazio chiuso

$$M = \{(x_1, 0) \,|\, x_1 \in \mathbb{R}\}$$

e i funzionali:

$$f(x) = x_1 \quad \forall x = (x_1, 0) \in M,$$
$$F_1(x) = x_1, \quad F_2(x) = x_1 + x_2 \quad \forall x = (x_1, x_2) \in \mathbb{R}^2.$$

Provare che $f \in M^*$, $F_1, F_2 \in (\mathbb{R}^2)^*$, $\|F_1\|_* = \|F_2\|_* = \|f\|_* = 1$, e $F_1\big|_M = F_2\big|_M = f$.

Indichiamo ora alcune conseguenze importanti del Teorema di Hahn–Banach.

Corollario 6.37. *Sia X uno spazio normato, M un sottospazio chiuso di X e $x_0 \notin M$. Allora esiste $F \in X^*$ tale che*

(a) $F(x_0) = 1$;
(b) $F(x) = 0$ *per ogni $x \in M$;*
(c) $\|F\|_* = 1/d_M(x_0)$, *dove $d_M(x_0)$ è la distanza[8] di x_0 da M.*

Dimostrazione. Sia $M_0 = M + \mathbb{R}x_0 = \{x + \lambda x_0 \,|\, x \in M, \, \lambda \in \mathbb{R}\}$. Si definisca $f : M_0 \to \mathbb{R}$,

$$f(x + \lambda x_0) = \lambda \quad \forall x \in M, \, \forall \lambda \in \mathbb{R}.$$

Allora $f(x_0) = 1$ e $f\big|_M = 0$. Inoltre, poiché

$$\|x + \lambda x_0\| = |\lambda| \left\|\frac{x}{\lambda} + x_0\right\| \geq |\lambda| d_M(x_0) \quad \forall x \in M, \, \forall \lambda \neq 0,$$

si ha che $\|f\|_* \leq 1/d_M(x_0)$. Sia $(x_n)_n \subset M$ una successione tale che

$$\|x_n - x_0\| < \left(1 + \frac{1}{n}\right) d_M(x_0) \quad \forall n \geq 1.$$

Allora

$$\|f\|_* \|x_n - x_0\| \geq f(x_0 - x_n) = 1 > \frac{n}{n+1} \frac{\|x_n - x_0\|}{d_M(x_0)} \quad \forall n \geq 1.$$

Pertanto $\|f\|_* = 1/d_M(x_0)$. L'esistenza di un'estensione $F \in X^*$ che verifica le proprietà (a), (b), (c) segue dal Teorema di Hahn–Banach.   □

---

[8] Si veda l'Appendice A.

Corollario 6.38. *Sia X uno spazio normato e $x_0 \in X \setminus \{0\}$. Allora esiste $F \in X^*$ tale che*

$$F(x_0) = \|x_0\| \quad e \quad \|F\|_* = 1.$$

Dimostrazione. Sia $M = \{0\}$ e, fissato $x_0 \neq 0$, sia $f \in X^*$ il funzionale costruito tramite il Corollario 6.37. Allora, osservato che $d_M(x_0) = \|x_0\|$, prendendo $F(x) = \|x_0\| f(x)$ si ottiene la tesi. $\square$

Esercizio 6.39. Siano $x_1, \ldots, x_n$ vettori linearmente indipendenti in uno spazio normato X e siano $\lambda_1, \ldots, \lambda_n$ numeri reali. Provare che esiste $f \in X^*$ tale che

$$f(x_i) = \lambda_i \quad \forall i = 1, \ldots, n.$$

Esercizio 6.40. Sia M un sottospazio di uno spazio normato X.

1. Provare che un punto $x \in X$ appartiene a $\overline{M}$ se e solo se $f(x) = 0$ per ogni $f \in X^*$ tale che $f\big|_M = 0$.

2. Provare che M è denso in X se e solo se l'unico funzionale $f \in X^*$ nullo su M è $f \equiv 0$.

Esercizio 6.41. Dato X uno spazio normato, provare che X^* separa i punti di X, ossia, per ogni $x_1, x_2 \in X$ con $x_1 \neq x_2$ esiste $f \in X^*$ tale che $f(x_1) \neq f(x_2)$.

Esercizio 6.42. Dato X uno spazio normato e $x \in X$, provare che

$$\|x\| = \max \big\{ f(x) \mid f \in X^*, \, \|f\|_* \leq 1 \big\}.$$

6.3.2 Separazione di insiemi convessi

Il Teorema di Hahn–Banach ha significative applicazioni geometriche. Cominciamo con l'estendere la nostra analisi agli spazi vettoriali.

Definizione 6.43. *Si chiama* funzionale sublineare *su uno spazio vettoriale X una funzione $p : X \to \mathbb{R}$ tale che*

(a) $p(\lambda x) = \lambda p(x)$ *per ogni $x \in X$ e $\lambda > 0$;*
(b) $p(x + y) \leq p(x) + p(y)$ *per ogni $x, y \in X$.*

Il Teorema di Hahn–Banach si può così generalizzare.

Teorema 6.44 (Hahn–Banach: seconda forma analitica). *Sia p un funzionale sublineare su uno spazio vettoriale X e sia M un sottospazio di X. Se $f : M \to \mathbb{R}$ è un funzionale lineare tale che*

$$f(x) \leq p(x) \quad \forall x \in M, \tag{6.16}$$

allora esiste un funzionale lineare $F : X \to \mathbb{R}$ tale che

$$\begin{cases} F\big|_M = f, \\ F(x) \leq p(x) \quad \forall x \in M. \end{cases} \tag{6.17}$$

Ometteremo la dimostrazione, invitando il lettore a verificare che la dimostrazione del Teorema 6.33 si può facilmente adattare al nuovo contesto.

Teorema 6.45 (Hahn–Banach: prima forma geometrica). *Siano A, B insiemi convessi, disgiunti e non vuoti di uno spazio normato X. Se A è aperto, allora esiste un funzionale $f \in X^*$ e un numero reale α tale che*

$$f(x) < \alpha \leq f(y) \qquad \forall x \in A \ \forall y \in B. \tag{6.18}$$

Osservazione 6.46. Si osservi che la (6.18) implica, in particolare, $f \neq 0$. Dato un funzionale $f \in X^* \setminus \{0\}$, per ogni $\alpha \in \mathbb{R}$ l'insieme

$$\Pi_\alpha := f^{-1}(\alpha) = \{x \in X \mid f(x) = \alpha\} \tag{6.19}$$

è un iperpiano chiuso in X (si veda la Definizione 5.45). Infatti, essendo f continuo, allora Π_α è un insieme chiuso. Per provare che Π_α è un iperpiano, sia $y_0 \in X$ tale che $f(y_0) = 1$. Allora, per ogni $x \in X$, si ha

$$x = \underbrace{x - f(x)y_0}_{\in \ker f} + f(x)y_0 \, .$$

Pertanto $X = \ker f + \mathbb{R}y_0$, da cui si deduce che $\ker f$ ha codimensione 1. Ne segue che $\Pi_\alpha = \ker f + \alpha y_0$ è un iperpiano chiuso in X. Pertanto la conclusione del Teorema 6.45 si può riformulare dicendo che A e B si possono separare 'in senso largo' mediante un iperpiano chiuso.

La dimostrazione del Teorema 6.45 si basa sui due lemmi seguenti.

Lemma 6.47. *Sia C un aperto convesso di uno spazio normato X tale che $0 \in C$. Allora*

$$p_C(x) := \inf\{\tau > 0 \mid x \in \tau C\} \qquad \forall x \in X \tag{6.20}$$

è un funzionale sublineare su X chiamato funzionale di Minkowski o gauge di C. Inoltre

(i) *$\exists c > 0$ tale che $0 \leq p_C(x) \leq c\|x\|$ per ogni $x \in X$;*
(ii) *$C = \{x \in X \mid p_C(x) < 1\}$.*

Dimostrazione. Si osservi anzitutto che C contiene una sfera B_R.

1. Iniziamo con il provare la (i). Per ogni $\varepsilon > 0$ e $x \in X$ si ha

$$\frac{Rx}{\|x\| + \varepsilon} \in B_R \subset C,$$

da cui, per l'arbitrarietà di ε, segue $0 \leq p_C(x) \leq \|x\|/R$.

2. Procediamo con il mostrare che p_C è un funzionale sublineare. Si fissino $\lambda > 0$, $x \in X$ e $\varepsilon > 0$. Sia $0 < \tau_\varepsilon < p_C(x) + \varepsilon$ tale che $x \in \tau_\varepsilon C$. Allora $\lambda x \in \lambda \tau_\varepsilon C$. Pertanto $p_C(\lambda x) \leq \lambda \tau_\varepsilon < \lambda(p_C(x) + \varepsilon)$. Per l'arbitrarietà di ε si conclude che

$$p_C(\lambda x) \leq \lambda p_C(x) \qquad \forall \lambda > 0, \ \forall x \in X. \tag{6.21}$$

Per ottenere la disuguaglianza inversa, si osservi che, grazie alla (6.21),

$$p_C(x) = p_C\left(\frac{1}{\lambda} \lambda x\right) \leq \frac{1}{\lambda} p_C(\lambda x).$$

Infine, verifichiamo che p_C soddisfa la proprietà (b) della Definitione 6.43. Si fissino $x, y \in X$ e $\varepsilon > 0$. Siano $0 < \tau_\varepsilon < p_C(x) + \varepsilon$ e $0 < \sigma_\varepsilon < p_C(y) + \varepsilon$ tali che $x \in \tau_\varepsilon C$ e $y \in \sigma_\varepsilon C$. Allora $x = \tau_\varepsilon x_\varepsilon$ e $y = \sigma_\varepsilon y_\varepsilon$ per opportuni punti $x_\varepsilon, y_\varepsilon \in C$. Essendo C convesso, si deduce che

$$x + y = \tau_\varepsilon x_\varepsilon + \sigma_\varepsilon y_\varepsilon = (\tau_\varepsilon + \sigma_\varepsilon)\underbrace{\left(\frac{\tau_\varepsilon}{\tau_\varepsilon + \sigma_\varepsilon} x_\varepsilon + \frac{\sigma_\varepsilon}{\tau_\varepsilon + \sigma_\varepsilon} y_\varepsilon\right)}_{\in C}.$$

Pertanto,

$$p_C(x + y) \leq \tau_\varepsilon + \sigma_\varepsilon < p_C(x) + p_C(y) + 2\varepsilon \qquad \forall \varepsilon > 0,$$

da cui segue che $p_C(x + y) \leq p_C(x) + p_C(y)$.

3. Si ponga $\widetilde{C} = \{x \in X \mid p_C(x) < 1\}$. Poiché C è convesso e $0 \in C$, si ha che $\tau C \subset C$ per ogni $\tau \in [0, 1]$, e quindi $\widetilde{C} \subset C$. Viceversa, essendo C aperto, ogni punto $x \in C$ appartiene a un'opportuna sfera $\overline{B}_r(x) \subset C$. Pertanto, se $x \neq 0$, $(1 + \|x\|^{-1}r)x \in C$ e dunque $p_C(x) \leq 1/(1 + \|x\|^{-1}r) < 1$.

Il lemma è così completamente dimostrato. $\qquad\qquad\qquad\qquad\qquad$ $\square$

Lemma 6.48. *Sia $C \neq \varnothing$ un aperto convesso in uno spazio normato X e sia $x_0 \in X \setminus C$. Allora esiste un funzionale $f \in X^*$ tale che*

$$f(x) < f(x_0) \qquad \forall x \in C.$$

Dimostrazione. A meno di traslazioni, si può assumere che $0 \in C$. Si definisca $M := \mathbb{R}x_0 = \{\lambda x_0 \mid \lambda \in \mathbb{R}\}$ e $g : M \to \mathbb{R}$ come

$$g(\lambda x_0) = \lambda p_C(x_0) \qquad \forall \lambda \in \mathbb{R},$$

dove p_C è il funzionale di Minkowski di C. Si osservi che g verifica la condizione (6.16) rispetto al funzionale sublineare p_C: per ogni $x = \lambda x_0 \in M$ la disuguaglianza

$$g(x) = \lambda p_C(x_0) \leq p_C(x),$$

ovvia se $\lambda \leq 0$, segue dalla proprietà (a) della Definitione 6.43 se $\lambda > 0$. Il Teorema 6.44 assicura allora l'esistenza di un'estensione lineare di g, che chiameremo f, tale che $f(x) \leq p_C(x)$ per ogni $x \in X$. Inoltre, per la proprietà (i) del Lemma 6.47,

$$f(x) \leq c\|x\| \quad \text{e} \quad f(-x) \leq c\|x\| \qquad \forall x \in X,$$

quindi $f \in X^*$. Infine, ancora grazie al Lemma 6.47,

$$f(x) \leq p_C(x) < 1 \leq p_C(x_0) = g(x_0) = f(x_0) \qquad \forall x \in C,$$

e ciò conclude la dimostrazione. $\qquad\qquad\qquad\qquad\qquad\qquad\qquad\qquad$ □

Dimostrazione del Teorema 6.45. Una semplice verifica mostra che

$$C := A - B = \{x - y \mid x \in A, \, y \in B\}$$

è un insieme convesso, aperto e non vuoto in X tale che $0 \notin C$. Allora, per il Lemma 6.48 esiste un funzionale lineare $f \in X^*$ tale che $f(z) < 0 = f(0)$ per ogni $z \in C$, ossia $f(x) < f(y)$ per ogni $x \in A$ e $y \in B$. Quindi

$$\alpha := \sup_{x \in A} f(x) \leq f(y) \qquad \forall y \in B.$$

Mostriamo che $f(x) < \alpha$ per ogni $x \in A$ ragionando per assurdo: supponiamo che esista $x_0 \in A$ tale che $f(x_0) = \alpha$. Allora, l'aperto A dovrà contenere una sfera chiusa $\overline{B}_r(x_0)$ per un opportuno $r > 0$. Pertanto,

$$f(x_0 + rx) \leq \alpha \qquad \forall x \in \overline{B}_1.$$

Scelto ora $x_1 \in \overline{B}_1$ che verifichi $f(x_1) > \|f\|_*/2$, si ottiene la contraddizione

$$f(x_0 + rx_1) = f(x_0) + rf(x_1) > \alpha + \frac{r\|f\|_*}{2},$$

da cui segue la tesi. $\qquad\qquad\qquad\qquad\qquad\qquad\qquad\qquad\qquad\qquad$ □

Il prossimo risultato riguarda la possibilità di separare 'in senso stretto' due insiemi convessi e generalizza agli spazi di Banach l'analoga Proposizione 5.46 per gli spazi di Hilbert.

Teorema 6.49 (Hahn–Banach: seconda forma geometrica). *Siano C e K insiemi convessi, disgiunti e non vuoti in uno spazio normato X. Se C è chiuso e K è compatto, allora esiste un funzionale $f \in X^*$ tale che*

$$\sup_{x \in C} f(x) < \inf_{y \in K} f(y). \tag{6.22}$$

Dimostrazione. Si denoti con d_C la funzione distanza da C. Essendo C chiuso e K compatto, la continuità della funzione d_C implica che

$$\delta := \min_{y \in K} d_C(y) > 0. \tag{6.23}$$

Si ponga ora

$$C_\delta := C + B_{\delta/2} = \{x + z \mid x \in C,\, z \in B_{\delta/2}\},$$

$$K_\delta := K + B_{\delta/2} = \{y + z \mid y \in K,\, z \in B_{\delta/2}\}.$$

Si verifica facilmente che C_δ e K_δ sono insiemi convessi, aperti e non vuoti. Essi sono anche disgiunti poiché, se fosse $x + z = y + w$ per qualche scelta di punti $x \in C, y \in K$ e $z, w \in B_{\delta/2}$, allora si avrebbe che

$$d_C(y) \leq \|x - y\| = \|w - z\| < \delta\,,$$

in contrasto con (6.23). Per il Teorema 6.45, esistono allora $f \in X^*$ e $\alpha \in \mathbb{R}$ tali che

$$f\left(x + \frac{\delta}{2}\, z\right) < \alpha \leq f\left(y + \frac{\delta}{2}\, w\right) \qquad \forall x \in C,\, \forall y \in K,\, \forall z, w \in B_1.$$

Sia $z \in B_1$ tale che[9] $f(z) > \|f\|_*/2$. Allora

$$f(x) + \frac{\delta\|f\|_*}{4} < f\left(x + \frac{\delta}{2}\, z\right) \leq \alpha \leq f\left(y - \frac{\delta}{2}\, z\right) < f(y) - \frac{\delta\|f\|_*}{4}$$

per ogni $x \in C$ e $y \in K$. Ne segue la tesi.   □

Corollario 6.50. *Sia $C \neq \varnothing$ un convesso chiuso in uno spazio normato X, e sia $x_0 \in X \setminus C$. Allora esiste un funzionale $f \in X^*$ tale che*

$$\sup_{x \in C} f(x) < f(x_0)\,.$$

Esercizio 6.51. Sia C un aperto convesso in uno spazio normato X tale che $0 \in C$, e sia $p_C(\cdot)$ il suo funzionale di Minkowski.

1. Provare che, se C non contiene semirette della forma

   $$\mathbb{R}_+ x_0 = \{\lambda x_0 \mid \lambda > 0\} \qquad x_0 \in X \setminus \{0\},$$

   allora $p_C(x) \neq 0$ per ogni $x \neq 0$.
2. Far vedere con un esempio che, in generale, $p_C(\cdot)$ può annullarsi su vettori $x \neq 0$.
3. Provare che, se C è simmetrico rispetto a 0[10], allora $p_C(\cdot)$ è una seminorma[11] su X.
4. Dedurre che, se C è simmetrico rispetto a 0 e non contiene semirette della forma $\mathbb{R}_+ x_0$ con $x_0 \neq 0$, allora $p_C(\cdot)$ è una norma su X.
5. Se C è limitato, è chiaro che C non contiene semirette della forma $\mathbb{R}_+ x_0$ con $x_0 \neq 0$. Viceversa, si può affermare che, se C non contiene semirette della forma $\mathbb{R}_+ x_0$ con $x_0 \neq 0$, allora C è limitato?

---

[9] Si ricordi che $\|f\|_* > 0$ (cfr. Osservazione 6.46) e che $\|f\|_* = \sup_{\|x\|<1} |f(x)|$ per la (6.4).

[10] Cioè, $x \in C \Leftrightarrow -x \in C$.

[11] Cfr. sezione 6.1.

6.3.3 Il duale di ℓ^p

In questo paragrafo studieremo il duale degli spazi di Banach[12]

$$\ell^p = \left\{ \; x = (x_k)_k \; \Big| \; \|x\|_p^p := \sum_{k=1}^{\infty} |x_k|^p < \infty \; \right\} \qquad 1 \le p < \infty$$

e

$$c_0 = \left\{ \; x = (x_k)_k \; \Big| \; \lim_{k \to \infty} x_k = 0 \; \right\}.$$

Insieme allo spazio di Banach

$$\ell^\infty = \left\{ \; x = (x_k)_k \; \Big| \; \|x\|_\infty := \sup_{k \ge 1} |x_k| < \infty \; \right\}$$

questi spazi, di uso frequente in tutto il capitolo, forniscono alcuni degli esempi più semplici e significativi dei fenomeni nuovi che differenziano gli ambienti infinito-dimensionali da quelli euclidei.

Per $1 \le p \le \infty$, si denoti con p' l'esponente coniugato di p, ossia

$$\frac{1}{p} + \frac{1}{p'} = 1 \quad \text{con l'usuale convenzione} \quad \frac{1}{\infty} = 0.$$

A ogni $y = (y_k)_k \in \ell^{p'}$ si può associare l'applicazione lineare $f_y : \ell^p \to \mathbb{R}$ definita da

$$f_y(x) = \sum_{k=1}^{\infty} x_k y_k \qquad \forall x = (x_k)_k \in \ell^p.$$

Dalla disuguaglianza di Hölder e dall'Esercizio 3.26 segue che, per $1 \le p \le \infty$,

$$|f_y(x)| \le \|y\|_{p'} \|x\|_p \qquad \forall x \in \ell^p. \tag{6.24}$$

Quindi $f_y \in (\ell^p)^*$ e $\|f_y\|_* \le \|y\|_{p'}$. Pertanto, l'applicazione

$$\boxed{1 \le p < \infty} \qquad \begin{cases} j_p : \ell^{p'} \to (\ell^p)^* \\ j_p(y) = f_y \end{cases}$$

è un operatore lineare limitato tale che $\|j_p\| \le 1$. Inoltre, per $y \in \ell^1$, la (6.24) assicura che f_y è un funzionale lineare e continuo su ℓ^∞, e quindi anche su c_0 che di ℓ^∞ è un sottospazio chiuso. Nel seguito adotteremo questa convenzione, considerando $j_\infty(y) = f_y$ come operatore da ℓ^1 in $(c_0)^*$. Il risultato seguente contiene l'annunciata caratterizzazione degli spazi duali.

Proposizione 6.52. *Per $1 \le p \le \infty$, poniamo*

$$X_p = \begin{cases} \ell^p & se \quad 1 \le p < \infty, \\ c_0 & se \quad p = \infty. \end{cases}$$

Allora l'operatore $j_p : \ell^{p'} \to (X_p)^*$ è un isomorfismo isometrico[13].

---

[12] Vedi Esempio 6.6 e Esercizio 6.7.
[13] Si veda la nota 5 a pagina 133.

Proviamo dapprima il seguente lemma.

Lemma 6.53. *Sia $1 \leq p \leq \infty$ e siano $e_k \in X_p$ i vettori*

$$e_k = (\overbrace{0, \dots, 0}^{k-1}, 1, 0, \dots) \qquad k = 1, 2 \dots. \tag{6.25}$$

Allora, per ogni $x \in X_p$, si ha

$$\sum_{k=1}^{n} x_k e_k \xrightarrow{X_p} x \qquad (n \to \infty).$$

Dimostrazione. Per $1 \leq p < \infty$ si ha, per ogni $x = (x_k)_k \in \ell^p$,

$$\left\| x - \sum_{k=1}^{n} x_k e_k \right\|_p^p = \sum_{k=n+1}^{\infty} |x_k|^p \to 0 \quad (n \to \infty).$$

Analogamente, per ogni $x = (x_k)_k \in c_0$,

$$\left\| x - \sum_{k=1}^{n} x_k e_k \right\|_\infty = \max\{|x_k| \mid k > n\} \to 0 \quad (n \to \infty)$$

poiché $x_k \to 0$ per definizione. Ne segue la tesi. $\square$

Osservazione 6.54. Dal Lemma 6.53 segue che $\{\sum_{k=1}^{n} \lambda_k e_k \mid n \in \mathbb{N}, \lambda_k \in \mathbb{Q}\}$ è un insieme numerabile e denso in X_p per ogni $1 \leq p \leq \infty$. Di conseguenza, c_0 e ℓ^p, per $1 \leq p < \infty$, sono spazi separabili.

Osservazione 6.55. Si osservi che la conclusione del Lemma 6.53 è falsa per ℓ^∞: prendendo $x = (x_k)_k$ con $x_k = 1$ per ogni $n \in \mathbb{N}$, si ha

$$\left\| x - \sum_{k=1}^{n} x_k e_k \right\|_\infty = 1 \not\to 0.$$

Infatti è noto che ℓ^∞ non è separabile (si veda l'Esempio 3.27).

Dimostrazione della Proposizione 6.52. Si supponga dapprima $1 < p < \infty$, e quindi $1 < p' < \infty$. Fissato $f \in (\ell^p)^*$, si ponga

$$\begin{cases} y_k := f(e_k) & k \geq 1 \\ y := (y_k)_k, \end{cases} \tag{6.26}$$

dove e_k è definito nella (6.25). È sufficiente mostrare che

$$\boxed{y \in \ell^{p'}} \qquad \boxed{\|y\|_{p'} \leq \|f\|_*} \qquad \boxed{f = f_y} \tag{6.27}$$

A questo scopo osserviamo che, posto[14]

$$z^{(n)} = \sum_{k=1}^{n} |y_k|^{p'-2} y_k e_k \qquad \forall n \geq 1,$$

si ha che $z^{(n)} \in \ell^p$, poiché tutte le sue componenti sono nulle eccetto un numero finito, e

$$\sum_{k=1}^{n} |y_k|^{p'} = f(z^{(n)}) \leq \|f\|_* \|z^{(n)}\|_p = \|f\|_* \left(\sum_{k=1}^{n} |y_k|^{p'} \right)^{1/p}.$$

Ne segue che

$$\left(\sum_{k=1}^{n} |y_k|^{p'} \right)^{1/p'} \leq \|f\|_* \qquad \forall n \geq 1,$$

il che dimostra le prime due affermazioni nella (6.27). Per ottenere la terza, fissato $x = (x_k)_k \in \ell^p$, si ponga

$$x^{(n)} := \sum_{k=1}^{n} x_k e_k$$

e si osservi che

$$f(x^{(n)}) = \sum_{k=1}^{n} x_k f(e_k) = \sum_{k=1}^{n} x_k y_k.$$

Poiché $x^{(n)} \to x$ in ℓ^p grazie al Lemma 6.53, per la continuità di f si ha che $f(x^{(n)}) \to f(x)$; d'altra parte la serie $\sum_{k=1}^{\infty} x_k y_k$ converge a $f_y(x)$, da cui, per l'unicità del limite, si conclude che $f = f_y$. Resta così dimostrato il caso $1 < p < \infty$. Per i casi $p = 1$ e $p = \infty$ si rimanda all'Esercizio 6.56. □

Esercizio 6.56. 1. Provare la Proposizione 6.52 per $p = 1$.

Suggerimento. Si definisca y come nella (6.26); la disuguaglianza $\|y\|_\infty \leq \|f\|_*$ è immediata. Per provare che $f = f_y$ si proceda come nel caso $1 < p < \infty$.

2. Provare la Proposizione 6.52 per $p = \infty$.

Suggerimento. Si definisca y come nella (6.26) e si ponga

$$z^{(n)} = (z_k^{(n)})_k, \quad z_k^{(n)} = \begin{cases} \frac{y_k}{|y_k|} & \text{se} \quad k \leq n \quad \text{e} \quad y_k \neq 0, \\ 0 & \text{se} \quad y_k = 0 \quad \text{o} \quad k > n. \end{cases}$$

Allora $\|z^{(n)}\|_\infty \leq 1$ e $\sum_{k=1}^{n} |y_k| = f(z^{(n)}) \leq \|f\|_*$, da cui segue $y \in \ell^1$ e $\|y\|_1 \leq \|f\|_*$. Per provare che $f = f_y$ si proceda come nel caso $1 < p < \infty$.

---

[14] Si osservi che $|y_k|^{p'-2} y_k = 0$ se $y_k = 0$ essendo $p' > 1$.

Sia $(X, \mathscr{E}, \mu)$ uno spazio di misura e sia $1 \le p \le \infty$. È naturale chiedersi se l'analisi precedente del duale di ℓ^p può generalizzarsi al caso $L^p(X, \mu)$. Per ogni $g \in L^{p'}(X, \mu)$ definiamo il funzionale lineare $F_g : L^p(X, \mu) \to \mathbb{R}$

$$F_g(f) = \int_X fg \, d\mu \qquad \forall f \in L^p(X, \mu).$$

Dalla disuguaglianza di Hölder e dall'Esercizio 3.26 segue che

$$|F_g(f)| \le \|g\|_{p'} \|f\|_p \qquad \forall f \in L^p(X, \mu).$$

Quindi $F_g \in (L^p(X, \mu))^*$ e $\|F_g\|_* \le \|g\|_{p'}$. Resta così definito l'operatore lineare limitato

$$\begin{cases} L^{p'}(X, \mu) \to (L^p(X, \mu))^*, \\ g \mapsto F_g. \end{cases} \tag{6.28}$$

Proposizione 6.57. *Sia $(X, \mathscr{E}, \mu)$ uno spazio di misura. Se vale l'ipotesi*

$$1 < p < \infty \quad \text{oppure} \quad p = 1 \,\&\, \mu \,\sigma\text{-finita}, \tag{6.29}$$

allora l'operatore lineare limitato (6.28) è un isomorfismo isometrico.

Per la dimostrazione si rimanda al Capitolo 8 (paragrafo 8.4).

La Proposizione 6.57 mostra che, nell'ipotesi (6.29), ogni funzionale lineare limitato su $L^p(X, \mu)$ si rappresenta come un integrale mediante una funzione di $L^{p'}(X, \mu)$. L'isomorfismo isometrico (6.28) permette di identificare il duale di $L^p(X, \mu)$ con $L^{p'}(X, \mu)$. Nel seguito faremo sistematicamente le identificazioni

$$(L^p(X, \mu))^* = L^{p'}(X, \mu) \quad \text{se } 1 < p < \infty, \tag{6.30}$$

$$(L^1(X, \mu))^* = L^\infty(X, \mu) \quad \text{se } \mu \text{ è } \sigma\text{-finita}. \tag{6.31}$$

Nel caso particolare $X = \mathbb{N}$ con la misura $\mu = \mu^\#$ che conta, la Proposizione 6.52 consente di identificare gli spazi

$$(\ell^p)^* = \ell^{p'} \quad \text{se } 1 \le p < \infty, \qquad (c_0)^* = \ell^1. \tag{6.32}$$

Osservazione 6.58. Per $p = \infty$ l'operatore (6.28) non è surgettivo, in generale. Per esempio, si consideri $L^\infty(-1, 1)$. Tra i funzionali di $(L^\infty(-1, 1))^*$ c'è il prolungamento—fornito dal Teorema di Hahn-Banach—della delta di Dirac nell'origine, che è un funzionale lineare continuo su $\mathscr{C}([-1, 1])$:

$$\delta_0(f) = f(0) \quad \forall f \in \mathscr{C}([-1, 1]).$$

Chiamiamo T questo prolungamento. Si supponga per assurdo che esista una funzione $g \in L^1(-1, 1)$ tale che

$$T(f) = \int_{-1}^{1} fg\,dx \quad \forall f \in L^{\infty}(-1,1).$$

Si ponga

$$f_n(t) = e^{-nt^2}, \quad t \in [-1,1].$$

Una banale applicazione del Teorema della Convergenza Dominata mostra che

$$\int_{-1}^{1} f_n g\,dx \to 0 \quad \forall g \in L^1(-1,1);$$

d'altra parte $T(f_n) = f_n(0) = 1$, da cui segue l'assurdo. Per approfondire questi aspetti riguardanti il duale di $L^{\infty}(a,b)$ si veda [Yo65].

6.4 Convergenza debole e riflessività

Dato X uno spazio normato, nel seguito utilizzeremo la notazione

$$\langle f, x \rangle := f(x) \quad \forall f \in X^*, \forall x \in X.$$

Definizione 6.59. *Dato X uno spazio normato, lo spazio $X^{**} = (X^*)^*$ si chiama* biduale *di X.*

Sia $J_X : X \to X^{**}$ l'operatore lineare così definito

$$\langle J_X(x), f \rangle := \langle f, x \rangle \qquad \forall x \in X, \forall f \in X^*. \tag{6.33}$$

Allora $|\langle J_X(x), f \rangle| \leq \|f\|_* \|x\|$ per definizione. Pertanto $\|J_X(x)\|_* \leq \|x\|$. Inoltre, per il Corollario 6.38, per ogni $x \in X$ esiste un funzionale $f_x \in X^*$ tale che $f_x(x) = \|x\|$ e $\|f_x\|_* = 1$. Quindi $\|x\| = |\langle J_X(x), f_x \rangle| \leq \|J_X(x)\|_*$. Ne segue che $\|J_X(x)\|_* = \|x\|$ per ogni $x \in X$, ossia J_X è un'*isometria lineare*.

6.4.1 Spazi riflessivi

Poiché J_X è un operatore lineare, allora $J_X(X)$ è un sottospazio di X^{**}. È utile considerare il caso in cui tale sottospazio coincide con il biduale.

Definizione 6.60. *Uno spazio normato X si dice* riflessivo *se l'operatore lineare $J_X : X \to X^{**}$ definito dalla (6.33) è surgettivo.*

Ricordando che J_X è un'isometria lineare, si deduce che ogni spazio riflessivo X è isometricamente isomorfo[15] al suo biduale X^{**}. Poiché X^{**} è completo, come ogni spazio duale (Proposizione 6.12), ne segue che uno spazio riflessivo deve necessariamente essere completo.

---

[15] Si veda la nota 5 a pagina 133.

Esempio 6.61. 1. Se H è uno spazio di Hilbert, allora l'isomorfismo di Riesz permette di identificare H con H^*. Inoltre, H^* è uno spazio di Hilbert: infatti la norma duale $\|\cdot\|_*$ è associata al prodotto scalare

$$\langle f, g \rangle = \langle y_f, y_g \rangle \quad \forall f, g \in H^*, \tag{6.34}$$

dove y_f, y_g sono i vettori in H associati a f e g rispettivamente nella rappresentazione di Riesz. In quanto spazio di Hilbert, H^* si può identificare con H^{**}. Pertanto, H è riflessivo.

2. Sia $1 < p < \infty$. Allora, per la (6.32), $(\ell^p)^*$ si identifica con $\ell^{p'}$, dove p' è l'esponente coniugato di p. Essendo $1 < p' < \infty$, allora $(\ell^{p'})^* = \ell^p$. Ne segue che ℓ^p è riflessivo.

3. Sia $(X, \mathscr{E}, \mu)$ uno spazio di misura e sia $1 < p < \infty$. Allora, per la (6.30), si ha $(L^p(X, \mu))^* = L^{p'}(X, \mu)$ dove p' è l'esponente coniugato di p. Allora, procedendo come per gli spazi ℓ^p, si deduce che $L^p(X, \mu)$ è riflessivo.

Teorema 6.62. *Sia X uno spazio normato. Allora valgono le seguenti affermazioni:*

(a) *se X^* è separabile, allora X è separabile.*
(b) *se X è completo e X^* è riflessivo, allora X è riflessivo.*

Dimostrazione. (a) Sia $(f_n)_n$ una successione densa in X^*. Esiste una successione $(x_n)_n$ in X tale che

$$\|x_n\| = 1 \quad \text{e} \quad |\langle f_n, x_n \rangle| \geq \frac{\|f_n\|_*}{2} \quad \forall n \geq 1.$$

Sia M il sottospazio chiuso generato da $(x_n)_n$, ossia la chiusura dell'insieme formato da tutte le combinazioni lineari finite degli x_n. Per costruzione, M è separabile (le combinazioni lineari finite degli x_n con coefficienti razionali sono un insieme numerabile e denso in M). Asseriamo che $M = X$. Infatti, si supponga che esista $x_0 \in X \setminus M$. Allora, applicando il Corollario 6.37, si può trovare un funzionale $f \in X^*$ tale che

$$\langle f, x_0 \rangle = 1, \quad f_{|M} = 0, \quad \|f\|_* = \frac{1}{d_M(x_0)}.$$

Pertanto

$$\frac{\|f_n\|_*}{2} \leq |\langle f_n, x_n \rangle| = |\langle f_n - f, x_n \rangle| \leq \|f_n - f\|_*,$$

da cui segue

$$\frac{1}{d_M(x_0)} = \|f\|_* \leq \|f - f_n\|_* + \|f_n\|_* \leq 3\|f - f_n\|_*,$$

in contraddizione con l'ipotesi che $(f_n)_n$ è densa in X^*.

(b) Si osservi che l'operatore lineare $x \in X \mapsto J_X(x) \in J_X(X)$ è un isomorfismo isometrico di X su $J_X(X)$. Pertanto, se X è uno spazio di Banach, allora $J_X(X)$ è uno spazio di Banach e, di conseguenza, è un sottospazio chiuso di X^{**}. Si supponga che esista $\phi_0 \in X^{**} \setminus J_X(X)$. Allora, per il Corollario 6.37 applicato al biduale, esiste un funzionale lineare limitato su X^{**} che vale 1 in ϕ_0 e 0 su $J_X(X)$. Essendo X^* riflessivo, tale funzionale apparterrà a $J_{X^*}(X^*)$. Quindi esisterà $f \in X^*$ tale che

$$\langle \phi_0, f \rangle = 1 \quad \text{e} \quad 0 = \langle J_X(x), f \rangle = \langle f, x \rangle \qquad \forall x \in X,$$

da cui segue l'assurdo.

$\square$

Osservazione 6.63. È noto che gli spazi ℓ^∞ e $L^\infty(a,b)$ non sono separabili (si veda l'Esempio 3.27), mentre ℓ^1 e $L^1(a,b)$ sono separabili (per la Proposizione 3.47 e l'Osservazione 6.54). Grazie al punto (a) del Teorema 6.62, si deduce che $(\ell^\infty)^*$ e $(L^\infty(a,b))^*$ non sono separabili. Pertanto $(\ell^1)^{**} = (\ell^\infty)^*$ non può essere isomorfo a ℓ^1 e $(L^1(a,b))^{**} = (L^\infty(a,b))^*$ non può essere isomorfo a $L^1(a,b)$. Quindi ℓ^1 e $L^1(a,b)$ non sono riflessivi. Ne segue che anche ℓ^∞ e $L^\infty(a,b)$ non sono riflessivi, altrimenti ℓ^1 e $L^1(a,b)$ risulterebbero riflessivi per il punto (b) del Teorema 6.62.

Osservazione 6.64. Il risultato del punto (b) del Teorema 6.62 è un'equivalenza poiché l'implicazione

$$X \text{ riflessivo} \implies X^* \text{ riflessivo}$$

è banale. Al contrario, l'implicazione del punto (a) non si può invertire. Infatti, ℓ^1 è separabile mentre $(\ell^1)^*$, essendo isomorfo a ℓ^∞, non è separabile.

Corollario 6.65. *Uno spazio di Banach X è riflessivo e separabile se e solo se X^* è riflessivo e separabile.*

Dimostrazione. L'unica parte della tesi che necessita di una giustificazione è il fatto che, se X è riflessivo e separabile, allora X^* è separabile. Ma questo si verifica facilmente osservando che X^{**} è separabile in quanto isomorfo a X. Quindi, per il Teorema 6.62(a), X^* è separabile. $\square$

Concludiamo questo paragrafo con il seguente risultato sulla riflessività dei sottospazi.

Proposizione 6.66. *Sia M un sottospazio chiuso di uno spazio di Banach riflessivo X. Allora M è riflessivo.*

Dimostrazione. Sia $\phi \in M^{**}$. Si definisca il funzionale $\overline{\phi}$ su X^* ponendo

$$\langle \overline{\phi}, f \rangle = \langle \phi, f_{|M} \rangle \qquad \forall f \in X^*.$$

Poiché $\overline{\phi} \in X^{**}$, per ipotesi si ha che $\overline{\phi} = J_X(\overline{x})$ per un opportuno $\overline{x} \in X$. Dividiamo in due passi il resto della dimostrazione.

1. Asseriamo che $\overline{x} \in M$. Infatti, se $\overline{x} \in X \setminus M$, allora per il Corollario 6.37 esiste $\overline{f} \in X^*$ tale che

$$\langle \overline{f}, \overline{x} \rangle = 1 \quad \text{e} \quad \overline{f}_{\big|M} = 0.$$

Ma questo contraddice il fatto che

$$1 = \langle \overline{\phi}, \overline{f} \rangle = \langle \phi, \overline{f}_{\big|M} \rangle = 0.$$

2. Asseriamo che $\phi = J_M(\overline{x})$. Infatti, per ogni $f \in M^*$, sia $\widetilde{f} \in X^*$ un'estensione di f a X fornita dal Teorema di Hahn–Banach. Allora

$$\langle \phi, f \rangle = \langle \overline{\phi}, \widetilde{f} \rangle = \langle \widetilde{f}, \overline{x} \rangle = \langle f, \overline{x} \rangle \qquad \forall f \in M^*.$$

Quindi J_M è surgettiva e M è riflessivo. $\square$

6.4.2 Convergenza debole e proprietà di Bolzano–Weierstrass

È noto che gli insiemi chiusi e limitati sono compatti negli spazi normati di dimensione finita. Tale proprietà è spesso indicata con il nome di *proprietà di Bolzano-Weierstrass*. Uno dei più sorprendenti fenomeni che accadono in dimensione infinita è che la proprietà di Bolzano–Weierstrass non è più vera (si veda l'Appendice C).

Per rimpiazzare la proprietà di Bolzano–Weierstrass negli spazi normati di dimensione infinita è utile introdurre una nozione più debole di convergenza in aggiunta alla convergenza naturale associata alla norma.

Definizione 6.67. *Sia X uno spazio normato. Una successione $(x_n)_n \subset X$ si dice* debolmente convergente *a un punto $x \in X$ se*

$$\lim_{n \to \infty} \langle f, x_n \rangle = \langle f, x \rangle \qquad \forall f \in X^*.$$

In tal caso scriveremo $x_n \xrightarrow{X} x$, o semplicemente $x_n \rightharpoonup x$.

Esempio 6.68. Nel caso di spazi di Hilbert o di spazi $L^p(X, \mu)$ abbiamo visto come degli isomorfismi isometrici permettono di identificare lo spazio astratto X^*, e quindi di rappresentare 'concretamente' i funzionali lineari continui. Allora la nozione di convergenza debole si può così riformulare:

- Sia H uno spazio di Hilbert con prodotto scalare $\langle \cdot, \cdot \rangle$ e siano $(x_n)_n \subset H$, $x \in H$. Allora

$$x_n \rightharpoonup x \iff \langle x, y \rangle \to \langle x, y \rangle \quad \forall y \in H.$$

- Per $1 \leq p \leq \infty$ si ponga

$$X_p = \begin{cases} \ell^p & \text{se} \quad 1 \leq p < \infty, \\ c_0 & \text{se} \quad p = \infty. \end{cases}$$

Siano $x^{(n)}$, $x \in X_p$, $n = 1, 2, \ldots$. Allora, posto $x^{(n)} = (x_k^{(n)})_k$ e $x = (x_k)_k$, risulta

$$x^{(n)} \rightharpoonup x \iff \sum_{k=1}^{\infty} x_k^{(n)} y_k \to \sum_{k=1}^{\infty} x_k y_k \quad \forall y = (y_k)_k \in \ell^{p'},$$

essendo p' l'esponente coniugato di p.

- Dato uno spazio di misura σ–finita $(X, \mathscr{E}, \mu)$ e $1 \leq p < \infty$, si considerino funzioni $(f_n)_n \subset L^p(X, \mu)$ e $f \in L^p(X, \mu)$. Allora

$$f_n \rightharpoonup f \iff \int_X fg \, d\mu \to \int_X fg \, d\mu \quad \forall g \in L^{p'}(X, \mu),$$

essendo p' l'esponente coniugato di p.

Se una successione $(x_n)_n$ converge in norma a x, ossia $x_n \to x$, si dice anche che $(x_n)_n$ *converge fortemente* a x. Essendo $|\langle f, x_n \rangle - \langle f, x \rangle| \leq \|f\|_* \|x_n - x\|$, è evidente che

$$x_n \to x \implies x_n \rightharpoonup x.$$

Il viceversa non è vero in generale, come mostra il prossimo esempio.

Esempio 6.69. Sia $(e_n)_n$ una successione ortonormale in uno spazio di Hilbert H infinito–dimensionale. Allora, per la disuguaglianza di Bessel, $\langle x, e_n \rangle \to 0$ per $n \to \infty$ per ogni $x \in H$. Pertanto, ricordando l'Esempio 6.68, $e_n \rightharpoonup 0$ per $n \to \infty$. D'altra parte $\|e_n\| = 1$ per ogni n. Quindi $(e_n)_n$ non converge fortemente a 0.

Proposizione 6.70. *Siano $(x_n)_n$, $(y_n)_n$ successioni in uno spazio normato X e siano $x, y \in X$.*

(a) *Se $x_n \rightharpoonup x$ e $x_n \rightharpoonup y$, allora $x = y$.*

(b) *Se $x_n \rightharpoonup x$ e $y_n \rightharpoonup y$, allora $x_n + y_n \rightharpoonup x + y$.*

(c) *Se $x_n \rightharpoonup x$, $(\lambda_n)_n \subset \mathbb{R}$, e $\lambda_n \to \lambda \in \mathbb{R}$, allora $\lambda_n x_n \rightharpoonup \lambda x$.*

(d) *Se $x_n \overset{X}{\rightharpoonup} x$ e $\Lambda \in \mathscr{L}(X, Y)$, allora $\Lambda x_n \overset{Y}{\rightharpoonup} \Lambda x$.*

(e) *Se $x_n \rightharpoonup x$, allora $(x_n)_n$ è limitata.*

(f) *Se $x_n \rightharpoonup x$, allora $\|x\| \leq \liminf_{n \to \infty} \|x_n\|$.*

Dimostrazione. (a) Per ipotesi si ha $\langle f, x - y \rangle = 0$ per ogni $f \in X^*$. Allora la conclusione segue dall'Esercizio 6.41.

(b) Per ogni $f \in X^*$ risulta $\langle f, x_n \rangle \to \langle f, x \rangle$ e $\langle f, y_n \rangle \to \langle f, y \rangle$, e dunque $\langle f, x_n + y_n \rangle = \langle f, x_n \rangle + \langle f, y_n \rangle \to \langle f, x_n \rangle + \langle f, y_n \rangle = \langle f, x + y \rangle$.

(c) Essendo $(\lambda_n)_n$ limitata, diciamo $|\lambda_n| \le C$, per ogni $f \in X^*$ risulta

$$|\lambda_n \langle f, x_n \rangle - \lambda \langle f, x \rangle| \le \underbrace{|\lambda_n|}_{\le C} \underbrace{|\langle f, x_n - x \rangle|}_{\to 0} + \underbrace{|\lambda_n - \lambda|}_{\to 0} |\langle f, x \rangle|.$$

(d) Sia $g \in Y^*$. Allora $\langle g, \Lambda x_n \rangle = \langle g \circ \Lambda, x_n \rangle \to 0$ essendo $g \circ \Lambda \in X^*$.

(e) Si consideri la successione $(J_X(x_n))_n$ in X^{**}. Poiché

$$\langle J_X(x_n), f \rangle = \langle f, x_n \rangle \to \langle f, x \rangle \qquad \forall f \in X^*,$$

si ha $\sup_n |\langle J_X(x_n), f \rangle| < \infty$ per ogni $f \in X^*$. Pertanto il Teorema di Banach–Steinhaus implica

$$\sup_{n \ge 1} \|x_n\| = \sup_{n \ge 1} \|J_X(x_n)\|_* < \infty.$$

(f) Sia $f \in X^*$ tale che $\|f\|_* \le 1$. Allora

$$\underbrace{|\langle f, x_n \rangle|}_{\to |\langle f, x \rangle|} \le \|x_n\| \quad \implies \quad |\langle f, x \rangle| \le \liminf_{n \to \infty} \|x_n\|.$$

La conclusione segue dall'Esercizio 6.42.
Tutti i punti della tesi sono così provati.   □

Esercizio 6.71. Sia $f_n : \mathbb{R} \to \mathbb{R}$ la successione così definita

$$f_n(x) = \begin{cases} \dfrac{1}{2^n} & \text{se } x \in [2^n, 2^{n+1}], \\[2mm] 0 & \text{altrimenti.} \end{cases}$$

Provare che

- $f_n \to 0$ in $L^p(\mathbb{R})$ per ogni $1 < p \le \infty$;
- $(f_n)_n$ non è debolmente convergente in $L^1(\mathbb{R})$.

  Suggerimento. Si consideri $g := \sum_{n=1}^{\infty} (-1)^n \chi_{[2^n, 2^{n+1})}$ e si valuti $\int_{\mathbb{R}} f_n g \, dx$.

Esercizio 6.72. Dato $1 < p < \infty$, sia $(a_n)_n$ una successione di numeri reali e sia $f_n : \mathbb{R} \to \mathbb{R}$ definita da

$$f_n(x) = \begin{cases} a_n & \text{se } x \in [n, n+1], \\[2mm] 0 & \text{altrimenti.} \end{cases}$$

Dimostrare che $(a_n)_n$ è limitata se e solo se $f_n \rightharpoonup 0$ in $L^p(\mathbb{R})$.

Esercizio 6.73. Sia $f \in L^p(\mathbb{R})$ e sia $f_n(x) = f(x - n)$, $n \geq 1$. Dimostrare che:

- $f_n \rightharpoonup 0$ in $L^p(\mathbb{R})$ se $1 < p < \infty$.

  Suggerimento. Si dimostri inizialmente che $\int_{\mathbb{R}} f_n g \, dx \to 0$ per ogni funzione[16] $g \in \mathscr{C}_c(\mathbb{R})$.
- Se $f \in L^1(\mathbb{R})$, in generale $(f_n)_n$ non è debolmente convergente in $L^1(\mathbb{R})$.

  Suggerimento. Si consideri $f = \chi_{[0,1]}$.

Esercizio 6.74. Sia $f \in L^1(\mathbb{R}^N)$ tale che $\int_{\mathbb{R}^N} f(x) \, dx = 1$ e si ponga

$$f_n(x) = n f(nx), \quad n \geq 1.$$

Dimostrare che

- $\int_{\mathbb{R}^N} f_n g \, dx \to g(0)$ per ogni $g \in \mathscr{C}_c(\mathbb{R}^N)$;
- $(f_n)_n$ non è debolmente convergente in $L^1(\mathbb{R}^N)$.

Esercizio 6.75. Siano $x^{(n)}$, $x \in \ell^2$, $n = 1, 2, \ldots$, tali che

$$x^{(n)} \rightharpoonup x \text{ in } \ell^2.$$

Posto $x^{(n)} = \left(x_k^{(n)}\right)_k$, $x = (x_k)_k$, dimostrare che

(a) $\lim_{n \to \infty} x_k^{(n)} = x_k$ per ogni $k \in \mathbb{N}$;
(b) posto $y^{(n)} = \left(\frac{x_k^{(n)}}{k}\right)_k$, allora

$$y^{(n)} \to y \text{ in } \ell^2$$

dove $y = \left(\frac{x_k}{k}\right)_k$.
Suggerimento. Si supponga $x = 0$ e si osservi che, se $\|x^{(n)}\| \leq C$ per ogni n, fissato $K \in \mathbb{N}$ si ha

$$\sum_{k=1}^{\infty} |y_k^{(n)}|^2 \leq \underbrace{\sum_{k=1}^{K} |y_k^{(n)}|^2}_{\to 0 \text{ per la (a)}} + \frac{1}{K^2} \underbrace{\sum_{k=K+1}^{\infty} |x_k^{(n)}|^2}_{\leq C^2}.$$

Esercizio 6.76. Dato H uno spazio di Hilbert con prodotto scalare $\langle \cdot, \cdot \rangle$, siano $(x_n)_n \subset H$ una successione limitata, $A \subset H$ un insieme denso e $x \in H$. Provare che

$$x_n \rightharpoonup x \iff \langle x_n, y \rangle \to \langle x, y \rangle \; \forall y \in A.$$

---

[16] Per la definizione dello spazio $\mathscr{C}_c(\mathbb{R}^N)$ si rimanda a pag. 92.

Esercizio 6.77. Dato $1 < p < \infty$, siano $x^{(n)}$, $x \in \ell^p$, $n = 1, 2, \ldots$, e si supponga che $\|x^{(n)}\| \leq C$ per ogni n. Allora, posto $x^{(n)} = \left(x_k^{(n)}\right)_k$ e $x = (x_k)_k$, provare che

$$x^{(n)} \rightharpoonup x \iff x_k^{(n)} \to x_k \ \forall k \in \mathbb{N} \ (\text{per } n \to \infty).$$

Suggerimento. Per l'implicazione '$\Longleftarrow$' si supponga $x = 0$ e sia $C > 0$ tale che $\|x^{(n)}\|_p \leq C$ per ogni n. Fissato $\varepsilon > 0$ e $y = (y_k)_k \in \ell^{p'}$, essendo $p' \in (1, \infty)$ l'esponente coniugato di p, si scelga $k_\varepsilon \geq 1$ e $n_\varepsilon \geq 1$ tali che

$$\left(\sum_{k=k_\varepsilon+1}^{\infty} |y_k|^{p'}\right)^{1/p'} < \varepsilon,$$

$$\left(\sum_{k=1}^{k_\varepsilon} |x_k^{(n)}|^p\right)^{1/p} < \varepsilon \qquad \forall n \geq n_\varepsilon.$$

Allora, per ogni $n \geq n_\varepsilon$,

$$\left|\sum_{k=1}^{\infty} x_k^{(n)} y_k\right| = \left|\sum_{k=1}^{k_\varepsilon} x_k^{(n)} y_k\right| + \left|\sum_{k=k_\varepsilon+1}^{\infty} x_k^{(n)} y_k\right|$$

$$\leq \underbrace{\left(\sum_{k=1}^{k_\varepsilon} |x_k^{(n)}|^p\right)^{\frac{1}{p}}}_{\leq \varepsilon} \underbrace{\left(\sum_{k=1}^{k_\varepsilon} |y_k|^{p'}\right)^{\frac{1}{p'}}}_{\leq \|y\|} + \underbrace{\left(\sum_{k=k_\varepsilon+1}^{\infty} |x_k^{(n)}|^p\right)^{\frac{1}{p}}}_{\leq C} \underbrace{\left(\sum_{k=k_\varepsilon+1}^{\infty} |y_k|^{p'}\right)^{\frac{1}{p'}}}_{\leq \varepsilon}.$$

Esercizio 6.78. Mostrare con un esempio che i risultati degli Esercizi 6.76 e 6.77 sono falsi, in generale, senza l'ipotesi di limitatezza della successione.

Suggerimento. In ℓ^2 si consideri la successione $x^{(n)} = n^2 e_n$, dove e_n è il vettore definito nella (6.25). Allora, per ogni $k \geq 1$, $x_k^{(n)} \to 0$ per $n \to \infty$. D'altra parte, prendendo $y = (1/k)_k$ si ha

$$y \in \ell^2 \quad \text{e} \quad \sum_{k=1}^{\infty} y_k x_k^{(n)} = n \to \infty.$$

Si osservi che, se $\langle \cdot, \cdot \rangle$ denota il prodotto scalare in ℓ^2, allora $\langle x^{(n)}, z \rangle \to 0$ per ogni $z \in A$, essendo A l'insieme delle combinazioni lineari finite dei vettori e_k. Si ricordi che A è denso in ℓ^2 (si veda l'Osservazione 6.54).

Esercizio 6.79. Siano $x^{(n)}$, $x \in c_0$, $n = 1, 2, \ldots$, e si supponga che $\|x^{(n)}\| \leq C$ per ogni n. Allora, posto $x^{(n)} = \left(x_k^{(n)}\right)_k$ e $x = (x_k)_k$, provare che

$$x^{(n)} \rightharpoonup x \iff x_k^{(n)} \to x_k \ \forall k \in \mathbb{N} \ (\text{per } n \to \infty).$$

Suggerimento. Si proceda come nell'Esercizio 6.77.

Esercizio 6.80. Sia $1 < p < \infty$ e siano $x^{(n)}$, $x \in \ell^p$, $n = 1, 2, \ldots$. Provare che

$$x^{(n)} \to x \quad \Longleftrightarrow \quad \begin{cases} x^{(n)} \rightharpoonup x, \\ \|x^{(n)}\| \to \|x\|. \end{cases}$$

Suggerimento. Per l'implicazione '$\Longleftarrow$' si osservi che, posto $x^{(n)} = \left(x_k^{(n)}\right)_k$ e $x = (x_k)_k$, grazie all'Esercizio 6.77, per ogni $k \geq 1$ si ha $x_k^{(n)} \to x_k$ per $n \to \infty$. Usare quindi la Proposizione 3.39 prendendo $X = \mathbb{N}$ con la misura che conta.

Esercizio 6.81. Provare che il risultato dell'Esercizio 6.80 è falso in c_0.

Suggerimento. Si consideri la successione $x^{(n)} = e_1 + e_n$ dove e_1, e_n sono i vettori definiti nella (6.25).

Esercizio 6.82. Sia H uno spazio di Hilbert e siano x_n, $x \in H$, $n = 1, 2, \ldots$. Provare che

$$x_n \to x \quad \Longleftrightarrow \quad \begin{cases} x_n \rightharpoonup x, \\ \|x_n\| \to \|x\|. \end{cases} \tag{6.35}$$

Suggerimento. Si osservi che $\|x_n - x\|^2 = \|x_n\|^2 + \|x\|^2 - 2\langle x_n, x\rangle$.

Osservazione 6.83. 1. Si dice che uno spazio di Banach X ha la *proprietà di Radon–Riesz* se vale l'equivalenza (6.35) per ogni successione $(x_n)_n$ in X. Dai risultati degli Esercizi 6.80 e 6.82 si deduce cha tale proprietà vale negli spazi di Hilbert, negli spazi ℓ^p per $1 < p < \infty$, ma non in c_0 (Esercizio 6.81). In realtà la proprietà di Radon–Riesz è valida in una grande quantità di spazi normati, i cosiddetti *spazi uniformemente convessi*, che comprendono gli spazi $L^p(X, \mu)$ con $1 < p < \infty$ e $(X, \mathscr{E}, \mu)$ un generico spazio di misura (si veda [Br83], [HS65], [Mo69]).

2. Un sorprendente risultato, noto come Teorema di Schur[17], assicura che in ℓ^1 la convergenza debole e forte coincidono, ovvero per ogni $x^{(n)}$, $x \in \ell^1$, $n = 1, 2, \ldots$, risulta

$$x^{(n)} \to x \quad \Longleftrightarrow \quad x^{(n)} \rightharpoonup x.$$

Allora, grazie al Teorema di Schur, ℓ^1 ha la proprietà di Radon–Riesz. D'altra parte, questo stesso teorema mostra che la proprietà descritta nell'Esercizio 6.77 non può valere in ℓ^1. Infatti, la successione $(e_n)_n$ definita nella (6.25) non converge fortemente, quindi neppure debolmente, a 0.

Esercizio 6.84. Sia M un sottospazio chiuso di uno spazio normato X e siano $(x_n)_n \subset M$, $x \in X$. Provare che, se $x_n \rightharpoonup x$, allora $x \in M$.

Suggerimento. Si usi il Corollario 6.37.

---

[17] Si veda, ad esempio, la Proposizione 2.19 in [Ko02].

Esercizio 6.85. Sia C un sottoinsieme convesso, chiuso e non vuoto di uno spazio normato X e siano $(x_n)_n \subset C$, $x \in X$. Provare che, se $x_n \rightharpoonup x$, allora $x \in C$.

Suggerimento. Si usi il Corollario 6.50.

Oltre alla convergenza forte e alla convergenza debole, su uno spazio duale X^* si può definire un'altra nozione di convergenza.

Definizione 6.86. *Dato X uno spazio normato, una successione $(f_n)_n \subset X^*$ si dice* debolmente$-*$ *convergente a un funzionale $f \in X^*$ se*

$$\langle f_n, x \rangle \to \langle f, x \rangle \quad per \quad n \to \infty \quad \forall x \in X. \tag{6.36}$$

In tal caso scriveremo

$$f_n \overset{*}{\rightharpoonup} f \quad (per \quad n \to \infty).$$

Osservazione 6.87. È interessante confrontare la convergenza debole e debole$-*$ su uno spazio duale X^*. Per definizione, una successione $(f_n)_n \subset X^*$ converge debolmente a $f \in X^*$ se e solo se

$$\langle \phi, f_n \rangle \to \langle \phi, f \rangle \quad per \quad n \to \infty \tag{6.37}$$

per ogni $\phi \in X^{**}$, mentre $f_n \overset{*}{\rightharpoonup} f$ se e solo se la (6.37) vale per ogni $\phi \in J_X(X)$. Pertanto

$$f_n \rightharpoonup f \implies f_n \overset{*}{\rightharpoonup} f.$$

La convergenza debole è equivalente alla convergenza debole$-*$ se X è riflessivo ma, in generale, la convergenza debole è più forte della convergenza debole$-*$, come mostreremo in seguito.

Esempio 6.88. Usando le identificazioni (6.31) e (6.32), la nozione di convergenza debole$-*$ può così riformularsi per gli spazi duali $\ell^\infty = (\ell^1)^*$, $\ell^1 = (c_0)^*$ e $L^\infty(X, \mu) = (L^1(X, \mu))^*$ (se μ è una misura σ–finita.)

- Siano $x^{(n)}$, $x \in \ell^\infty$, $n = 1, 2, \dots$. Allora, posto $x^{(n)} = \left(x_k^{(n)} \right)_k$ e $x = (x_k)_k$, risulta

$$x^{(n)} \overset{*}{\rightharpoonup} x \iff \sum_{k=1}^\infty x_k^{(n)} y_k \to \sum_{k=1}^\infty x_k y_k \quad \forall y = (y_k)_k \in \ell^1.$$

- Siano $x^{(n)}$, $x \in \ell^1$, $n = 1, 2, \dots$. Allora, posto $x^{(n)} = \left(x_k^{(n)} \right)_k$ e $x = (x_k)_k$, risulta

$$x^{(n)} \overset{*}{\rightharpoonup} x \iff \sum_{k=1}^\infty x_k^{(n)} y_k \to \sum_{k=1}^\infty x_k y_k \quad \forall y = (y_k)_k \in c_0.$$

- Sia $(X, \mathscr{E}, \mu)$ uno spazio di misura σ–finita, e siano $(f_n)_n \subset L^\infty(X, \mu)$, $f \in L^\infty(X, \mu)$. Allora

$$f_n \overset{*}{\to} f \iff \int_X fg \, d\mu \to \int_X fg \, d\mu \quad \forall g \in L^1(X, \mu).$$

Esempio 6.89. In $\ell^\infty = (\ell^1)^*$ si consideri la successione $x^{(n)}$, $n = 1, 2, \ldots$, così definita

$$x^{(n)} = \left(x_k^{(n)}\right)_k, \quad x_k^{(n)} := \begin{cases} 0 & \text{se } k \leq n, \\ 1 & \text{se } k > n. \end{cases}$$

Allora $x^{(n)} \overset{*}{\to} 0$. Infatti, per ogni $y = (y_k)_k \in \ell^1$,

$$\sum_{k=1}^\infty x_k^{(n)} y_k = \sum_{k=n+1}^\infty y_k \to 0 \quad (n \to \infty).$$

D'altra parte $x^{(n)} \not\to 0$. Per convincersi di ciò, sia

$$f(x) := \lim_{k \to \infty} x_k \quad \forall x = (x_k)_k \in \tilde{c}$$

dove $\tilde{c} := \{x = (x_k)_k \in \ell^\infty \mid \exists \lim_k x_k\}$ (si veda l'Esempio 6.34). Allora, grazie al Teorema di Hahn–Banach, f si può estendere a un funzionale $F \in (\ell^\infty)^*$; quindi si ha

$$\langle F, x^{(n)} \rangle = \lim_{k \to \infty} x_k^{(n)} = 1 \quad \forall n \geq 1.$$

Esempio 6.90. In $L^\infty(-1, 1) = (L^1(-1, 1))^*$ si consideri la successione di funzioni

$$f_n(t) = e^{-nt^2}, \quad t \in [-1, 1].$$

Una banale applicazione del Teorema della Convergenza Dominata mostra che

$$\int_{-1}^1 f_n g \, dx \to 0 \quad \forall g \in L^1(-1, 1),$$

e questo, grazie all'Esempio 6.88, equivale a $f_n \overset{*}{\to} 0$. Ma $f_n \not\to 0$. Infatti, procedendo come nell'Osservazione 6.58, tra i funzionali di $(L^\infty(-1, 1))^*$ c'è il prolungamento della delta di Dirac nell'origine, che è un funzionale lineare continuo su $\mathscr{C}([-1, 1])$:

$$\delta_0(f) = f(0) \quad \forall f \in \mathscr{C}([-1, 1]).$$

Se chiamiamo T questo prolungamento, si ha $\langle T, f_n \rangle = f_n(0) = 1$.

Esercizio 6.91. Provare che, se X è uno spazio di Banach, allora ogni successione $(f_n)_n \subset X^*$ debolmente–$*$ convergente è limitata.

Suggerimento. Si usi il Teorema di Banach–Steinhaus.

Esercizio 6.92. Dato X uno spazio di Banach, siano f_n, $f \in X^*$ e x_n, $x \in X$, $n = 1, 2, \ldots$.

1. Provare che, se $x_n \rightharpoonup x$ e $f_n \to f$, allora $\langle f_n, x_n \rangle \to \langle f, x \rangle$ per $n \to \infty$.
2. Provare che, se $x_n \to x$ e $f_n \overset{*}{\rightharpoonup} f$, allora $\langle f_n, x_n \rangle \to \langle f, x \rangle$ per $n \to \infty$.

Esercizio 6.93. Sia $(a_n)_n$ una successione di numeri reali e sia $f_n : \mathbb{R} \to \mathbb{R}$ definita da

$$f_n(x) = \begin{cases} a_n & \text{se } x \in \left[n, n + \dfrac{1}{n}\right], \\ 0 & \text{altrimenti.} \end{cases}$$

Dimostrare che

- se $\left(\frac{|a_n|^p}{n}\right)_n$ è limitata e $1 < p < \infty$, allora $f_n \rightharpoonup 0$ in $L^p(\mathbb{R})$;
- se $a_n = n$, allora $(f_n)_n$ non è debolmente convergente in $L^1(\mathbb{R})$;
- se $(a_n)_n$ è limitata, allora $f_n \overset{*}{\rightharpoonup} 0$ in $L^\infty(\mathbb{R})$.

Il seguente risultato si può interpretare come una versione debole−∗ della proprietà di Bolzano–Weierstrass negli spazi duali.

Teorema 6.94 (Banach–Alaoglu). *Sia X uno spazio normato separabile. Allora ogni successione limitata $(f_n)_n \subset X^*$ ammette una sottosuccessione debolmente−∗ convergente.*

Dimostrazione. Sia $(x_n)_n$ una successione densa in X e sia $C \geq 0$ tale che $\|f_n\|_* \leq C$ per ogni $n \in \mathbb{N}$. Allora $|\langle f_n, x_1 \rangle| \leq C\|x_1\|$. Pertanto, essendo la successione $(\langle f_n, x_1 \rangle)_n$ limitata in $\mathbb{R}$, esiste una sottosuccessione di $(f_n)_n$, diciamo $(f_{1,n})_n$, tale che $\langle f_{1,n}, x_1 \rangle$ converge. Poiché $|\langle f_{1,n}, x_2 \rangle| \leq C\|x_2\|$, esiste una sottosuccessione $(f_{2,n})_n \subset (f_{1,n})_n$, tale che $\langle f_{2,n}, x_2 \rangle$ converge. Iterando questo procedimento, per ogni $k \geq 1$ si costruisce una catena di sottosuccessioni

$$(f_{k,n})_n \subset (f_{k-1,n})_n \subset \cdots \subset (f_{1,n})_n \subset (f_n)_n$$

tale che $\langle f_{k,n}, x_k \rangle$ converge per $n \to \infty$ per ogni $k \geq 1$. Si definisca, per ogni $n \geq 1$, $g_n = f_{n,n}$. Allora $(g_n)_n \subset (f_n)_n$ e $(\langle g_n, x_k \rangle)_n$ converge per ogni $k \geq 1$ essendo, per $n \geq k$, una sottosuccessione di $(\langle f_{k,n}, x_k \rangle)_n$.

Per completare la dimostrazione, mostriamo che $(\langle g_n, x \rangle)_n$ converge per ogni $x \in X$. Si fissi $x \in X$ e $\varepsilon > 0$. Allora esistono $k_\varepsilon, n_\varepsilon \geq 1$ tali che

$$\begin{cases} \|x - x_{k_\varepsilon}\| < \varepsilon, \\ |\langle g_n, x_{k_\varepsilon} \rangle - \langle g_m, x_{k_\varepsilon} \rangle| < \varepsilon \quad \forall m, n \geq n_\varepsilon. \end{cases}$$

Pertanto, per ogni $m, n \geq n_\varepsilon$,

$$|\langle g_n, x \rangle - \langle g_m, x \rangle| \leq \underbrace{|\langle g_n, x \rangle - \langle g_n, x_{k_\varepsilon} \rangle| + |\langle g_m, x_{k_\varepsilon} \rangle - \langle g_m, x \rangle|}_{\leq 2C\|x - x_{k_\varepsilon}\|}$$

$$+ |\langle g_n, x_{k_\varepsilon} \rangle - \langle g_m, x_{k_\varepsilon} \rangle| \leq (2C + 1)\varepsilon.$$

Quindi $(\langle g_n, x \rangle)_n$ è una successione di Cauchy e verifica $|\langle g_n, x \rangle| \leq C\|x\|$ per ogni $x \in X$. Ciò implica che $f(x) := \lim_n \langle g_n, x \rangle$ è un elemento di X^*. $\square$

Il prossimo risultato asserisce che ogni spazio di Banach riflessivo ha la proprietà Bolzano–Weierstrass debole.

Teorema 6.95. *Sia X uno spazio di Banach riflessivo. Allora ogni successione limitata ammette una sottosuccessione debolmente convergente.*

Dimostrazione. Sia $(x_n)_n \subset X$ una successione limitata e sia M il sottospazio chiuso generato dagli x_n, ossia la chiusura dell'insieme formato da tutte le combinazioni lineari finite degli x_n. Per costruzione, M è separabile (le combinazioni lineari finite degli x_n con coefficienti razionali sono un insieme numerabile e denso in M). Inoltre, grazie alla Proposizione 6.66, M è riflessivo. Pertanto, per il Corollario 6.65, anche M^* è separabile e riflessivo. Si consideri la successione $(J_M(x_n))_n \subset M^{**}$. Essendo J_M un'isometria, si ha $\|J_M(x_n)\|_* = \|x_n\|$, e quindi la successione $(J_M(x_n))_n$ è limitata in M^{**}. Applicando il Teorema di Banach–Alaoglu, esiste una sottosuccessione $(x_{k_n})_n$ tale che $J_M(x_{k_n}) \overset{*}{\rightharpoonup} \overline{\phi} \in M^{**}$ per $n \to \infty$. La riflessività di M assicura che $\overline{\phi} = J_M(\overline{x})$ per un opportuno $\overline{x} \in M$. Quindi, per ogni $f \in M^*$,

$$\langle f, x_{k_n} \rangle = \langle J_M(x_{k_n}), f \rangle \to \langle J_M(\overline{x}), f \rangle = \langle f, \overline{x} \rangle \quad \text{per} \quad n \to \infty.$$

Infine, per ogni $F \in X^*$ si ha $F_{\big|_M} \in M^*$. Allora

$$\langle F, x_{k_n} \rangle = \langle F_{\big|_M}, x_{k_n} \rangle \to \langle F_{\big|_M}, \overline{x} \rangle = \langle F, \overline{x} \rangle \quad \text{per} \quad n \to \infty.$$

Quindi $x_{k_n} \rightharpoonup \overline{x}$. $\square$

Siamo ora in grado di formulare e dimostrare il teorema fondamentale del calcolo delle variazioni sull'esistenza di punti di minimo, che costituisce la versione in dimensione infinita del classico Teorema di Weierstrass.

Teorema 6.96. *Sia X uno spazio di Banach riflessivo e $\varphi : X \to \mathbb{R}$ una funzione convessa, semicontinua inferiormente*[18] *e coerciva*[19]. *Allora φ ha minimo in X.*

Dimostrazione. Sia $(x_n)_n \subset X$ tale che

$$\varphi(x_n) \to \inf_X \varphi.$$

La coercività di φ implica che $(x_n)_n$ è limitata; essendo X uno spazio di Banach riflessivo, per il Teorema 6.95 esiste un'estratta $(x_{k_n})_n$ debolmente convergente a un punto $x_0 \in X$. Sia α un qualunque numero reale maggiore

---

[18] Si veda l'Appendice B.
[19] Ossia, $\lim_{\|x\| \to \infty} \varphi(x) = \infty$.

di $\inf_X \varphi$ e si ponga $A_\alpha = \{x : \varphi(x) \leq \alpha\}$. Allora A_α è un insieme convesso (essendo φ convessa), chiuso (essendo φ semicontinua inferiormente) e non vuoto. Asseriamo che $x_0 \in A_\alpha$[20]. Altrimenti, per il Corollario 6.50, esisterebbe $f \in X^*$ tale che $\sup_{x \in A_\alpha} \langle f, x \rangle < \langle f, x_0 \rangle$; quindi, poiché $x_{k_n} \in A_\alpha$ definitivamente, risulterebbe $\limsup_n \langle f, x_{k_n} \rangle < \langle f, x_0 \rangle$, in contraddizione con $\langle f, x_{k_n} \rangle \to \langle f, x_0 \rangle$. Pertanto $x_0 \in A_\alpha$, ossia $\varphi(x_0) \leq \alpha$. Ma α era un qualunque numero maggiore di $\inf_X \varphi$; perciò $\inf_X \varphi > -\infty$ e $\varphi(x_0) = \inf_X \varphi$.   □

---

[20] Questo fatto è anche conseguenza diretta dell'Esercizio 6.85: A_α è debolemente chiuso e quindi, siccome $x_{k_n} \in A_\alpha$ definitivamente, risulta $x_0 \in A_\alpha$.

Parte III

Capitoli scelti

7

Funzioni a variazione limitata e funzioni assolutamente continue

Funzioni monotone – Derivabilità delle funzioni monotone – Funzioni a variazione limitata – Funzioni assolutamente continue

Siano f, $F : [a, b] \to \mathbb{R}$ due funzioni tali che f è continua e F è derivabile con derivata continua. Allora il legame tra le operazioni di derivazione e integrazione è espresso dalle ben note formule

$$\frac{d}{dx} \int_a^x f(t)\, dt = f(x), \tag{7.1}$$

$$\int_a^x F'(t)\, dt = F(x) - F(a). \tag{7.2}$$

Ciò suggerisce le seguenti questioni:

1. La (7.1) continua a valere quasi ovunque per una arbitraria funzione[1] $f \in L^1(a, b)$?
2. Qual'è la classe più ampia di funzioni che verificano la (7.2)?

In questo capitolo forniremo una risposta a questi quesiti. Osserviamo che, se f è positiva, allora l'integrale indefinito di Lebesgue

$$\int_a^x f(t)\, dt, \quad x \in [a, b], \tag{7.3}$$

come funzione del secondo estremo, è crescente. Inoltre, poiché ogni funzione sommabile f è differenza di due funzioni sommabili positive f^+ e f^-, l'integrale (7.3) è differenza di due funzioni crescenti. Pertanto lo studio dell'integrale indefinito di Lebesgue è strettamente connesso allo studio delle funzioni monotone. Le funzioni monotone hanno diverse importanti proprietà che ora discuteremo.

---

[1] $L^1(a, b) = L^1([a, b], m)$ dove m è la misura di Lebesgue in $[a, b]$. Si veda la nota 7 a pagina 81.

Cannarsa P, D'Aprile T: Introduzione alla teoria della misura e all'analisi funzionale.
© Springer-Verlag Italia, Milano, 2008

7.1 Funzioni monotone

Definizione 7.1. *Una funzione* $f : [a, b] \to \mathbb{R}$ *si dice* crescente *se* $a \leq x_1 \leq x_2 \leq b$ *implica* $f(x_1) \leq f(x_2)$ *e* decrescente *se* $a \leq x_1 \leq x_2 \leq b$ *implica* $f(x_1) \geq f(x_2)$. *Per funzione* monotona *si intende una funzione crescente oppure decrescente.*

Definizione 7.2. *Data una funzione monotona* $f : [a, b] \to \mathbb{R}$ *e* $x_0 \in [a, b)$, *il limite*

$$f(x_0^+) := \lim_{h \to 0, \, h > 0} f(x_0 + h)$$

si chiama limite destro *di* f *nel punto* x_0. *Analogamente, se* $x_0 \in (a, b]$, *il limite*[2]

$$f(x_0^-) := \lim_{h \to 0, \, h > 0} f(x_0 - h)$$

si chiama limite sinistro *di* f *in* x_0.

Osservazione 7.3. Sia $f : [a, b] \to \mathbb{R}$ una funzione crescente. Se $a \leq x < y \leq b$, allora

$$f(x^+) \leq f(y^-).$$

Analogamente, se f è decrescente su $[a, b]$ e $a \leq x < y \leq b$, allora

$$f(x^+) \geq f(y^-).$$

Descriviamo ora alcune proprietà elementari delle funzioni monotone.

Teorema 7.4. *Ogni funzione* $f : [a, b] \to \mathbb{R}$ *monotona è di Borel e limitata, quindi sommabile.*

Dimostrazione. Si assuma f crescente. Poiché $f(a) \leq f(x) \leq f(b)$ per ogni $x \in [a, b]$, f è ovviamente limitata. Per ogni $c \in \mathbb{R}$ si consideri l'insieme

$$E_c = \{x \in [a, b] \mid f(x) < c\}.$$

Se E_c è vuoto, allora E_c è (banalmente) un insieme di Borel. Se E_c è non vuoto, sia y l'estremo superiore di E_c. Allora E_c coincide con l'intervallo chiuso $[a, y]$ se $y \in E_c$, oppure con l'intervallo semi-chiuso $[a, y)$ se $y \notin E_c$. In entrambi i casi E_c è un insieme di Borel; ciò prova che f è di Borel. Infine risulta

$$\int_a^b |f(x)| \, dx \leq \max\{|f(a)|, |f(b)|\}(b - a),$$

da cui segue che f è sommabile.   □

Teorema 7.5. *Sia* $f : [a, b] \to \mathbb{R}$ *una funzione monotona. Allora l'insieme dei punti di discontinuità di* f *è al più numerabile.*

---

[2] Si osservi che tali limiti esistono sempre e sono finiti.

Dimostrazione. Si supponga f crescente e sia E l'insieme dei punti di discontinuità di f in (a,b). Per $x \in E$ si ha $f(x^-) < f(x^+)$; allora a ogni punto x di E si può associare un numero razionale $r(x)$ tale che

$$f(x^-) < r(x) < f(x^+).$$

Poiché per l'Osservazione 7.3 $x_1 < x_2$ implica $f(x_1^+) \leq f(x_2^-)$, si deduce che $r(x_1) \neq r(x_2)$. Abbiamo così stabilito una corrispondenza biunivoca tra l'insieme E e un sottoinsieme dei razionali. □

7.1.1 Derivabilità delle funzioni monotone

L'obiettivo di questo paragrafo sarà dimostrare che una funzione monotona $f : [a, b] \to \mathbb{R}$ è derivabile quasi ovunque in $[a, b]$. Prima di provare questo risultato, dovuto a Lebesgue, introduciamo alcune notazioni. Per ogni $x \in (a, b)$ le seguenti quattro quantità (che possono assumere valori infiniti) esistono sempre:

$$D'_L f(x) = \liminf_{h \to 0, \, h<0} \frac{f(x+h) - f(x)}{h}, \quad D''_L f(x) = \limsup_{h \to 0, \, h<0} \frac{f(x+h) - f(x)}{h},$$

$$D'_R f(x) = \liminf_{h \to 0, \, h>0} \frac{f(x+h) - f(x)}{h}, \quad D''_R f(x) = \limsup_{h \to 0, \, h>0} \frac{f(x+h) - f(x)}{h}.$$

Queste quattro quantità si chiamano *derivate generalizzate* di f in x. È evidente che valgono sempre le disuguaglianze

$$D'_L f(x) \leq D''_L f(x), \quad D'_R f(x) \leq D''_R f(x). \tag{7.4}$$

Se $D'_L f(x)$ e $D''_L f(x)$ sono uguali e finite, il loro comune valore è la derivata sinistra di f in x. Analogamente, se $D'_R f(x)$ e $D''_R f(x)$ sono uguali e finite, il loro comune valore è la derivata destra di f in x. Inoltre f è derivabile in x se e solo se le quattro derivate generalizzate $D'_L f(x)$, $D''_L f(x)$, $D'_R f(x)$ e $D''_R f(x)$ sono uguali e finite.

Teorema 7.6 (Lebesgue). *Sia $f : [a, b] \to \mathbb{R}$ una funzione monotona. Allora f è derivabile q.o. in $[a, b]$. Inoltre[3] $f' \in L^1(a, b)$ e*

$$\int_a^b |f'(t)| \, dt \leq |f(b) - f(a)|. \tag{7.5}$$

Dimostrazione. Si può assumere, senza perdita di generalità, che f sia crescente, poiché, se f fosse decrescente, basterebbe applicare il risultato a $-f$ che è ovviamente crescente. Iniziamo con il provare che le derivate generalizzate di f sono uguali (eventualmente infinite) q.o. in $[a, b]$. Sarà sufficiente mostrare che la disuguaglianza

---

[3] Si osservi che, in generale, f' è definita q.o. in $[a, b]$ (si veda l'Osservazione 2.74).

$$D'_L f(x) \geq D''_R f(x) \qquad (7.6)$$

vale q.o. in $[a, b]$. Infatti, ponendo $f^*(x) = -f(-x)$, si vede che f^* è crescente in $[-b, -a]$; inoltre si verifica facilmente che

$$D'_L f^*(x) = D'_R f(-x), \quad D''_L f^*(x) = D''_R f(-x).$$

Pertanto, applicando la (7.6) a f^*, si deduce

$$D'_L f^*(x) \geq D''_R f^*(x)$$

o equivalentemente

$$D'_R f(x) \geq D''_L f(x).$$

Combinando questa disuguaglianza con la (7.6), e utilizzando la (7.4), si ottiene

$$D''_R f \leq D'_L f \leq D''_L f \leq D'_R f \leq D''_R f,$$

e l'uguaglianza q.o. delle quattro derivate generalizzate è così provata.

Per provare che la (7.6) vale q.o., si osservi che, poiché le derivate generalizzate sono non negative, l'insieme dei punti in cui $D'_L f < D''_R f$ si può rappresentare come l'unione su $u, v \in \mathbb{Q}$ con $v > u > 0$ degli insiemi

$$E_{u,v} = \{x \in (a, b) \mid D''_R f(x) > v > u > D'_L f(x)\}.$$

Pertanto, se mostriamo che $m(E_{u,v}) = 0$ (essendo m la misura di Lebesgue in $[a, b]$), allora seguirà che la (7.6) è vera q.o. Sia $s = m(E_{u,v})$. Allora, dato $\varepsilon > 0$, grazie al Teorema 1.66 esiste un insieme aperto $V \subset (a, b)$ tale che $E_{u,v} \subset V$ e $m(V) < s + \varepsilon$. Per ogni $x \in E_{u,v}$ e $\delta > 0$, essendo $D'_L f(x) < u$, esiste $h_{x,\delta} \in (0, \delta)$ tale che $[x - h_{x,\delta}, x] \subset V$ e

$$f(x) - f(x - h_{x,\delta}) < u h_{x,\delta}.$$

Poiché la famiglia di intervalli chiusi $([x - h_{x,\delta}, x])_{x \in E_{u,v}, \delta > 0}$ costituisce un ricoprimento fine di $E_{u,v}$, per il Lemma di Ricoprimento di Vitali[4] esiste un numero finito di intervalli disgiunti di tale famiglia, diciamo

$$I_1 := [x_1 - h_1, x_1], \dots, I_N := [x_N - h_N, x_N],$$

tale che, ponendo $A = E_{u,v} \cap \bigcup_{i=1}^{N} (x_i - h_i, x_i)$,

$$m(A) = m\left(E_{u,v} \cap \bigcup_{i=1}^{N} I_k\right) > s - \varepsilon.$$

Sommando su tutti questi intervalli si ha

---

[4] Si veda l'Appendice G.

$$\sum_{i=1}^{N} \left(f(x_i) - f(x_i - h_i)\right) < u \sum_{i=1}^{N} h_i \leq u\, m(V) \leq u(s+\varepsilon). \qquad (7.7)$$

Ragioniamo come prima usando la disuguaglianza $D_R'' f(x) > v$; per ogni $y \in A$ e $\eta > 0$, essendo $D_R'' f(y) > v$, esiste $k_{y,\eta} \in (0,\eta)$ tale che $[y, y+k_{y,\eta}] \subset I_i$ per qualche $i \in \{1, \ldots, N\}$ e

$$f(y + k_{y,\eta}) - f(y) > v k_{y,\eta}.$$

Poiché la famiglia di intervalli chiusi $([y, y+k_{y,\eta}])_{y \in A,\, \eta > 0}$ costituisce un ricoprimento fine di A, per il Lemma di Ricoprimento di Vitali esiste un numero finito di intervalli disgiunti di tale famiglia, diciamo

$$J_1 := [y_1, y_1 + k_1], \ldots, J_M := [y_M, y_M + k_M],$$

tale che

$$m\left(A \cap \bigcup_{j=1}^{M} J_j\right) \geq m(A) - \varepsilon > s - 2\varepsilon.$$

Sommando su tutti questi intervalli si deduce

$$\sum_{j=1}^{M} \left(f(y_j + k_j) - f(y_j)\right) > v \sum_{j=1}^{M} k_j = v\, m\left(\bigcup_{j=1}^{M} J_j\right) \geq v(s - 2\varepsilon). \qquad (7.8)$$

Per ogni $i \in \{1, \ldots, N\}$, sommando su tutti gli intervalli J_j per i quali $J_j \subset I_i$, e, usando l'ipotesi che f è crescente, si ottiene

$$\sum_{j,\, J_j \subset I_i} \left(f(y_j + k_j) - f(y_j)\right) \leq f(x_i) - f(x_i - h_i)$$

da cui, sommando su i e considerando che ogni intervallo J_j è contenuto in qualche intervallo I_i,

$$\sum_{i=1}^{N} \left(f(x_i) - f(x_i - h_i)\right) \geq \sum_{i=1}^{N} \sum_{j,\, J_j \subset I_i} \left(f(y_j + k_j) - f(y_j)\right)$$
$$= \sum_{j=1}^{M} \left(f(y_j + k_j) - f(y_j)\right).$$

Tenendo conto delle (7.7)–(7.8),

$$u(s + \varepsilon) \geq v(s - 2\varepsilon).$$

L'arbitrarietà di ε implica $us \geq vs$; essendo $u < v$, allora $s = 0$. Ciò prova che $m(E_{u,v}) = 0$, come asserito.

Abbiamo così dimostrato che la funzione

$$\Phi(x) = \lim_{h \to 0} \frac{f(x+h) - f(x)}{h}$$

è definita quasi ovunque in $[a, b]$. Pertanto f è derivabile in x se e solo se $\Phi(x)$ è finita. Sia

$$\Phi_n(x) = n\left(f\left(x + \frac{1}{n}\right) - f(x)\right)$$

dove, per definire Φ_n per ogni $x \in [a, b]$, si è posto $f(x) = f(b)$ per $x \geq b$. Essendo f sommabile su $[a, b]$, anche ciascuna Φ_n è sommabile. Integrando Φ_n si ha

$$\int_a^b \Phi_n(x)dx = n\int_a^b \left(f\left(x + \frac{1}{n}\right) - f(x)\right)dx = n\left(\int_{a+\frac{1}{n}}^{b+\frac{1}{n}} f(x)dx - \int_a^b f(x)dx\right)$$

$$= n\left(\int_b^{b+\frac{1}{n}} f(x)dx - \int_a^{a+\frac{1}{n}} f(x)dx\right) = f(b) - n\int_a^{a+\frac{1}{n}} f(x)dx$$

$$\leq f(b) - f(a)$$

dove nell'ultimo passaggio è intervenuta l'ipotesi che f è crescente. Dal Lemma di Fatou segue che

$$\int_a^b \Phi(x)\,dx \leq f(b) - f(a).$$

In particolare Φ è sommabile, e, di conseguenza, quasi ovunque finita. Allora f è derivabile quasi ovunque e $f'(x) = \Phi(x)$ per quasi ogni $x \in [a, b]$.   □

Esempio 7.7. È facile fare esempi di funzioni monotone f per le quali la (7.5) diventa una disuguaglianza stretta. Per esempio, dati $n + 1$ punti $a = x_0 < x_1 < \ldots < x_n = b$ e n numeri $h_1, h_2, \ldots, h_n$, si consideri la funzione

$$f(x) = \begin{cases} h_1 & \text{se } a \leq x < x_1, \\ h_2 & \text{se } x_1 \leq x < x_2, \\ \ldots \\ h_n & \text{se } x_{n-1} \leq x \leq b. \end{cases}$$

Una funzione di questa forma si chiama *funzione a gradini*. Se $h_1 < h_2 < \ldots < h_n$, allora f è ovviamente crescente e

$$\int_a^b f'(x)\,dx = 0 < h_n - h_1 = f(b) - f(a).$$

Esempio 7.8. [**funzione di Vitali**] La funzione dell'esempio precedente è discontinua. Tuttavia è possibile costruire funzioni continue crescenti che verificano la disuguaglianza stretta (7.5).

Consideriamo l'intervallo chiuso $[0, 1]$ e rimuoviamo il terzo centrale

$$(a_1^1, b_1^1) = \left(\frac{1}{3}, \frac{2}{3}\right).$$

Ai due intervalli rimanenti $[0, \frac{1}{3}]$, $[\frac{2}{3}, 1]$ togliamo i terzi centrali

$$(a_1^2, b_1^2) = \left(\frac{1}{9}, \frac{2}{9}\right), \quad (a_2^2, b_2^2) = \left(\frac{7}{9}, \frac{8}{9}\right);$$

ai quattro intervalli rimanenti togliamo i terzi centrali

$$(a_1^3, b_1^3) = \left(\frac{1}{27}, \frac{2}{27}\right), \quad (a_2^3, b_2^3) = \left(\frac{7}{27}, \frac{8}{27}\right),$$

$$(a_3^3, b_3^3) = \left(\frac{19}{27}, \frac{20}{27}\right), \quad (a_4^3, b_4^3) = \left(\frac{25}{27}, \frac{26}{27}\right)$$

e così via. Si osservi che il complementare dell'unione di tutti gli intervalli (a_k^h, b_k^h) è l'insieme di Cantor costruito nell'Esempio 1.60.

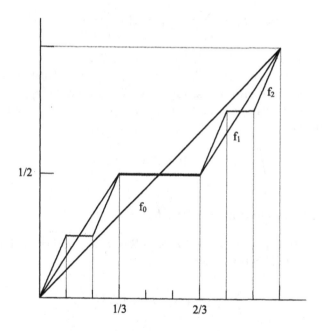

Figura 7.1. Grafico di f_0, f_1, f_2.

Sia $f_0(x) = x$. Per ogni $n \geq 1$ sia $f_n : [0, 1] \to \mathbb{R}$ la funzione continua che verifica

$$f_n(0) = 0, \quad f_n(1) = 1,$$

$$f_n(t) = \frac{2k - 1}{2^h} \quad \text{se } t \in (a_k^h, b_k^h), \quad k = 1, \ldots, 2^{h-1}, \quad h = 1, \ldots, n$$

e f_n ri raccorda linearmente altrove. Per esempio,

$$f_1(t) = \frac{1}{2} \quad \text{se } \frac{1}{3} < t < \frac{2}{3},$$

e f_1 cresce linearmente da 0 a $\frac{1}{2}$ in $[0, \frac{1}{3}]$ e da $\frac{1}{2}$ a 1 in $[\frac{2}{3}, 1]$. Per f_2 risulta

$$f_2(t) = \begin{cases} \dfrac{1}{4} & \text{se } \dfrac{1}{9} < t < \dfrac{2}{9}, \\[2mm] \dfrac{1}{2} & \text{se } \dfrac{1}{3} < t < \dfrac{2}{3}, \\[2mm] \dfrac{3}{4} & \text{se } \dfrac{7}{9} < t < \dfrac{8}{9}, \end{cases}$$

e f_2 cresce linearmente da 0 a $\frac{1}{4}$ in $[0, \frac{1}{9}]$, da $\frac{1}{4}$ a $\frac{1}{2}$ in $[\frac{2}{9}, \frac{1}{3}]$, da $\frac{1}{2}$ a $\frac{3}{4}$ in $[\frac{2}{3}, \frac{7}{9}]$, da $\frac{3}{4}$ a 1 in $[\frac{8}{9}, 1]$ e così via. Per costruzione ciascuna f_n è monotona, continua, $f_n(0) = 0$, $f_n(1) = 1$ e $|f_n - f_{n+1}| \leq \frac{1}{2^{n+1}}$. Pertanto, se $m > n$,

$$|f_m - f_n| \leq \sum_{k=n}^{m-1} |f_{k+1} - f_k| \leq \sum_{k=n}^{\infty} \frac{1}{2^{k+1}}.$$

Quindi $(f_n)_n$ converge uniformemente in $[0, 1]$. Sia $f = \lim_n f_n$. Allora f è continua, monotona, e $f(t) = \frac{2k-1}{2^h}$ se $t \in (a_k^h, b_k^h)$. Tale funzione si chiama *funzione di Vitali*. La derivata f' si annulla su ogni intervallo (a_k^h, b_k^h), e quindi $f'(x) = 0$ per quasi ogni $x \in [0, 1]$, dato che l'insieme di Cantor ha misura zero. Ne segue che

$$\int_0^1 f'(x)\, dx = 0 < 1 = f(1) - f(0).$$

7.2 Funzioni a variazione limitata

Definizione 7.9. *Una funzione $f : [a, b] \to \mathbb{R}$ si dice a variazione limitata se esiste una costante $C > 0$ tale che*

$$\sum_{k=0}^{n-1} |f(x_{k+1}) - f(x_k)| \leq C \tag{7.9}$$

per ogni partizione

$$a = x_0 < x_1 < \ldots < x_n = b \tag{7.10}$$

di $[a, b]$. La variazione totale di f su $[a, b]$, denotata con $V_a^b(f)$, è la quantità:

$$V_a^b(f) = \sup \sum_{k=0}^{n-1} |f(x_{k+1}) - f(x_k)| \tag{7.11}$$

dove l'estremo superiore è fatto su tutte le partizioni (7.10) dell'intervallo $[a, b]$.

Osservazione 7.10. Dalla definizione si ottiene immediatamente che, se $\alpha \in \mathbb{R}$ e $f : [a, b] \to \mathbb{R}$ è una funzione a variazione limitata, allora anche αf è una funzione a variazione limitata e

$$V_a^b(\alpha f) = |\alpha| V_a^b(f).$$

Esempio 7.11. 1. Se $f : [a, b] \to \mathbb{R}$ è una funzione monotona, allora il primo membro della (7.9) coincide $|f(b) - f(a)|$ per qualunque scelta della partizione. Allora f è a variazione limitata e $V_a^b(f) = |f(b) - f(a)|$.

2. Se f è una *funzione a gradini* del tipo considerato nell'Esempio 7.7, allora per ogni $h_1, \ldots, h_n \in \mathbb{R}$ f è a variazione limitata e la variazione totale è data dalla somma dei salti, ossia

$$V_a^b(f) = \sum_{k=1}^{n-1} |h_{k+1} - h_k|.$$

3. Sia $f : [a, b] \to \mathbb{R}$ una funzione lipschitziana con costante di Lipschitz K; allora per ogni partizione (7.10) di $[a, b]$ risulta

$$\sum_{k=0}^{n-1} |f(x_{k+1}) - f(x_k)| \leq K \sum_{k=0}^{n-1} |x_{k+1} - x_k| = K(b - a).$$

Pertanto f è a variazione limitata e $V_a^b(f) \leq K(b - a)$.

Esempio 7.12. È facile fare esempi di funzioni continue che non sono a variazione limitata. Infatti si consideri la funzione

$$f(x) = \begin{cases} x \sin \dfrac{1}{x} & \text{se } 0 < x \leq 1, \\ 0 & \text{se } x = 0 \end{cases}$$

e, fissato $n \in \mathbb{N}$, si prenda la seguente suddivisione di $[0, 1]$ individuata dai punti $x_k = (\frac{\pi}{2} + k\pi)^{-1}$:

$$0, x_n, x_{n-1}, \ldots, x_1, x_0, 1.$$

La somma al primo membro della (7.9) associata a tale suddivisione è data da

$$\frac{4}{\pi} \sum_{k=1}^{n} \frac{1}{2k+1} + \frac{2}{\pi} + \left| \sin 1 - \frac{2}{\pi} \right|.$$

Tenendo conto che $\sum_{k=1}^{\infty} \frac{1}{2k+1} = \infty$, si deduce che l'estremo superiore al secondo membro della (7.11) su tutte le partizioni di $[a, b]$ è infinito.

Proposizione 7.13. *Se* $f, g : [a, b] \to \mathbb{R}$ *sono funzioni a variazioni limitata, allora anche* $f + g$ *è a variazione limitata e*

$$V_a^b(f + g) \leq V_a^b(f) + V_a^b(g).$$

Dimostrazione. Per ogni partizione dell'intervallo $[a, b]$ si ha

$$\sum_{k=0}^{n-1} |f(x_{k+1}) + g(x_{k+1}) - f(x_k) - g(x_k)|$$

$$\leq \sum_{k=0}^{n-1} |f(x_{k+1}) - f(x_k)| + \sum_{k=0}^{n-1} |g(x_{k+1}) - g(x_k)| \leq V_a^b(f) + V_a^b(g).$$

Prendendo l'estremo superiore del primo membro su tutte le partizioni di $[a, b]$ si ottiene immediatamente la tesi.   □

Dall'Osservazione 7.10 e dalla Proposizione 7.13 segue che ogni combinazione lineare finita di funzioni a variazione limitata è ancora una funzione a variazione limitata. In altre parole, l'insieme $BV([a, b])$ di tutte le funzioni a variazione limitata sull'intervallo $[a, b]$ è uno spazio vettoriale (contrariamente all'insieme delle funzioni monotone).

Proposizione 7.14. *Se $f : [a, b] \to \mathbb{R}$ è una funzione a variazione limitata e $a < c < b$, allora*

$$V_a^b(f) = V_a^c(f) + V_c^b(f).$$

Dimostrazione. Si consideri dapprima una partizione dell'intervallo $[a, b]$ tale che c coincida uno dei punti di suddivisione, diciamo $x_r = c$. Allora

$$\sum_{k=0}^{n-1} |f(x_{k+1}) - f(x_k)|$$

$$= \sum_{k=0}^{r-1} |f(x_{k+1}) - f(x_k)| + \sum_{k=r}^{n-1} |f(x_{k+1}) - f(x_k)| \qquad (7.12)$$

$$\leq V_a^c(f) + V_c^b(f).$$

Si consideri ora una partizione arbitraria di $[a, b]$. È chiaro che aggiungendo un ulteriore punto di suddivisione a questa partizione la somma $\sum_{k=0}^{n-1} |f(x_{k+1}) - f(x_k)|$ non può diminuire. Pertanto la (7.12) vale per ogni partizione di $[a, b]$, e quindi

$$V_a^b(f) \leq V_a^c(f) + V_c^b(f).$$

D'altra parte, fissato $\varepsilon > 0$, esistono partizioni degli intervalli $[a, c]$ e $[c, b]$, rispettivamente, tali che

$$\sum_i |f(x'_{i+1}) - f(x'_i)| > V_a^c(f) - \frac{\varepsilon}{2},$$

$$\sum_j |f(x''_{j+1}) - f(x''_j)| > V_c^b(f) - \frac{\varepsilon}{2}.$$

Unendo tutti i punti di suddivisione x_i', x_j'' si ottiene una partizione dell'intervallo $[a, b]$, con punti di suddivisione x_k, tale che

$$V_a^b(f) \geq \sum_k |f(x_{k+1}) - f(x_k)| = \sum_i |f(x_{i+1}') - f(x_i')| + \sum_j |f(x_{j+1}'') - f(x_j'')|$$
$$> V_a^c(f) + V_c^b(f) - \varepsilon.$$

Dall'arbitrarietà di $\varepsilon > 0$ segue $V_a^b(f) \geq V_a^c(f) + V_c^b(f)$.   □

Corollario 7.15. *Se* $f : [a, b] \to \mathbb{R}$ *è una funzione a variazione limitata, allora la funzione*

$$x \longmapsto V_a^x(f)$$

è crescente.

Dimostrazione. Se $a \leq x < y \leq b$, la Proposizione 7.14 implica

$$V_a^y(f) = V_a^x(f) + V_x^y(f) \geq V_a^x(f).$$

     □

Proposizione 7.16. *Una funzione* $f : [a, b] \to \mathbb{R}$ *è a variazione limitata se e solo se* f *si può rappresentare come differenza di due funzioni crescenti su* $[a, b]$.

Dimostrazione. Poiché, grazie all'Esempio 7.11, ogni funzione monotona è a variazione limitata e poiché l'insieme $BV([a, b])$ è uno spazio vettoriale, si deduce che la differenza di due funzioni crescenti è a variazione limitata. Per provare il viceversa, si ponga

$$g_1(x) = V_a^x(f), \quad g_2(x) = V_a^x(f) - f(x).$$

Per il Corollario 7.15 g_1 è una funzione crescente. Asseriamo che anche g_2 è crescente. Infatti, se $x < y$, allora, usando la Proposizione 7.14, si ottiene

$$g_2(y) - g_2(x) = V_x^y(f) - (f(y) - f(x)). \tag{7.13}$$

Ma per la Definizione 7.9 risulta

$$|f(y) - f(x)| \leq V_x^y(f)$$

e quindi dalla (7.13) segue $g_2(y) - g_2(x) \geq 0$. Scrivendo $f = g_1 - g_2$, si ha la rappresentazione di f come differenza di due funzioni crescenti.   □

Teorema 7.17. *Sia* $f : [a, b] \to \mathbb{R}$ *una funzione a variazione limitata. Allora l'insieme dei punti di discontinuità di* f *è al più numerabile. Inoltre* f *è derivabile q.o. in* $[a, b]$, $f' \in L^1(a, b)$ *e*

$$\int_a^b |f'(x)| \, dx \leq V_a^b(f). \tag{7.14}$$

Dimostrazione. Usando il Teorema 7.5, il Teorema 7.6 e la Proposizione 7.16, si ottiene immediatamente che f ha al più un'infinità numerabile di punti di discontinuità, è derivabile q.o. in $[a, b]$ e $f' \in L^1(a, b)$. Essendo per $a \le x < y \le b$

$$|f(y) - f(x)| \le V_x^y(f) = V_a^y(f) - V_a^x(f),$$

si ha

$$|f'(x)| \le (V_a^x(f))' \quad \text{q.o. in } [a, b].$$

Infine, usando la (7.5)

$$\int_a^b |f'(x)| dx \le \int_a^b (V_a^x(f))' dx \le V_a^b(f).$$

$\square$

Osservazione 7.18. Le funzioni a gradini (Esempio 7.7) e la funzione di Vitali (Esempio 7.8) forniscono esempi di funzioni a variazione limitata che verificano la disuguaglianza stretta (7.14).

Proposizione 7.19. *Una funzione $f : [a, b] \to \mathbb{R}$ è a variazione limitata se e solo se la curva*

$$y = f(x) \quad a \le x \le b$$

è rettificabile, ossia ha lunghezza[5] finita.

Dimostrazione. Per ogni partizione di $[a, b]$ risulta

$$\sum_{k=0}^{n-1} |f(x_{k+1}) - f(x_k)| \le \sum_{k=0}^{n-1} \sqrt{(x_{k+1} - x_k)^2 + (f(x_{k+1}) - f(x_k))^2}$$

$$\le (b - a) + \sum_{k=0}^{n-1} |f(x_{k+1}) - f(x_k)|.$$

Prendendo l'estremo superiore su tutte le partizioni si ottiene la tesi. $\square$

Esercizio 7.20. Dimostrare che, se $f : [a, b] \to \mathbb{R}$ è una funzione a variazione limitata, allora $\sup_{x \in [a,b]} |f(x)| < \infty$. Dimostrare che, se $f, g : [a, b] \to \mathbb{R}$ sono funzioni a variazione limitata, anche fg è a variazione limitata e

$$V_a^b(fg) \le V_a^b(f) \sup_{x \in [a,b]} |g(x)| + V_a^b(g) \sup_{x \in [a,b]} |f(x)|$$

---

[5] Per lunghezza di una curva $y = f(x)$ $(a \le x \le b)$ si intende l'estremo superiore delle lunghezze delle poligonali inscritte nel sostegno della curva, ossia la quantità

$$\sup \sum_{k=0}^{n-1} \sqrt{(x_{k+1} - x_k)^2 + (f(x_{k+1}) - f(x_k))^2}$$

dove l'estremo superiore è preso su tutte le partizioni di $[a, b]$.

Esercizio 7.21. Sia $(a_n)_n$ una successione di numeri positivi e sia

$$f(x) = \begin{cases} a_n & \text{se } x = \dfrac{1}{n}, \, n \geq 1, \\ 0 & \text{altrimenti.} \end{cases}$$

Provare che f è a variazione limitata su $[0,1]$ se e solo se $\sum_{n=1}^{\infty} a_n < \infty$.

Esercizio 7.22. Sia $f : [a,b] \to \mathbb{R}$ una funzione a variazione limitata tale che

$$f(x) \geq c > 0 \quad \forall x \in [a,b].$$

Provare che $\frac{1}{f}$ è a variazione limitata e

$$V_a^b\left(\frac{1}{f}\right) \leq \frac{1}{c^2} V_a^b(f).$$

Esercizio 7.23. Provare che la funzione

$$f(x) = \begin{cases} x^2 \sin \dfrac{1}{x^3} & 0 < x \leq 1, \\ 0 & x = 0 \end{cases}$$

non è a variazione limitata su $[0,1]$.

Esercizio 7.24. Sia $f : [a,b] \to \mathbb{R}$ una funzione a variazione limitata tale che

$$f(x) \geq 0 \quad \forall x \in [a,b].$$

i) Provare che, se

$$f(x) \geq c > 0 \quad \forall x \in [a,b],$$

allora anche $\sqrt{f}$ è a variazione limitata e

$$V_a^b(\sqrt{f}) \leq \frac{1}{2\sqrt{c}} V_a^b(f).$$

ii) Mostrare con un esempio che $\sqrt{f}$ non è, in generale, a variazione limitata.

7.3 Funzioni assolutamente continue

Torniamo ora alle questioni poste all'inizio del capitolo. L'obiettivo è descrivere la classe delle funzioni che verificano l'uguaglianza (7.2).

Definizione 7.25. *Una funzione $f : [a,b] \to \mathbb{R}$ si dice* assolutamente continua *se, dato $\varepsilon > 0$, esiste $\delta > 0$ tale che*

$$\sum_{k=1}^{n} |f(b_k) - f(a_k)| < \varepsilon \tag{7.15}$$

per ogni famiglia finita di sottointervalli disgiunti

$$(a_k, b_k) \subset [a, b] \quad k = 1, \ldots, n$$

di lunghezza totale $\sum_{k=1}^{n}(b_k - a_k)$ *minore di* δ.

Esempio 7.26. Sia $f : [a, b] \to \mathbb{R}$ una funzione lipschitziana con costante di Lipschitz K; allora, scegliendo $\delta = \frac{\varepsilon}{K}$, si ottiene immediatamente che f è assolutamente continua.

Osservazione 7.27. Ogni funzione assolutamente continua è uniformemente continua, come si vede scegliendo un unico sottointervallo $(a_1, b_1) \subset [a, b]$. Tuttavia non tutte le funzioni uniformemente continue sono assolutamente continue. Per esempio, la funzione di Vitali f costruita nell'Esempio 7.8 è continua (quindi uniformemente continua) su $[0, 1]$, ma non è assolutamente continua. Infatti, per ogni n si consideri l'insieme

$$C_n = [0, 1] \setminus \bigcup_{h=1}^{n} \bigcup_{k=1}^{2^{h-1}} (a_k^h, b_k^h);$$

allora C_n è unione di 2^n sottointervalli disgiunti I_j ciascuno dei quali ha misura $\frac{1}{3^n}$ (quindi la lunghezza totale è $(\frac{2}{3})^n$). Poiché, per costruzione, la funzione di Vitali è costante sui sottointervalli (a_k^h, b_k^h), allora la somma (7.15) associata alla famiglia I_j è uguale a 1. Pertanto è possibile trovare famiglie finite disgiunte di sottointervalli di $[0, 1]$ di lunghezza totale arbitrariamente piccola ma tali che la somma (7.15) è uguale a 1. Lo stesso esempio mostra che una funzione a variazione limitata non è necessariamente assolutamente continua. D'altra parte una funzione assolutamente continua è necessariamente a variazione limitata (si veda la Proposizione 7.28).

Proposizione 7.28. *Se* $f : [a, b] \to \mathbb{R}$ *è assolutamente continua, allora* f *è a variazione limitata.*

Dimostrazione. Fissato $\varepsilon > 0$, esiste $\delta > 0$ tale che

$$\sum_{k=1}^{n} |f(b_k) - f(a_k)| < \varepsilon$$

per ogni famiglia finita di sottointervalli disgiunti $(a_k, b_k) \subset [a, b]$ tale che

$$\sum_{k=1}^{n} (b_k - a_k) < \delta.$$

Pertanto, se $[\alpha, \beta]$ è un qualunque sottointervallo di lunghezza minore di δ, si ha

$$V_\alpha^\beta(f) \leq \varepsilon.$$

Sia $a = x_0 < x_1 < \ldots < x_N = b$ una partizione di $[a, b]$ in N sottointervalli $[x_k, x_{k+1}]$ di lunghezza minore di δ. Allora, per la Proposizione 7.14,

$$V_a^b(f) \leq N\varepsilon.$$

$\square$

Un'immediata conseguenza della Definizione 7.25 è la seguente proposizione.

Proposizione 7.29. *Se $f : [a, b] \to \mathbb{R}$ è una funzione assolutamente continua, allora anche αf è assolutamente continua, dove α è una qualunque costante. Inoltre, se $f, g : [a, b] \to \mathbb{R}$ sono assolutamente continue, anche $f + g$ è assolutamente continua.*

Osservazione 7.30. Dalla Proposizione 7.29 e dall'Osservazione 7.27 segue che l'insieme $AC([a, b])$ di tutte le funzioni assolutamente continue su $[a, b]$ è un sottospazio vettoriale proprio dello spazio vettoriale $BV([a, b])$ delle funzioni a variazione limitata su $[a, b]$.

Passiamo ora a studiare lo stretto legame tra l'assoluta continuità e l'integrale di Lebesgue indefinito. Iniziamo con il seguente risultato.

Lemma 7.31. *Sia $g \in L^1(a, b)$ tale che $\int_I g(t)\, dt = 0$ per ogni sottointervallo $I \subset [a, b]$. Allora $g = 0$ q.o. in $[a, b]$.*

Dimostrazione. Usando il Lemma 1.57, ogni insieme V aperto nella topologia di $[a, b]$ è unione numerabile disgiunta di sottointervalli $I \subset [a, b]$; pertanto $\int_V g(t)\, dt = 0$. Si assuma per assurdo l'esistenza di un boreliano $E \subset [a, b]$ tale che $m(E) > 0$ e $g(x) > 0$ in E. Per il Teorema 1.66 esiste un insieme compatto $K \subset E$ tale che $m(K) > 0$. Ponendo $V = [a, b] \setminus K$, allora V è un insieme aperto in $[a, b]$; quindi

$$0 = \int_a^b g(t)\, dt = \int_V g(t)\, dt + \int_K g(t)\, dt = \int_K g(t)\, dt > 0,$$

da cui segue l'assurdo. $\square$

Riguardo al problema della derivabilità dell'integrale indefinito di Lebesgue, nel prossimo teorema calcoleremo la derivata (7.1), fornendo quindi una risposta affermativa al primo dei due quesiti posti all'inizio del capitolo.

Teorema 7.32. *Sia $f \in L^1(a, b)$ e si ponga*

$$F(x) = \int_a^x f(t)\, dt, \quad x \in [a, b].$$

Allora F è assolutamente continua su $[a, b]$ e

$$F'(x) = f(x) \quad \text{per quasi ogni } x \in [a, b]. \tag{7.16}$$

Dimostrazione. Data una famiglia finita di sottointervalli disgiunti (a_k, b_k), risulta

$$\sum_{k=1}^{n} |F(b_k) - F(a_k)| = \sum_{k=1}^{n} \left| \int_{a_k}^{b_k} f(t) dt \right| \leq \sum_{k=1}^{n} \int_{a_k}^{b_k} |f(t)| dt = \int_{\bigcup_k (a_k, b_k)} |f(t)| dt.$$

Per l'assoluta continuità dell'integrale di Lebesgue, l'ultimo integrale a destra tende a zero quando la lunghezza totale degli intervalli (a_k, b_k) tende a zero. Ciò prova che F è assolutamente continua su $[a, b]$. Per la Proposizione 7.28 F è a variazione limitata; di conseguenza, grazie al Teorema 7.17, F è derivabile q.o. in $[a, b]$ e $F' \in L^1(a, b)$. Resta da provare la (7.16). Si assuma dapprima che esiste $K > 0$ tale che $|f(x)| \leq K$ per ogni $x \in [a, b]$ e sia

$$g_n(x) = n \left[F\left(x + \frac{1}{n}\right) - F(x) \right],$$

dove, per definire g_n per ogni $x \in [a, b]$, si è posto $F(x) = F(b)$ per $b < x \leq b + 1$. Evidentemente

$$\lim_{n \to \infty} g_n(x) = F'(x) \quad \text{q.o. in } [a, b].$$

Inoltre

$$|g_n(x)| = \left| n \int_x^{x + \frac{1}{n}} f(t) \, dt \right| \leq K \quad \forall x \in [a, b].$$

Si consideri $a \leq c < d \leq b$; usando il Teorema di Lebesgue, si ottiene

$$\int_c^d F'(x) \, dx = \lim_{n \to \infty} \int_c^d g_n(x) \, dx = \lim_{n \to \infty} n \left[\int_{c + \frac{1}{n}}^{d + \frac{1}{n}} F(x) \, dx - \int_c^d F(x) \, dx \right]$$

$$= \lim_{n \to \infty} \left[\int_d^{d + \frac{1}{n}} F(x) \, dx - \int_c^{c + \frac{1}{n}} F(x) \, dx \right] = F(d) - F(c)$$

dove l'ultima uguaglianza segue dal teorema del valor medio. Pertanto si deduce

$$\int_c^d F'(x) \, dx = F(d) - F(c) = \int_c^d f(t) \, dt,$$

da cui, usando il Lemma 7.31, si conclude $F'(x) = f(x)$ q.o. in $[a, b]$.

Rimuoviamo ora l'ipotesi di limitatezza di f. Senza perdita di generalità si può assumere $f \geq 0$ (altrimenti basta ragionare separatamente sulla parte positiva f^+ e sulla parte negativa f^-). Allora F è una funzione crescente su $[a, b]$. Si definisca f_n come segue:

$$f_n(x) = \begin{cases} f(x) & \text{se } 0 \leq f(x) \leq n, \\ n & \text{se } f(x) \geq n. \end{cases}$$

Essendo $f - f_n \geq 0$, la funzione $H_n(x) := \int_a^x (f(t) - f_n(t)) dt$ è crescente; quindi, per il Teorema 7.6, H_n è derivabile q.o. e $H_n'(x) \geq 0$. Poiché $0 \leq f_n \leq n$, per

la prima parte della dimostrazione si ha $\frac{d}{dx}\int_a^x f_n(t)dt = f_n(x)$ q.o.; pertanto
per ogni $n \in \mathbb{N}$

$$F'(x) = H_n'(x) + \frac{d}{dx}\int_a^x f_n(t)\, dt \geq f_n(x) \qquad \text{q.o. in } [a,b],$$

da cui segue $F'(x) \geq f(x)$ q.o., e quindi, integrando,

$$\int_a^b F'(x)\, dx \geq \int_a^b f(x)\, dx = F(b) - F(a).$$

D'altra parte, essendo F crescente su $[a,b]$, la (7.5) implica $\int_a^b F'(x)dx \leq F(b) - F(a)$, e allora

$$\int_a^b F'(x)\, dx = F(b) - F(a) = \int_a^b f(x)\, dx.$$

Quindi $\int_a^b (F'(x)-f(x))dx = 0$; essendo $F'(x) \geq f(x)$ q.o., si conclude $F'(x) = f(x)$ q.o. in $[a,b]$. $\qquad\square$

Lemma 7.33. *Sia* $f : [a,b] \to \mathbb{R}$ *una funzione assolutamente continua tale che* $f'(x) = 0$ *per quasi ogni* $x \in [a,b]$*. Allora* f *è costante su* $[a,b]$*.*

Dimostrazione. Fissato $c \in (a,b)$, si vuole mostrare che $f(c) = f(a)$. Sia $E = \{x \in (a,c) \,|\, f'(x) = 0\}$. Allora E è un insieme di Borel e $m(E) = c - a$. Dato $\varepsilon > 0$, esiste $\delta > 0$ tale che

$$\sum_{k=1}^n |f(b_k) - f(a_k)| < \varepsilon$$

per ogni famiglia finita di sottointervalli disgiunti $(a_k, b_k) \subset [a,b]$ tali che

$$\sum_{k=1}^n (b_k - a_k) < \delta.$$

Si fissi $\eta > 0$. Per ogni $x \in E$ e $\gamma > 0$, essendo $\lim_{y \to x} \frac{f(y)-f(x)}{y-x} = 0$, esiste $y_{x,\gamma} > x$ tale che $[x, y_{x,\gamma}] \subset (a,c)$, $|y_{x,\gamma} - x| \leq \gamma$ e

$$|f(y_{x,\eta}) - f(x)| \leq (y_{x,\gamma} - x)\eta. \tag{7.17}$$

Gli intervalli $([x, y_{x,\gamma}])_{x \in E, \gamma > 0}$ costituiscono un ricoprimento fine di E; quindi, per il Lemma di Vitali, esiste un numero finito di tali intervalli disgiunti, che indichiamo con

$$I_1 = [x_1, y_1], \ldots, I_n = [x_n, y_n],$$

dove $x_k < x_{k+1}$, tale che $m(E \setminus \cup_{k=1}^n I_k) < \delta$. Allora si ha

$$y_0 := a < x_1 < y_1 < x_2 < \ldots < y_n < c := x_{n+1}, \quad \sum_{k=0}^{n}(x_{k+1} - y_k) < \delta.$$

Dall'assoluta continuità di f segue

$$\sum_{k=0}^{n}|f(x_{k+1}) - f(y_k)| < \varepsilon, \tag{7.18}$$

mentre, per la (7.17),

$$\sum_{k=1}^{n}|f(y_k) - f(x_k)| \leq \eta \sum_{k=1}^{n}(y_k - x_k) \leq \eta(b - a). \tag{7.19}$$

Combinando le (7.18)–(7.19) si deduce

$$|f(c) - f(a)| = \left| \sum_{k=0}^{n}(f(x_{k+1}) - f(y_k)) + \sum_{k=1}^{n}(f(y_k) - f(x_k)) \right| \leq \varepsilon + \eta(b - a).$$

Data l'arbitrarietà di ε e η si conclude $f(c) = f(a)$. $\square$

Teorema 7.34. *Se $f : [a,b] \to \mathbb{R}$ è assolutamente continua, allora f è derivabile q.o. in $[a,b]$, $f' \in L^1(a,b)$ e*

$$f(x) = f(a) + \int_a^x f'(t)\,dt \quad \forall x \in [a,b]. \tag{7.20}$$

Dimostrazione. Grazie alla Proposizione 7.28 f è a variazione limitata; quindi, per il Teorema 7.17, f è derivabile q.o. e $f' \in L^1(a,b)$. Per provare la (7.20), si consideri la funzione

$$g(x) = \int_a^x f'(t)\,dt.$$

Allora, per il Teorema 7.32, g è assolutamente continua e $g'(x) = f'(x)$ q.o. in $[a,b]$. Ponendo $\Phi = f - g$, Φ è assolutamente continua, essendo differenza di due funzioni assolutamente continue, e $\Phi'(x) = 0$ q.o. in $[a,b]$. Dal lemma precedente segue che Φ è costante, ossia $\Phi(x) = \Phi(a) = f(a) - g(a) = f(a)$, da cui

$$f(x) = \Phi(x) + g(x) = f(a) + \int_a^x f'(t)\,dt \quad \forall x \in [a,b].$$

$\square$

Osservazione 7.35. Usando il Teorema 7.32 e il Teorema 7.34 siamo ora in grado di dare una risposta definitiva al secondo quesito posto all'inizio del capitolo: la formula

$$\int_a^x F'(t)\,dt = F(x) - F(a) \quad \forall x \in [a,b]$$

vale se e solo se F è assolutamente continua su $[a,b]$.

Proposizione 7.36. *Sia* $f : [a, b] \to \mathbb{R}$. *Le seguenti proprietà sono equivalenti:*

(i) f *è assolutamente continua;*
(ii) f *è a variazione limitata e*

$$\int_a^b |f'(t)| \, dt = V_a^b(f).$$

Dimostrazione. Proviamo dapprima l'implicazione '(i)⇒(ii)'. Per ogni partizione $a = x_0 < x_1 < \ldots < x_n = b$ di $[a, b]$, per il Teorema 7.34 risulta

$$\sum_{k=0}^{n-1} |f(x_{k+1}) - f(x_k)| = \sum_{k=0}^{n-1} \left| \int_{x_k}^{x_{k+1}} f'(t) \, dt \right|$$

$$\leq \sum_{k=0}^{n-1} \int_{x_k}^{x_{k+1}} |f'(t)| \, dt = \int_a^b |f'(t)| \, dt,$$

da cui segue

$$V_a^b(f) \leq \int_a^b |f'(t)| \, dt.$$

D'altra parte, per il Teorema 7.17, $\int_a^b |f'(t)| dt \leq V_a^b(f)$, e quindi $V_a^b(f) = \int_a^b |f'(t)| dt$.

Si passa ora a provare l'implicazione '(ii)⇒(i)'. Per ogni $x \in [a, b]$, usando la (7.14), si ha

$$V_a^x(f) \geq \int_a^x |f'(t)| dt = \int_a^b |f'(t)| dt - \int_x^b |f'(t)| dt = V_a^b(f) - \int_x^b |f'(t)| dt$$
$$\geq V_a^b(f) - V_x^b(f) = V_a^x(f)$$

dove l'ultima uguaglianza segue dalla Proposizione 7.14. Allora si ottiene

$$V_a^x(f) = \int_a^x |f'(t)| \, dt.$$

Essendo $f' \in L^1(a, b)$, il Teorema 7.32 implica che la funzione $x \mapsto V_a^x(f)$ è assolutamente continua. Data una famiglia di sottointervalli disgiunti $(a_k, b_k) \subset [a, b]$, risulta

$$\sum_{k=1}^n |f(b_k) - f(a_k)| \leq \sum_{k=1}^n V_{a_k}^{b_k}(f) = \sum_{k=1}^n \left(V_a^{b_k}(f) - V_a^{a_k}(f) \right).$$

Per l'assoluta continuità di $x \mapsto V_a^x(f)$, l'ultima somma a destra tende a zero quando la lunghezza totale degli intervalli (a_k, b_k) tende a zero. Ciò prova che f è assolutamente continua. □

Applicando la precedente proposizione al caso particolare di funzioni monotone, si ottiene il seguente risultato.

Corollario 7.37. *Sia $f : [a, b] \to \mathbb{R}$ una funzione monotona. Le seguenti proprietà sono equivalenti:*

i) *f è assolutamente continua;*

ii) *$\int_a^b |f'(t)| \, dt = |f(b) - f(a)|$.*

Osservazione 7.38. Siano $f, g : [a, b] \to \mathbb{R}$ funzioni assolutamente continue. Allora vale la seguente formula di integrazione per parti:

$$\int_a^b f(x)g'(x)\,dx = f(b)g(b) - f(a)g(a) - \int_a^b f'(x)g(x)\,dx.$$

Infatti, per il Teorema di Tonelli,

$$\iint_{[a,b]^2} |f'(x)g'(y)|\,dxdy = \int_a^b |f'(x)|\,dx \int_a^b |g'(y)|\,dy < \infty,$$

ossia $f'(x)g'(y) \in L^1([a, b]^2)$. Allora si consideri l'insieme

$$A = \{(x, y) \in [a, b]^2 \mid a \leq x \leq y \leq b\}$$

e si calcoli l'integrale

$$I = \iint_A f'(x)g'(y)\,dxdy$$

in due modi usando il Teorema di Fubini e la formula (7.20). Da un lato risulta

$$I = \int_a^b g'(y)\left(\int_a^y f'(x)\,dx\right)dy = \int_a^b g'(y)f(y)\,dy - f(a)\int_a^b g'(y)\,dy$$

$$= \int_a^b g'(y)f(y)\,dy - f(a)\big(g(b) - g(a)\big),$$

e dall'altro si ha

$$I = \int_a^b f'(x)\left(\int_x^b g'(y)\,dy\right)dx = g(b)\int_a^b f'(y)\,dy - \int_a^b f'(x)g(x)\,dx$$

$$= g(b)\big(f(b) - f(a)\big) - \int_a^b f'(x)g(x)\,dx.$$

Esercizio 7.39. Provare che, se $f, g : [a, b] \to \mathbb{R}$ sono funzioni assolutamente continue, allora anche fg è assolutamente continua.

Esercizio 7.40. Sia $(f_n)_n$ una successione di funzioni assolutamente continue su $[0, 1]$ convergente puntualmente a una funzione $f : [0, 1] \to \mathbb{R}$ e tale che

$$\int_0^1 |f_n'(x)|\,dx \leq M, \quad \forall n \in \mathbb{N},$$

per un'opportuna costante $M > 0$.

i)   Provare che $\lim_{n\to\infty} \int_0^1 f_n(x)\,dx = \int_0^1 f(x)\,dx$.

ii) Provare che f è a variazione limitata su $[0,1]$.

iii) Mostrare con un esempio che, in generale, f non è assolutamente continua su $[0,1]$.

Esercizio 7.41. Sia $f_n : [a,b] \to \mathbb{R}$ una successione di funzioni assolutamente continue convergente puntualmente a una funzione $f : [a,b] \to \mathbb{R}$. Si supponga che esista $g \in L^1(a,b)$ tale che

$$|f_n'| \le g \quad \text{q.o. in } [a,b] \quad \forall n \in \mathbb{N}.$$

Provare che f è assolutamente continua.

8

Misure con segno

Confronto fra misure – Decomposizione di Lebesgue – Misure con segno – Il duale
di $L^p(X, \mu)$

Dato $(X, \mathscr{E}, \mu)$ uno spazio di misura e $\rho \in L^1(X, \mu)$, l'*integrale indefinito di
Lebesgue*

$$\nu(E) = \int_E \rho \, d\mu \qquad (8.1)$$

definisce una funzione di insieme σ–additiva, ossia, se E è unione numerabile

$$E = \bigcup_n E_n$$

di insiemi disgiunti $E_n \in \mathscr{E}$, allora

$$\nu(E) = \sum_n \nu(E_n).$$

Pertanto, se $\rho \geq 0$, allora ν è una misura finita su $\mathscr{E}$ che verifica

$$E \in \mathscr{E} \ \& \ \mu(E) = 0 \ \Rightarrow \ \nu(E) = 0. \qquad (8.2)$$

È naturale chiedersi se tutte le misure finite ν su $\mathscr{E}$ che verificano la (8.2)
si possono rappresentare mediante un integrale indefinito della forma (8.1).
Il Teorema di Radon–Nikodym, sotto opportune ipotesi, dà una risposta affermativa a questa domanda. La dimostrazione che forniremo è basata sulla
decomposizione di Lebesgue, che consente di scrivere una misura ν come somma di due misure, una assolutamente continua e una singolare rispetto a μ,
nel senso della successiva Definizione 8.1.

Motivati dalle proprietà dell'integrale indefinito (8.2), introdurremo nuove
nozioni, come quella di misura con segno, di cui le misure positive conside-
rate in precedenza sono un caso particolare, che porteranno a definire altre
decomposizioni.

Nell'ultimo paragrafo applicheremo i risultati ottenuti allo studio dello
spazio duale di $L^p(X, \mu)$.

Cannarsa P, D'Aprile T: Introduzione alla teoria della misura e all'analisi funzionale.
© Springer-Verlag Italia, Milano, 2008

8.1 Confronto fra misure

Sia $(X, \mathscr{E})$ uno spazio misurabile. Ricordiamo che una misura μ su $\mathscr{E}$ si dice *concentrata* su un insieme $A \in \mathscr{E}$ se $\mu(A^c) = 0$ o, equivalentemente, se

$$\mu(E) = \mu(A \cap E) \qquad \forall E \in \mathscr{E}.$$

Definizione 8.1. *Siano μ e ν due misure su $\mathscr{E}$.*

- μ *e* ν *si dicono* singolari *se sono concentrate su insiemi disgiunti. In tal caso scriveremo $\mu \perp \nu$.*
- ν *si dice* assolutamente continua *rispetto a μ, e si scrive $\nu \ll \mu$, se*

$$E \in \mathscr{E}, \quad \mu(E) = 0 \implies \nu(E) = 0.$$

- μ *e* ν *si dicono* equivalenti, *e si scrive $\mu \sim \nu$, se $\nu \ll \mu$ e $\mu \ll \nu$.*

Esempio 8.2. Sia $\rho \in L^1(X, \mu)$ tale che $\rho \geq 0$ e si ponga

$$\nu(E) = \int_E \rho(x)\, d\mu(x) \qquad \forall E \in \mathscr{E}.$$

Si verifica facilmente che ν è una funzione additiva su $\mathscr{E}$. Inoltre, se $(E_n)_n \subset \mathscr{E}$ è una successione crescente convergente a $E \in \mathscr{E}$, allora per il Teorema della Convergenza Monotona risulta

$$\nu(E_n) = \int_X \rho(x)\chi_{E_n}(x)\, d\mu(x) \quad \uparrow \quad \int_X \rho(x)\chi_E(x)\, d\mu(x) = \nu(E).$$

Pertanto ν è una misura (finita) su $\mathscr{E}$ grazie alla Proposizione 1.17. Poiché gli integrali su insiemi di misura zero sono nulli, ne segue che $\nu \ll \mu$.

Esercizio 8.3. Sia m la misura di Lebesgue in $\mathbb{R}$ e sia $\rho : \mathbb{R} \to [0, \infty]$ una funzione di Borel sommabile sui sottoinsiemi limitati di $\mathbb{R}$. Si definisca

$$\nu(E) = \int_E \rho(x)\, dx \qquad \forall E \in \mathscr{B}(\mathbb{R}).$$

Provare che ν è una misura su $\mathscr{B}(\mathbb{R})$ e $\nu \ll m$.

Esempio 8.4. Sia m la misura di Lebesgue in $\mathbb{R}$ e sia δ_{x_0} la misura di Dirac in $x_0 \in \mathbb{R}$. Allora m è concentrata su $A := \mathbb{R} \setminus \{x_0\}$, mentre δ_{x_0} è concentrata su $B := \{x_0\}$. Pertanto m e δ_{x_0} sono singolari.

Esercizio 8.5. Provare che le misure

$$\mu(E) = \int_E e^{-x^2} dx \qquad \forall E \in \mathscr{B}(\mathbb{R})$$

e

$$\nu(E) = \int_E e^{x^2} dx \qquad \forall E \in \mathscr{B}(\mathbb{R})$$

sono equivalenti.

Esercizio 8.6. Siano μ e ν due misure su $\mathscr{E}$.

1. Provare che, se

$$\forall \varepsilon > 0 \quad \exists \delta > 0: \quad E \in \mathscr{E} \;\&\; \mu(E) < \delta \implies \nu(E) < \varepsilon, \qquad (8.3)$$

allora $\nu \ll \mu$.

2. Provare che, se ν è finita, allora $\nu \ll \mu$ implica la proprietà (8.3).

   Suggerimento. Si supponga per assurdo che esistono $\varepsilon > 0$ e $(A_n)_n \subset \mathscr{E}$ tali che

$$\mu(A_n) < \frac{1}{2^n} \quad \text{e} \quad \nu(A_n) \geq \varepsilon \qquad \forall n \in \mathbb{N}.$$

   Allora

$$B_n := \bigcup_{i \geq n} A_i \;\downarrow\; B = \limsup_{n \to \infty} A_n.$$

   Pertanto, usando la Proposizione 1.18, $\mu(B_n) \downarrow \mu(B) = 0$, mentre $\nu(B_n) \downarrow \nu(B) \geq \varepsilon$.

3. Mostrare con un esempio che la proprietà (8.3) è falsa in generale quando $\nu \ll \mu$ ma ν è σ–finita.

   Suggerimento. Su $\mathscr{B}((0,1])$ si consideri la misura σ–finita

$$\nu(E) = \int_E \frac{dx}{x}.$$

   Allora $\nu \ll m$ (essendo m la misura di Lebesgue in $(0,1]$), ma la (8.3) è falsa. Infatti, per ogni $\delta \in (0,1]$, risulta $\nu((0,\delta]) = \int_0^\delta \frac{dx}{x} = \infty$.

8.2 Decomposizione di Lebesgue

In questo paragrafo dimostreremo due risultati di grande importanza in teoria della misura, noti come *decomposizione di Lebesgue* e *derivazione di Radon–Nikodym*. Iniziamo con l'esaminare il caso di misure finite. Nel seguito $(X, \mathscr{E})$ denota un generico spazio misurabile.

8.2.1 Il caso di misure finite

Teorema 8.7. *Siano μ e ν misure finite su $\mathscr{E}$. Allora valgono le seguenti affermazioni.*

(a) *Esistono due misure finite su $\mathscr{E}$, ν_a e ν_s, tali che*

$$\nu = \nu_a + \nu_s, \qquad \nu_a \ll \mu, \qquad \nu_s \perp \mu. \qquad (8.4)$$

Inoltre tale decomposizione è unica.

(b) *Esiste un'unica funzione* $\rho \in L^1(X, \mu)$ *tale che* $\rho \geq 0$ *e*

$$\nu_a(E) = \int_E \rho(x)\, d\mu(x) \qquad \forall E \in \mathscr{E}. \tag{8.5}$$

L'uguaglianza (8.4) *si chiama* decomposizione di Lebesgue *di* ν *rispetto a* μ. *La funzione* ρ *nella* (8.5) *si chiama* densità *o* derivata di Radon–Nykodym *di* ν_a *rispetto a* μ, *e si denota con il simbolo*

$$\rho = \frac{d\nu_a}{d\mu}.$$

Dimostrazione. Dividiamo la dimostrazione in 6 passi.

1. *Costruzione di un funzionale lineare limitato.*

Si ponga

$$\lambda = \mu + \nu$$

e si osservi che $\mu \ll \lambda$, $\nu \ll \lambda$ e

$$L^2(X, \lambda) \subset \underbrace{L^2(X, \nu) \subset L^1(X, \nu)}_{(\nu(X) < \infty)}.$$

Pertanto è ben definito il funzionale lineare

$$F(\varphi) := \int_X \varphi(x)\, d\nu(x) \qquad \forall \varphi \in L^2(X, \lambda).$$

Per la disuguaglianza di Hölder si ha

$$|F(\varphi)| \leq \sqrt{\nu(X)} \left(\int_X |\varphi(x)|^2\, d\nu(x) \right)^{1/2} = \sqrt{\nu(X)}\, \|\varphi\|_2.$$

Pertanto F è limitato. Grazie al Teorema di Riesz, esiste un unico elemento f di $L^2(X, \lambda)$ tale che

$$F(\varphi) = \int_X \varphi(x)\, d\nu(x) = \int_X f(x)\varphi(x)\, d\lambda(x) \quad \forall \varphi \in L^2(X, \lambda). \tag{8.6}$$

2. *Due stime per f.*

Si osservi che, essendo λ finita, χ_E appartiene a $L^2(X, \lambda)$ per ogni $E \in \mathscr{E}$. Prendendo $\varphi = \chi_E$ nella (8.6) si ottiene

$$\nu(E) = \int_E f(x)\, d\lambda(x) \geq 0 \qquad \forall E \in \mathscr{E}.$$

Pertanto $f \geq 0$ λ–q.o.; possiamo quindi supporre

$$f(x) \geq 0 \quad \forall x \in X.$$

Inoltre, poiché $\int_X f\varphi\, d\lambda = \int_X f\varphi\, d\mu + \int_X f\varphi\, d\nu$, la (8.6) si può riscrivere nella forma

$$\int_X \varphi(x)(1 - f(x))\, d\nu(x) = \int_X f(x)\varphi(x)\, d\mu(x) \quad \forall \varphi \in L^2(X, \lambda). \quad (8.7)$$

Quindi, scegliendo $\varphi = \chi_E$ come prima, si ha

$$\int_E (1 - f(x))\, d\nu(x) = \int_E f(x)\, d\mu(x) \geq 0 \quad \forall E \in \mathscr{E},$$

da cui segue $f \leq 1$ ν–q.o.

3. *Costruzione di ν_a e ν_s.*

Si definiscano i due insiemi di Borel

$$A := \{x \in X \mid 0 \leq f(x) < 1\} \quad B := X \setminus A = \{x \in X \mid f(x) \geq 1\},$$

e si ponga[1]

$$\nu_a := \nu \llcorner A \quad \nu_s := \nu \llcorner B.$$

Allora ν_a e ν_s sono misure finite che verificano $\nu = \nu_a + \nu_s$. Prendendo $\varphi = \chi_B$ nella (8.7), si deduce $\mu(B) = 0$. Pertanto μ è concentrata su A. Poiché ν_s è concentrata su B, ne segue che $\mu \perp \nu_s$.

4. *Densità di ν_a.*

Fissati $n \in \mathbb{N}$ e $E \in \mathscr{E}$, si prenda nella (8.7)

$$\varphi(x) = \big(1 + f(x) + \cdots + f^n(x)\big)\chi_{E \cap A}(x) \quad \forall x \in X,$$

ottenendo

$$\int_{E \cap A} \big(1 - f^{n+1}(x)\big)\, d\nu(x) = \int_{E \cap A} \big[f(x) + f^2(x) + \cdots + f^{n+1}(x)\big]\, d\mu(x).$$

Si ponga

$$\rho(x) := \begin{cases} \displaystyle\lim_{n \to \infty} \big[f(x) + f^2(x) + \cdots + f^{n+1}(x)\big] = \dfrac{f(x)}{1 - f(x)} & \text{se } x \in A, \\[2mm] 0 & \text{se } x \in B. \end{cases}$$

Allora il Teorema della Convergenza Monotona implica

$$\nu_a(E) = \nu(E \cap A) = \int_{E \cap A} \rho(x)\, d\mu(x) = \int_E \rho(x)\, d\mu(x).$$

Ciò prova la (8.5). Inoltre, prendendo $E = X$ nell'uguaglianza precedente, si conclude che ρ è μ–sommabile. Il fatto che $\nu_a \ll \mu$ segue dall'Esempio 8.2.

---

[1] Si veda la Definizione 1.24.

5. *Unicità della densità.*

Siano $\rho_1, \rho_2 \geq 0$ due funzioni μ–sommabile che verificano la (8.5). Allora $\rho = \rho_1 - \rho_2$ è una funzione μ–sommabile tale che

$$\int_E \rho(x) \, d\mu(x) = 0 \qquad \forall E \in \mathscr{E}.$$

Pertanto $\rho = 0$ μ–q.o., quindi ρ_1 e ρ_2 sono due elementi identici dello spazio $L^1(X, \mu)$.

6. *Unicità della decomposizione di Lebesgue.*

Siano ν_a^i e ν_s^i, $i = 1, 2$, misure finite che verificano

$$\nu = \nu_a^i + \nu_s^i \quad \text{con} \quad \nu_a^i \ll \mu \quad \text{e} \quad \nu_s^i \perp \mu.$$

Sia A un supporto di μ tale che $\nu_s^1(A) = 0 = \nu_s^2(A)$. Allora, per ogni $E \in \mathscr{E}$, si ha

$$\nu_a^1(E) = \nu_a^1(E \cap A) + \underbrace{\nu_a^1(E \cap A^c)}_{=0 \ (\nu_a^1 \ll \mu)}$$

$$= \nu_a^2(E \cap A) + \underbrace{\nu_s^2(E \cap A)}_{=0 \ (\nu_s^2 \perp \mu)} - \underbrace{\nu_s^1(E \cap A)}_{=0 \ (\nu_s^1 \perp \mu)} = \nu_a^2(E).$$

$\square$

Il prossimo risultato segue immediatamente dal Teorema 8.7.

Teorema 8.8 (Radon–Nikodym). *Siano μ e ν misure finite su $\mathscr{E}$ tali che $\nu \ll \mu$. Allora esiste un'unica funzione $\rho \geq 0$ in $L^1(X, \mu)$ tale che*

$$\nu(E) = \int_E \rho(x) \, d\mu(x) \qquad \forall E \in \mathscr{E}.$$

8.2.2 Il caso generale

Estenderemo ora la decomposizione di Lebesgue a misure più generali.

Teorema 8.9. *Siano μ e ν misure su $\mathscr{E}$. Se μ è σ–finita e ν è finita, allora valgono le conclusioni del Teorema 8.7.*

Dimostrazione. Sia $(X_n)_n \subset \mathscr{E}$ una successione di insiemi disgiunti tali che $\mu(X_n) < \infty$ per ogni $n \in \mathbb{N}$ e $X = \cup_{n \geq 1} X_n$. Si applichi il Teorema 8.7 alle misure finite

$$\mu_n := \mu \llcorner X_n \qquad \nu_n := \nu \llcorner X_n$$

e si consideri, per ogni $n \in \mathbb{N}$, la decomposizione di Lebesgue di ν_n rispetto a μ_n, ossia

$$\nu_n = (\nu_n)_a + (\nu_n)_s \quad \text{con} \quad (\nu_n)_a \ll \mu_n \quad \text{e} \quad (\nu_n)_s \perp \mu.$$

Grazie alla (8.5) e all'Esercizio 2.72,

$$(\nu_n)_a(E) = \int_E \rho_n(x)\, d\mu_n(x) = \int_{E \cap X_n} \rho_n(x)\, d\mu(x) \qquad \forall E \in \mathscr{E}$$

per opportune funzioni $\rho_n \geq 0$ μ_n–sommabili. Si definisca

$$\nu_a := \sum_{n=1}^{\infty}(\nu_n)_a \qquad \nu_s := \sum_{n=1}^{\infty}(\nu_n)_s$$

e

$$\rho(x) := \sum_{n=1}^{\infty} \rho_n(x)\chi_{X_n}(x) \qquad \forall x \in X.$$

Allora ν_a e ν_s sono misure finite tali che

$$\nu = \sum_{n=1}^{\infty}\nu_n = \sum_{n=1}^{\infty}(\nu_n)_a + \sum_{n=1}^{\infty}(\nu_n)_s = \nu_a + \nu_s.$$

Inoltre, per ogni $E \in \mathscr{E}$, la Proposizione 2.48 implica

$$\nu_a(E) = \sum_{n=1}^{\infty}\int_{E \cap X_n} \rho_n(x)\, d\mu(x)$$

$$= \int_E \sum_{n=1}^{\infty} \rho_n(x)\chi_{X_n}(x)\, d\mu(x) = \int_E \rho(x)\, d\mu(x).$$

Prendendo $E = X$ nella precedente disuguaglianza si deduce che ρ è μ–sommabile. Pertanto $\nu_a \ll \mu$. Per completare la dimostrazione, siano $A_n, B_n \subset X_n$ supporti disgiunti di μ_n e $(\nu_n)_s$ rispettivamente. Allora $A := \cup_n A_n$ e $B := \cup_n B_n$ sono supporti disgiunti di μ e ν_s. Ne segue che $\nu_s \perp \mu$. L'unicità della densità ρ e della decomposizione (8.4) si dimostra come nel Teorema 8.7. □

Esempio 8.10. Se la misura μ non è σ–finita, allora le conclusioni del Teorema 8.7 sono in generale false, anche se ν è finita. Per esempio, sulla σ–algebra di Borel $\mathscr{B}([0,1])$ si consideri la misura $\mu^{\#}$ che conta. Sia m la misura di Lebesgue in $[0,1]$. Allora $m \ll \mu^{\#}$, ma m non possiede alcuna rappresentazione della forma

$$m(E) = \int_E f\, d\mu^{\#} \qquad \forall E \in \mathscr{B}([0,1])$$

con $f : [0,1] \to [0,\infty]$ $\mu^{\#}$–sommabile. Infatti, se tale f esistesse, risulterebbe $m(\{x\}) = 0 = f(x)$ per ogni $x \in [0,1]$, e quindi $f(x) = 0$ per ogni $x \in [0,1]$. Prendendo $E = [0,1]$, seguirebbe $m([0,1]) = 0$.

Esercizio 8.11. Sia X un insieme non numerabile e sia $\mathscr{E}$ la σ–algebra di tutti i sottoinsiemi numerabili di X e dei loro complementari. Provare che, se $\mu^{\#}$ è la misura che conta in X e

$$\lambda(E) = \begin{cases} 0 & \text{se } E \text{ è numerabile,} \\ 1 & \text{se } E^c \text{ è numerabile,} \end{cases}$$

allora $\lambda \ll \mu^{\#}$ ma non esiste nessuna funzione $\mu^{\#}$–sommabile f tale che

$$\lambda(E) = \int_E f \, d\mu^{\#} \qquad \forall E \in \mathscr{E}.$$

Esercizio 8.12. Adattando la dimostrazione del Teorema 8.9, mostrare che, se μ e ν sono entrambe σ–finite, allora le conclusioni del Teorema 8.7 sono ancora vere, con l'avvertenza che ρ non è necessariamente μ–sommabile ma soltanto *localmente μ–sommabile*, ossia, esiste una successione $(X_n)_n \subset \mathscr{E}$ tale che $X_n \uparrow X$ e

$$\mu(X_n) < \infty, \quad \int_{X_n} \rho \, d\mu < \infty \qquad \forall n \in \mathbb{N}.$$

8.3 Misure con segno

Sia $(X, \mathscr{E})$ uno spazio misurabile.

Definizione 8.13. *Una* misura con segno μ *su* $\mathscr{E}$ *è un'applicazione* $\mu : \mathscr{E} \to \mathbb{R}$ *tale che* $\mu(\varnothing) = 0$ *e, per ogni successione* $(E_n)_n \subset \mathscr{E}$ *di insiemi disgiunti, risulta*

$$\mu\left(\bigcup_{n=1}^{\infty} E_n\right) = \sum_{n=1}^{\infty} \mu(E_n). \tag{8.8}$$

Esempio 8.14. Siano μ_1 e μ_2 misure finite su $\mathscr{E}$. Allora la differenza $\mu := \mu_1 - \mu_2$ è una misura con segno su $\mathscr{E}$.

Osservazione 8.15. Si osservi che la serie al secondo membro della (8.8) deve convergere indipendentemente dall'ordine dei suoi termini (poiché il primo membro non dipende da tale ordine), quindi deve essere assolutamente convergente.

Osservazione 8.16. La Definizione 8.13 si può generalizzare includendo le funzioni a valori estesi: più precisamente funzione $\mu : \mathscr{E} \to \overline{\mathbb{R}}$ si dice misura con segno se $\mu(\varnothing) = 0$ e μ verifica (8.8). In tal caso, tuttavia, μ non può assumere entrambi i valori ∞ e $-\infty$.

Esercizio 8.17. Sia $\mu : \mathscr{E} \to \mathbb{R}$ una funzione additiva[2] tale che $\mu(\varnothing) = 0$.

---

[2] Una funzione $\mu : \mathscr{E} \to \mathbb{R}$ si dice additiva se, per ogni famiglia finita $E_1, \ldots, E_n \in \mathscr{E}$ di insiemi disgiunti, si ha $\mu\left(\bigcup_{k=1}^{n} E_k\right) = \sum_{k=1}^{n} \mu(E_k)$.

- Data una successione $(E_n)_n \subset \mathscr{E}$, provare che le seguenti proprietà sono equivalenti:
  (a) $E_n \uparrow E \implies \mu(E_n) \to \mu(E)$,
  (b) $E_n \downarrow E \implies \mu(E_n) \to \mu(E)$,
  (c) $E_n \downarrow \varnothing \implies \mu(E_n) \to 0$.

- Provare che μ è una misura con segno su $\mathscr{E}$ se e solo se vale una delle proprietà precedenti.

Suggerimento. Adattare la dimostrazione delle Proposizioni 1.17 e 1.18.

8.3.1 Variazione totale

Definizione 8.18. *Dato* $E \in \mathscr{E}$, *una successione* $(E_n)_n \subset \mathscr{E}$ *di insiemi disgiunti tale che* $\bigcup_{n=1}^{\infty} E_n = E$ *si chiama* partizione di E.

Definizione 8.19. *Sia* μ *una misura con segno su* $\mathscr{E}$. *La* variazione totale *di* μ *è l'applicazione* $|\mu| : \mathscr{E} \to [0, \infty]$ *così definita*

$$|\mu|(E) = \sup \left\{ \sum_{n=1}^{\infty} |\mu(E_n)| \ : \ (E_n)_n \text{ partizione di } E \right\} \qquad \forall E \in \mathscr{E}.$$

Proposizione 8.20. *Sia* μ *una misura con segno su* $\mathscr{E}$. *Allora* $|\mu|$ *è una misura finita su* $\mathscr{E}$.

Dimostrazione. Dividiamo la dimostrazione in 3 passi.

1. *Additività.*

Asseriamo che, se $A, B \in \mathscr{E}$ sono insiemi disgiunti, allora

$$|\mu|(A \cup B) = |\mu|(A) + |\mu|(B). \tag{8.9}$$

Infatti si consideri $(E_n)_n$ una partizione di $E := A \cup B$ e si ponga

$$A_n = A \cap E_n, \quad B_n = B \cap E_n \qquad \forall n \in \mathbb{N}.$$

Allora $(A_n)_n$ è una partizione di A, $(B_n)_n$ è una partizione di B. Inoltre, essendo $E_n = A_n \cup B_n$ con unione disgiunta, risulta $\mu(E_n) = \mu(A_n) + \mu(B_n)$ per ogni $n \in \mathbb{N}$; allora

$$\sum_{n=1}^{\infty} |\mu(E_n)| \le \sum_{n=1}^{\infty} |\mu(A_n)| + \sum_{n=1}^{\infty} |\mu(B_n)| \le |\mu|(A) + |\mu|(B),$$

da cui segue $|\mu|(A \cup B) \le |\mu|(A) + |\mu|(B)$.

Per provare la disuguaglianza inversa, fissato $\varepsilon > 0$ esistono delle decomposizioni $(A_n^\varepsilon)_n$ di A e $(B_n^\varepsilon)_n$ di B tali che

$$\sum_{n=1}^{\infty} |\mu(A_n^{\varepsilon})| \geq |\mu|(A) - \frac{\varepsilon}{2}, \quad \sum_{n=1}^{\infty} |\mu(B_n^{\varepsilon})| \geq |\mu|(B) - \frac{\varepsilon}{2}.$$

Poiché $(A_n^{\varepsilon})_n \cup (B_n^{\varepsilon})_n$ è una decomposizione di $A \cup B$, si ha

$$|\mu|(A \cup B) \geq \sum_{n=1}^{\infty} (|\mu(A_n^{\varepsilon})| + |\mu(B_n^{\varepsilon})|) \geq |\mu|(A) + |\mu|(B) - \varepsilon.$$

Per l'arbitrarietà di $\varepsilon > 0$ risulta $|\mu|(A \cup B) \geq |\mu|(A) + |\mu|(B)$.

2. σ-additività.

Essendo $|\mu|$ additiva, è sufficiente provare che $|\mu|$ è σ-subadditiva (si veda l'Osservazione 1.14). Consideriamo una successione disgiunta $(E_n)_n \subset \mathscr{E}$ e poniamo $E = \cup_{n=1}^{\infty} E_n$. Sia $(F_i)_i$ una partizione di E. Allora per ogni fissato n, $(F_i \cap E_n)_i$ è una partizione di E_n e, per ogni fissato i, $(F_i \cap E_n)_n$ è una partizione di F_i. Pertanto $\mu(F_i) = \sum_{n=1}^{\infty} \mu(F_i \cap E_n)$, da cui segue

$$\sum_{i=1}^{\infty} |\mu(F_i)| \leq \sum_{i=1}^{\infty} \sum_{n=1}^{\infty} |\mu(F_i \cap E_n)| = \sum_{n=1}^{\infty} \sum_{i=1}^{\infty} |\mu(F_i \cap E_n)| \leq \sum_{n=1}^{\infty} |\mu|(E_n),$$

e pertanto, per l'arbitrarietà della partizione $(F_i)_i$,

$$|\mu|(E) \leq \sum_{n=1}^{\infty} |\mu|(E_n).$$

3. $|\mu|(X) < \infty$.

Si assuma per assurdo $|\mu|(X) = \infty$. Asseriamo che esistono insiemi disgiunti $A, B \in \mathscr{E}$ tali che $X = A \cup B$ e

$$|\mu(A)| > 1 \quad \& \quad |\mu|(B) = \infty. \tag{8.10}$$

Si osservi che la (8.10) è sufficiente per dedurre una contraddizione. Infatti, (sostituendo X con B e così via) si costruisce una successione $(A_n)_n$ di insiemi misurabili disgiunti tali che $|\mu(A_n)| > 1$. Allora, per un'opportuna sottosuccessione $(A_{n_k})_k$ di $(A_n)_n$, si ha $\mu(A_{n_k}) > 1$ oppure $\mu(A_{n_k}) < -1$ per ogni $k \in \mathbb{N}$. Pertanto $\sum_k \mu(A_{n_k}) = \infty$ nel primo caso e $\sum_k \mu(A_{n_k}) = -\infty$ nel secondo caso, in contraddizione con $\mu(\cup_k A_{n_k}) \in \mathbb{R}$.

Resta da provare la (8.10). Essendo $|\mu|(X) = \infty$, esiste una partizione $(X_n)_n$ di X tale che

$$\sum_{n=1}^{\infty} |\mu(X_n)| > 2(1 + |\mu(X)|).$$

Allora, una delle due somme

$$\sum_{n\geq 1,\, \mu(X_n)>0} |\mu(X_n)|, \qquad \sum_{n\geq 1,\, \mu(X_n)<0} |\mu(X_n)|$$

è maggiore di $1 + |\mu(X)|$. Per fissare le idee, si supponga di essere nel primo caso; pertanto, per un'opportuna sottosuccessione $(X_{n_k})_k$, risulta

$$\sum_{k=1}^{\infty} \mu(X_{n_k}) > 1 + |\mu(X)|.$$

Si ponga $A = \bigcup_{k=1}^{\infty} X_{n_k}$ e $B = A^c$. Allora $|\mu(A)| > 1$ e

$$|\mu(B)| = |\mu(X) - \mu(A)| \geq |\mu(A)| - |\mu(X)| > 1.$$

Poiché

$$|\mu|(X) = |\mu|(A) + |\mu|(B) = \infty,$$

ne segue che $|\mu|(B) = \infty$ oppure $|\mu|(A) = \infty$. Nel primo caso si ottiene la (8.10), nel secondo caso è sufficiente scambiare i ruoli di A e B. La (8.10) è così provata.   □

Si osservi che, se μ è una misura con segno su $\mathscr{E}$, allora

$$|\mu(E)| \leq |\mu|(E) \qquad \forall E \in \mathscr{E}. \tag{8.11}$$

Pertanto, grazie alla Proposizione 8.20,

$$\mu^+ := \frac{1}{2}\left(|\mu| + \mu\right) \quad \text{e} \quad \mu^- = \frac{1}{2}\left(|\mu| - \mu\right) \tag{8.12}$$

sono misure finite su $\mathscr{E}$, chiamate rispettivamente *parte positiva* e *parte negativa* di μ. Inoltre l'identità

$$\mu = \mu^+ - \mu^- \tag{8.13}$$

si chiama *decomposizione di Jordan* di μ.

8.3.2 Teorema di Radon–Nikodym

Sia $(X, \mathscr{E}, \mu)$ uno spazio di misura.

Definizione 8.21. *Una misura con segno ν su $\mathscr{E}$ si dice* assolutamente continua *rispetto a μ, e si scrive $\nu \ll \mu$, se*

$$E \in \mathscr{E} \ \& \ \mu(E) = 0 \ \implies \ |\nu|(E) = 0.$$

Osservazione 8.22. Si noti che, poiché $|\nu| = \nu^+ + \nu^-$,

$$\nu \ll \mu \iff \nu^+ \ll \mu \ \& \ \nu^- \ll \mu.$$

Esercizio 8.23. Data una misura con segno ν su $\mathscr{E}$, provare che $\nu \ll \mu$ se e solo se

$$E \in \mathscr{E} \ \& \ \mu(E) = 0 \implies \nu(E) = 0.$$

Vale la seguente generalizzazione del Teorema di Radon–Nikodym.

Teorema 8.24 (Radon–Nikodym). *Sia μ una misura σ-finita su $\mathscr{E}$ e sia ν una misura con segno su $\mathscr{E}$ tale che $\nu \ll \mu$. Allora esiste un'unica funzione $\rho \in L^1(X, \mu)$ tale che*

$$\nu(E) = \int_E \rho(x) \, d\mu(x) \qquad \forall E \in \mathscr{E}. \tag{8.14}$$

Dimostrazione. Per ipotesi ν^+ e ν^- sono misure finite e assolutamente continue rispetto a μ grazie all'Osservazione 8.22. Pertanto, applicando il Teorema 8.9, ν^+ e ν^- ammettono derivate

$$\rho_+ = \frac{d\nu^+}{d\mu} \ \& \ \rho_- = \frac{d\nu^-}{d\mu}.$$

Si ponga $\rho := \rho_+ - \rho_-$. Allora $\rho \in L^1(X, \mu)$ e vale la (8.14). L'unicità di ρ si prova come nel Teorema 8.7. $\qquad\square$

8.3.3 Decomposizione di Hahn

Il prossimo risultato descrive la struttura di una misura con segno; più precisamente asserisce che X è l'unione di due insiemi disgiunti che sono supporti della sua parte positiva e delle sua parte negativa rispettivamente.

Teorema 8.25. *Sia μ una misura con segno su $\mathscr{E}$ e siano μ^+ e μ^- la sua parte positiva e negativa. Allora esistono insiemi disgiunti $A, B \in \mathscr{E}$ tali che $X = A \cup B$ e*

$$\mu^+(E) = \mu(A \cap E), \quad \mu^-(E) = -\mu(B \cap E) \qquad \forall E \in \mathscr{E}. \tag{8.15}$$

La coppia (A, B) si chiama decomposizione di Hahn di X relativa a μ.

Dimostrazione. Si osservi anzitutto che $\mu \ll |\mu|$. Pertanto, applicando il Teorema 8.24, esiste una funzione $\rho \in L^1(X, |\mu|)$ tale che

$$\mu(E) = \int_E \rho \, d|\mu| \qquad \forall E \in \mathscr{E}. \tag{8.16}$$

Si passa a provare che $|\rho(x)| = 1 \ |\mu|$-q.o.

  1. $|\rho| \le 1 \ |\mu|$-q.o.

Si ponga

$$E_1 = \{x \in X \mid \rho(x) > 1\} \qquad E_2 = \{x \in X \mid \rho(x) < -1\}.$$

Basterà mostrare che $|\mu|(E_1) = |\mu|(E_2) = 0$. Si supponga $|\mu|(E_1) > 0$. Allora

$$\mu(E_1) = |\mu(E_1)| = \int_{E_1} \rho \, d|\mu| > |\mu|(E_1),$$

in contraddizione con la (8.11). Pertanto $|\mu|(E_1) = 0$. Analogamente si prova che $|\mu|(E_2) = 0$.

2. $|\rho| = 1 \ |\mu|$-*q.o.*

Si ponga, per ogni $r \in (0,1)$,

$$G_r = \{x \in X \mid 0 \le \rho(x) < r\} \qquad H_r = \{x \in X \mid -r < \rho(x) \le 0\}.$$

Come prima, proveremo che $|\mu|(G_r) = |\mu|(H_r) = 0$. Sia $(G_{r,n})_n$ una partizione di G_r. Allora

$$\mu(G_{r,n}) = |\mu(G_{r,n})| = \int_{G_{r,n}} \rho \, d|\mu| \le r|\mu|(G_{r,n}).$$

Pertanto

$$\sum_{n=1}^{\infty} |\mu(G_{r,n})| \le r|\mu|(G_r).$$

Per l'arbitrarietà della partizione $(G_{r,n})_n$ si conclude

$$|\mu|(G_r) \le r|\mu|(G_r),$$

e, essendo $r \in (0,1)$, necessariamente $|\mu|(G_r) = 0$. Analogamente $|\mu|(H_r) = 0$.

3. *Conclusione*

Grazie al risultato precedente si può assumere $|\rho(x)| = 1$ per ogni $x \in X$. Siano

$$A = \{x \in X \mid \rho(x) = 1\} \qquad B = \{x \in X \mid \rho(x) = -1\}.$$

Allora per ogni $E \in \mathscr{E}$ si ha

$$\mu^+(E) = \frac{1}{2}\left(|\mu|(E) + \mu(E)\right) = \frac{1}{2}\underbrace{\int_E (1 + \rho) \, d|\mu|}_{1+\rho(x)=0 \ \forall x \in E \cap B} = \int_{E \cap A} \rho \, d|\mu| = \mu(E \cap A)$$

e

$$\mu^-(E) = \frac{1}{2}\left(|\mu|(E) - \mu(E)\right) = \frac{1}{2}\underbrace{\int_E (1 - \rho) \, d|\mu|}_{1-\rho(x)=0 \ \forall x \in E \cap A} = \int_{E \cap B} \rho \, d|\mu| = \mu(E \cap B).$$

La dimostrazione è così completa. $\qquad\qquad\qquad\qquad\qquad\qquad\qquad\qquad$ $\square$

Osservazione 8.26. Una misura con segno può ammettere diverse decomposizioni di Hanh.

Esercizio 8.27. Provare che la parte positiva e la parte negativa di una misura con segno μ sono misure singolari.

Esercizio 8.28. Provare che, se μ è una misura con segno su $\mathscr{E}$ e λ_1, λ_2 sono due misure su $\mathscr{E}$ tali che

$$\mu = \lambda_1 - \lambda_2,$$

allora

$$\mu^+ \leq \lambda_1, \quad \mu^- \leq \lambda_2.$$

8.4 Il duale di $L^p(X, \mu)$

Sia $(X, \mathscr{E}, \mu)$ uno spazio di misura. In questo paragrafo caratterizzeremo il duale di $L^p(X, \mu)$. Sia $1 \leq p \leq \infty$ e sia p' l'esponente coniugato di p, ossia $1/p + 1/p' = 1$ con l'usuale convenzione $\frac{1}{\infty} = 0$. Per ogni $g \in L^{p'}(X, \mu)$ si definisca $F_g : L^p(X, \mu) \to \mathbb{R}$ ponendo

$$F_g(f) = \int_X fg \, d\mu \qquad \forall f \in L^p(X, \mu). \tag{8.17}$$

Si osservi che, per la disuguaglianza di Hölder,

$$|F_g(f)| \leq \|f\|_p \|g\|_{p'} \qquad \forall f \in L^p(X, \mu).$$

Pertanto $F_g \in \left(L^p(X, \mu)\right)^*$ e

$$\|F_g\|_* \leq \|g\|_{p'}. \tag{8.18}$$

Quindi l'applicazione $g \mapsto F_g$ è una contrazione lineare $L^{p'}(X, \mu) \to (L^p(X, \mu))^*$. Sorge naturale la questione di vedere se tutti i funzionali lineari limitati su $L^p(X, \mu)$ hanno questa forma e se tale rappresentazione è unica. Per semplicità restringeremo la nostra analisi al caso di misure σ–finite.

Teorema 8.29. *Sia μ una misura σ–finita su $\mathscr{E}$ e sia $1 \leq p < \infty$. Allora l'applicazione $g \mapsto F_g$ definita nella (8.17) è un isomorfismo isometrico[3] di $L^{p'}(X, \mu)$ su $\left(L^p(X, \mu)\right)^*$.*

Dimostrazione. Sia $F \in \left(L^p(X, \mu)\right)^*$. Costruiremo una funzione $g \in L^{p'}(X, \mu)$ tale che $F = F_g$ e $\|g\|_{p'} \leq \|F_g\|_*$. Consideriamo dapprima il caso $\mu(X) < \infty$. Dividiamo la dimostrazione in tre passi.

---

[3] Si veda la nota 5 a pagina 133.

1. $\exists g \in L^1(X, \mu)$ *tale che* $F(f) = \int_X fg \, d\mu$ *per ogni* $f \in L^\infty(X, \mu)$.

Si osservi che, essendo μ finita, $\chi_E \in L^p(X, \mu)$ per ogni $E \in \mathscr{E}$. Si definisca

$$\nu(E) = F(\chi_E) \qquad \forall E \in \mathscr{E}.$$

Poiché F è lineare e $\chi_{A \cup B} = \chi_A \cup \chi_B$ se A e B sono disgiunti, si deduce che ν è additiva e $\nu(\varnothing) = F(0) = 0$. Inoltre, per ogni successione $(E_n)_n \subset \mathscr{E}$ tale che $E_n \uparrow E$, usando il Corollario 3.36, risulta $\chi_{E_n} \xrightarrow{L^p} \chi_E$; la continuità di F implica $\nu(E_n) \to \nu(E)$. Pertanto ν è una misura con segno grazie all'Esercizio 8.17. È evidente che, se $\mu(E) = 0$, allora $\chi_E = 0$ in $L^p(X, \mu)$, quindi $\nu(E) = 0$ e, per l'Esercizio 8.23, si ha $\nu \ll \mu$. Allora il Teorema di Radon–Nikodym (Teorema 8.24) garantisce l'esistenza di $g \in L^1(X, \mu)$ tale che

$$F(\chi_E) = \int_E g \, d\mu \qquad \forall E \in \mathscr{E}.$$

Per linearità segue che $F(f) = \int fg \, d\mu$ per ogni funzione semplice $f : X \to \mathbb{R}$. Sia ora $f \in L^\infty(X, \mu)$. Applicando la Proposizione 2.23 a f^+ e f^-, si costruisce una successione di funzioni semplici $f_n : X \to \mathbb{R}$ tali che $|f_n| \leq |f|$ e $f_n \xrightarrow{L^\infty} f$. Dal Teorema della Convergenza Dominata si ottiene

$$F(f_n) = \int_X f_n g \, d\mu \to \int_X fg \, d\mu.$$

D'altra parte, essendo μ finita, grazie al Corollario 3.36 si deduce $f_n \xrightarrow{L^p} f$. Pertanto $F(f_n) \to F(f)$.

2. $g \in L^{p'}(X, \mu)$ *e* $\|g\|_{p'} \leq \|F\|_*$.

Conviene distinguere due casi.

2a) $1 < p < \infty$ (quindi anche $1 < p' < \infty$). Fissato $k \in \mathbb{N}$, sia $Y_k = \{x \in X \mid |g(x)| \leq k\}$ e si definisca

$$f_k(x) = \begin{cases} \chi_{Y_k}(x) \dfrac{|g(x)|^{p'}}{g(x)} & \text{se } g(x) \neq 0 \\[2mm] 0 & \text{se } g(x) = 0. \end{cases}$$

Risulta $f_k \in L^\infty(X, \mu)$; pertanto $f_k \in L^p(X, \mu)$. Inoltre $|f|^p = |g|^{p'}$ in Y_k; allora

$$\int_{Y_k} |g|^{p'} \, d\mu = \int_X f_k g \, d\mu = F(f_k) \leq \|F\|_* \|f_k\|_p = \|F\|_* \left(\int_{Y_k} |g|^{p'} \, d\mu \right)^{\frac{1}{p}}$$

da cui segue

$$\left(\int_X \chi_{Y_k} |g|^{p'} \, d\mu \right)^{1/p'} \leq \|F\|_*.$$

Passando al limite $k \to \infty$ e applicando il Teorema della Convergenza Monotona si ottiene $\|g\|_{p'} \leq \|F\|_*$.

2b) $p = 1$. Per ogni $\varepsilon > 0$ si ponga

$$A_\varepsilon = \{x \in X \mid g(x) \geq \|F\|_* + \varepsilon\}$$

e si definisca $f_\varepsilon = \chi_{A_\varepsilon} \frac{g}{|g|}$. Allora $f_\varepsilon \in L^1(X, \mu) \cap L^\infty(X, \mu)$ e $\|f_\varepsilon\|_1 = \mu(A_\varepsilon)$, e quindi

$$(\|F\|_* + \varepsilon)\mu(A_\varepsilon) \leq \int_{A_\varepsilon} |g| \, d\mu = \int_X f_\varepsilon g \, d\mu = F(f_\varepsilon) \leq \|F\|_* \mu(A_\varepsilon).$$

Ciò implica $\mu(A_\varepsilon) = 0$ per ogni $\varepsilon > 0$, e pertanto $\|g\|_\infty \leq \|F\|_*$.

3 Conclusione.

Per ogni $p \in [1, \infty)$ risulta $g \in L^{p'}(X, \mu)$ e $\|g\|_{p'} \leq \|F\|_*$. Allora F e F_g sono funzionali lineari continui che coincidono sul sottoinsieme denso $L^\infty(X, \mu)$ di $L^p(X, \mu)$, quindi $F = F_g$. Inoltre, ricordando la disuguaglianza (8.18),

$$\|g\|_{p'} \leq \|F\|_* = \|F_g\|_* \leq \|g\|_{p'}.$$

La dimostrazione è completa se $\mu(X) < \infty$. Nel caso σ–finito, si consideri una successione $(X_k)_k \subset \mathscr{E}$ di insiemi disgiunti tali che $X = \cup_{k=1}^\infty X_k$. È immediato che, per ogni $E \in \mathscr{E}$, l'applicazione

$$f \in L^p(E, \mu) \mapsto F(\tilde{f})$$

($\tilde{f}$ denota l'estensione di f a zero fuori di E) è un funzionale lineare continuo di norma minore o uguale a $\|F\|_*$. Il risultato precedente, applicato agli spazi di misura finita $(X_k, \mathscr{E} \cap X_k, \mu)$ (si veda l'Osservazione 1.26), mostra che esistono funzioni $g_k \in L^{p'}(X_k, \mu)$ tali che

$$F(\tilde{f}) = \int_{X_k} g_k f \, d\mu \quad \forall f \in L^p(X_k, \mu).$$

Per ogni $x \in X$ si ponga $g(x) = g_n(x)$ se $x \in X_n$ e sia $Z_n = \cup_{k=1}^n X_k$. Essendo

$$F(\tilde{f}) = \int_{Z_n} g f \, d\mu \quad \forall f \in L^p(Z_n, \mu),$$

allora, per la prima parte della dimostrazione, $g \in L^{p'}(Z_n, \mu)$ e

$$\int_X |g|^{p'} \chi_{Z_n} \, d\mu = \int_{Z_n} |g|^{p'} \, d\mu \leq \|F\|_*^{p'},$$

da cui, poiché $\chi_{Z_n} \uparrow 1$, per il Lemma di Fatou $g \in L^{p'}(X, \mu)$ e $\|g\|_{p'} \leq \|F\|_*$. Infine, per ogni $f \in L^p(X, \mu)$,

$$F(\chi_{Z_n} f) = \int_{Z_n} g f \, d\mu = \int_X g \chi_{Z_n} f \, d\mu = F_g(\chi_{Z_n} f)$$

Poiché $f \chi_{Z_n} \xrightarrow{L^p} f$, si conclude $F(f) = F_g(f)$ per ogni $f \in L^p(X, \mu)$.   □

Osservazione 8.30. Il Teorema 8.29 resta valido per un generico spazio di misura nel caso $1 < p < \infty$, e anche per $p = 1$ se si escludono alcuni spazi 'patologici'. Invece per $p = \infty$ il Teorema 8.29 è falso in generale: $L^1(X,\mu)$ non fornisce tutti i funzionali lineari continui su $L^\infty(X,\mu)$ (si veda l'Osservazione 6.58). Il caso speciale $p = p' = 2$ è già noto dal Teorema di Rappresentazione di Riesz, poiché $L^2(X,\mu)$ è uno spazio di Hilbert. Condizioni necessarie e sufficienti sullo spazio $(X, \mathscr{E}, \mu)$ perché valga la tesi del Teorema 8.29 sono discusse in [Za67].

9

Funzioni multivoche

Definizioni e esempi – Esistenza di una selezione sommabile

Sotto la spinta delle applicazione all'ottimizzazione e alla teoria dei controlli, l'analisi moderna ha mostrato un interesse crescente per numerose questioni riguardanti le funzioni a più valori, per le quali è possibile sviluppare molti risultati analoghi a quelli che conosciamo per le funzioni ad un sol valore. In questo capitolo vedremo i concetti introduttivi di questa teoria, fino a ricavare un classico teorema di selezione misurabile.

9.1 Definizioni e esempi

Dati due interi $N, M \geq 1$, una *funzione multivoca* $\Gamma : \mathbb{R}^N \rightsquigarrow \mathbb{R}^M$ è un'applicazione che associa a ogni $x \in \mathbb{R}^N$ un insieme $\Gamma(x) \subset \mathbb{R}^M$ (anche vuoto). L'insieme

$$D(\Gamma) = \{x \in \mathbb{R}^N \mid \Gamma(x) \neq \emptyset\}$$

è chiamato *dominio* di Γ.

Esempio 9.1. 1. Sia $f : [a, b] \to \mathbb{R}$ una funzione semicontinua inferiormente. Allora

$$\Gamma(t) := \{x \in [a, b] \mid f(x) \leq t\}, \qquad t \in \mathbb{R},$$

definisce una funzione multivoca $\Gamma : \mathbb{R} \rightsquigarrow \mathbb{R}$ per cui $D(\Gamma) = [\min f, \infty)$.

2. Dato un intero $k \geq 1$, sia $f : \mathbb{R}^N \times \mathbb{R}^k \to \mathbb{R}^M$ una funzione continua e sia F un sottoinsieme chiuso non vuoto di $\mathbb{R}^k$. Allora

$$\Gamma(x) := f(x, F), \qquad x \in \mathbb{R}^N,$$

definisce una funzione multivoca $\Gamma : \mathbb{R}^N \rightsquigarrow \mathbb{R}^M$ per cui $D(\Gamma) = \mathbb{R}^N$.

Definizione 9.2. *Sia* $\Gamma : \mathbb{R}^N \rightsquigarrow \mathbb{R}^M$ *una funzione multivoca. Diciamo che* Γ *è:*

(i) chiusa *(rispettivamente,* convessa, compatta*) se* $\Gamma(x)$ *è un insieme chiuso (rispettivamente, convesso, compatto) per ogni* $x \in \mathbb{R}^N$*;*

(ii) boreliana, o di Borel *se, per ogni aperto* $V \subset \mathbb{R}^M$, *la controimmagine*

$$\Gamma^{-1}(V) := \{x \in \mathbb{R}^N \mid \Gamma(x) \cap V \neq \varnothing\}$$

è un sottoinsieme boreliano di $\mathbb{R}^N$*;*

(iii) semicontinua superiormente in un punto $x \in \mathbb{R}^N$ *se per ogni* $\varepsilon > 0$ *esiste* $\delta > 0$ *tale che*[1] $\forall x' \in \mathbb{R}^N$

$$\|x - x'\| < \delta \quad \Longrightarrow \quad \Gamma(x') \subset \Gamma(x) + B_\varepsilon\,;$$

(iv) semicontinua superiormente in un insieme $E \subset \mathbb{R}^N$ *se è semicontinua superiormente in ogni punto di* E.

In modo analogo si può dare senso alla semicontinuità inferiore e a molte altre proprietà di continuità per le funzioni multivoche. In questa trattazione, però, non approfondiremo questi aspetti, limitandoci a considerare funzioni multivoche semicontinue superiormente. Il lettore interessato ad approfondire la teoria delle funzioni multivoche può consultare la monografia [AF90].

Esercizio 9.3. Dire se la funzione multivoca $\Gamma : \mathbb{R} \rightsquigarrow \mathbb{R}$ dell'Esempio 9.1.1 è:

1. chiusa;
2. semicontinua superiormente in $D(\Gamma)$.

Esercizio 9.4. Sia $\Gamma : \mathbb{R}^N \rightsquigarrow \mathbb{R}^M$ una funzione multivoca chiusa e sia $x_0 \in \mathbb{R}^N$. Il massimo limite di Kuratowski di Γ per $x \to x_0$ è definito come

$$\mathrm{Limsup}_{x \to x_0} \Gamma(x) = \left\{ y \in \mathbb{R}^M \;\middle|\; \begin{array}{l} \exists\, x_n \in D(\Gamma) \setminus \{x_0\} \\ \exists\, y_n \in \Gamma(x_n) \end{array} : \begin{array}{l} x_n \to x_0 \\ y_n \to y \end{array} \right\}.$$

1. Provare che, se $x_0 \in \overline{D(\Gamma)}$, allora[2]

$$\mathrm{Limsup}_{x \to x_0} \Gamma(x) = \left\{ y \in \mathbb{R}^M \;\middle|\; \liminf_{x \to x_0,\, x \in D(\Gamma)} d_{\Gamma(x)}(y) = 0 \right\}.$$

2. Provare che, se Γ è semicontinua superiormente in x_0, allora

$$\mathrm{Limsup}_{x \to x_0} \Gamma(x) \subset \Gamma(x_0). \tag{9.1}$$

3. Provare che, se

$$\exists\, r, R > 0 \quad \text{tali che} \quad \|y\| \le R \quad \forall y \in \bigcup_{\|x - x_0\| < r} \Gamma(x), \tag{9.2}$$

allora dalla (9.1) segue che Γ è semicontinua superiormente in x_0.

---

[1] $\Gamma(x) + B_\varepsilon := \{y + z \mid y \in \Gamma(x),\ \|z\| < \varepsilon\}$.

[2] $d_{\Gamma(x)}(y)$ denota la distanza del punto y dall'insieme $\Gamma(x)$.

4. Dire se vale l'implicazione precedente senza supporre la (9.2).

Suggerimento. Si consideri $\Gamma : \mathbb{R} \rightsquigarrow \mathbb{R}$ così definita

$$\Gamma(x) = \begin{cases} \{n\} & \text{se } x = \dfrac{1}{n}, \ n \geq 1 \\ \emptyset & \text{altrimenti,} \end{cases}$$

(Γ non è semicontinua superiormente in 0 ma $\text{Limsup}_{x \to 0} \Gamma(x) = \emptyset$).

Data una funzione multivoca $\Gamma : \mathbb{R}^N \rightsquigarrow \mathbb{R}^M$, il *grafico* di Γ è definito come

$$\text{Graph}(\Gamma) = \{(x,y) \in \mathbb{R}^N \times \mathbb{R}^M \mid y \in \Gamma(x)\}.$$

Proposizione 9.5. *Data una funzione multivoca $\Gamma : \mathbb{R}^N \rightsquigarrow \mathbb{R}^M$, se $\text{Graph}(\Gamma)$ è chiuso allora Γ è chiusa e boreliana.*

Dimostrazione. Il fatto che Γ sia chiusa è conseguenza diretta della chiusura di $\text{Graph}(\Gamma)$. Ci limiteremo quindi a provare che Γ è boreliana.

Innanzitutto mostriamo che, se $K \subset \mathbb{R}^M$ è compatto, allora $\Gamma^{-1}(K)$ è chiuso. Sia $(x_n)_n \subset \Gamma^{-1}(K)$ una successione convergente a un punto $\bar{x} \in \mathbb{R}^N$. Allora, esiste una successione $y_n \in \Gamma(x_n) \cap K$ e, per compattezza, una sottosuccessione y_{k_n} convergente a un punto $\bar{y} \in K$. Poiché $\text{Graph}(\Gamma)$ è chiuso, la coppia $(\bar{x}, \bar{y}) := \lim_n (x_{k_n}, y_{k_n})$ appartiene a $\text{Graph}(\Gamma)$. Quindi, $\bar{y} \in \Gamma(\bar{x})$ e, di conseguenza, $\bar{x} \in \Gamma^{-1}(K)$. Pertanto, come asserito, $\Gamma^{-1}(K)$ è chiuso.

Sia ora $V \subset \mathbb{R}^M$ un aperto. Allora, $V = \cup_{n=1}^{\infty} K_n$ per un'opportuna famiglia $(K_n)_n$ di insiemi compatti. Pertanto, $\Gamma^{-1}(V) = \cup_{n=1}^{\infty} \Gamma^{-1}(K_n)$ è unione numerabile di chiusi e quindi è di Borel. $\qquad\square$

9.2 Esistenza di una selezione sommabile

Definizione 9.6. *Data una funzione multivoca $\Gamma : \mathbb{R}^N \rightsquigarrow \mathbb{R}^M$, una selezione di Γ su un insieme non vuoto $S \subset D(\Gamma)$ è una funzione $\gamma : S \to \mathbb{R}^M$ tale che $\gamma(x) \in \Gamma(x)$ per ogni $x \in S$.*

Il fatto che ogni funzione multivoca ammetta almeno una selezione su $D(\Gamma)$ è conseguenza dell'Assioma della Scelta. Però, di solito si è interessati a sapere se esistono selezioni con determinate proprietà. Nel seguito del capitolo daremo condizioni sufficienti a garantire l'esistenza di una *selezione sommabile* (rispetto alla misura di Lebesgue m) di una data funzione multivoca.

Si dice che $\Gamma : \mathbb{R}^N \rightsquigarrow \mathbb{R}^M$ è *dominata da una funzione sommabile* su un boreliano $A \subset \mathbb{R}^N$ se esiste una funzione $g : A \to [0,\infty)$ tale che[3] $g \in L^1(A)$ e, per ogni $x \in A$,

$$p \in \Gamma(x) \quad \Longrightarrow \quad \|p\| \leq g(x). \tag{9.3}$$

---

[3] Nel seguito $L^1(A) = L^1(A, \mathscr{B}(A), m)$ dove $\mathscr{B}(A)$ è la σ–algebra di Borel e m denota la misura di Lebesgue in A.

Teorema 9.7. *Sia* $\Gamma : \mathbb{R}^N \rightsquigarrow \mathbb{R}^M$ *chiusa, semicontinua superiormente e dominata da una funzione sommabile su un boreliano non vuoto* $A \subset D(\Gamma)$ *di misura finita. Allora esiste*[4] $\gamma \in (L^1(A))^M$ *tale che* $\gamma(x) \in \Gamma(x)$ *per quasi ogni* $x \in A$.

Dimostrazione. Per la prova sono necessari due passi tecnici.

1. Mostriamo innanzitutto che per ogni $f \in (L^1(A))^M$ esiste una funzione di Borel $\phi(f) : A \to [0, \infty)$ tale che

$$\phi(f)(x) = d_{\Gamma(x)}(f(x)) \quad \text{q.o. in } A$$

e

$$\phi(f)(x) \neq d_{\Gamma(x)}(f(x)) \;\Rightarrow\; \phi(f)(x) = 0.$$

A questo scopo, applichiamo innanzitutto il Corollario 2.30 del Teorema di Lusin per costruire una successione crescente di compatti $K_n \subset A$ tali che

$$\begin{cases} (a) & f\big|_{K_n} : K_n \to \mathbb{R}^M, \quad g\big|_{K_n} : K_n \to \mathbb{R}, \quad \text{sono continue} \quad \forall n \in \mathbb{N}; \\ (b) & m\big(A \setminus \cup_{n \geq 1} K_n\big) = 0 \end{cases}$$

e poniamo

$$\phi(f) = \phi(f)(x) := \begin{cases} d_{\Gamma(x)}(f(x)) & \text{se } x \in \cup_{n \geq 1} K_n \\ 0 & \text{se } x \in A \setminus \cup_{n \geq 1} K_n. \end{cases} \tag{9.4}$$

Quindi, facciamo vedere che, per ogni $n \geq 1$, la restrizione

$$\phi(f)\big|_{K_n} : K_n \to \mathbb{R}$$

è semicontinua inferiormente: fissato $n \in \mathbb{N}$ e $x_0 \in K_n$, siano $x_j \in K_n$ e $p_j \in \Gamma(x_j)$ successioni tali che

$$\liminf_{x \in K_j,\, x \to x_0} \phi(f)(x) = \lim_{j \to \infty} \phi(f)(x_j) = \lim_{j \to \infty} \|f(x_j) - p_j\|.$$

Osserviamo che, in virtù della (9.3), $\|p_j\| \leq \max_{K_n} g$ per ogni $j \in \mathbb{N}$; dunque $(p_j)_j$ è limitata e possiamo supporre, a meno di estrarre una sottosuccessione, che $p_j \to p_0$ per $j \to \infty$. Inoltre, per il punto 2 dell'Esercizio 9.4, si ha che $p_0 \in \Gamma(x_0)$. Pertanto,

$$\phi(f)(x_0) \leq \|f(x_0) - p_0\| = \lim_{j \to \infty} \|f(x_j) - p_j\| = \liminf_{x \in K_n,\, x \to x_0} \phi(f)(x).$$

Infine, posto

---

[4] $(L^1(A))^M := \{(f_1, \ldots, f_M) \mid f_i \in L^1(A),\, \forall i = 1, \ldots, M\}.$

$$\phi_n : A \to \mathbb{R}, \quad \phi_n(x) = \begin{cases} \phi(f)\big|_{K_n}(x) & \text{se } x \in K_n \\ 0 & \text{se } x \in A \setminus K_n \end{cases} \qquad (n \in \mathbb{N}),$$

si ha che ϕ_n è di Borel in A e $\phi_n(x) \to \phi(f)(x)$ per ogni $x \in A$. Perciò $\phi(f)$ è di Borel.

2. Consideriamo ora il funzionale

$$J(f) := \int_A \phi(f)\, dx \qquad f \in (L^1(A))^M.$$

Per il primo passo, J è ben definito in quanto l'integrando è una funzione positiva di Borel. Inoltre, grazie all'ipotesi (9.3) e alla lipschitzianità della distanza, fissata $f \in (L^1(A))^M$, per quasi ogni $x \in A$ risulta

$$\phi(f)(x) = d_{\Gamma(x)}(f(x)) \leq \|f(x)\| + d_{\Gamma(x)}(0) \leq \|f(x)\| + g(x),$$

e quindi $J(f) < \infty$ per ogni $f \in (L^1(A))^M$. Inoltre, se $f, g \in (L^1(A))^M$, per quasi ogni $x \in A$

$$|\phi(f)(x) - \phi(g)(x)| = |d_{\Gamma(x)}(f(x)) - d_{\Gamma(x)}(g(x))| \leq |f(x) - g(x)|;$$

ne segue che J è lipschitziano con costante 1, quindi continuo. Faremo vedere che J si annulla per almeno un elemento di $(L^1(A))^M$. Per iniziare, applichiamo il Principio Variazionale di Ekeland (vedi Appendice H) per costruire una funzione $\bar{f} \in (L^1(A))^M$ tale che

$$J(f) > J(\bar{f}) - \frac{1}{3}\|f - \bar{f}\|_1 \qquad \forall f \in (L^1(A))^M \setminus \{\bar{f}\}. \tag{9.5}$$

Supponiamo per assurdo che $J(\bar{f}) > 0$. Allora

$$A_+ := \{x \in A \mid \phi(\bar{f}) > 0\}$$

è un insieme di Borel e

$$\int_{A_+} \phi(\bar{f})\, dx = \int_{A_+} d_{\Gamma(x)}(\bar{f}(x))\, dx > 0. \tag{9.6}$$

Fissata una successione $(q_j)_{j \in \mathbb{N}}$ densa in $\mathbb{R}^M$, poniamo

$$A_j = \left\{x \in A_+ \;\Big|\; \|\bar{f}(x) - q_j\| < \frac{2}{3}\phi(f)(x), \; \phi(q_j)(x) < \frac{2}{3}\phi(\bar{f})(x)\right\}$$

$$= \left\{x \in A_+ \;\Big|\; \|\bar{f}(x) - q_j\| < \frac{2}{3}d_{\Gamma(x)}(\bar{f}(x)), \; \phi(q_j)(x) < \frac{2}{3}d_{\Gamma(x)}(\bar{f}(x))\right\}.$$

Per quanto visto nel passo precedente, A_j è un insieme di Borel per ogni $j \in \mathbb{N}$. Inoltre, si prova facilmente che[5] $A_+ = \cup_{j \in \mathbb{N}} A_j$. Pertanto, dalla (9.6) segue che, per almeno un indice j_0,

---

[5] Infatti, sia $x \in A_+$ e sia $y \in \Gamma(x)$ tale che $\|\bar{f}(x) - y\| = d_{\Gamma(x)}(\bar{f}(x))$. Allora, posto $z = \frac{1}{2}(\bar{f}(x) + y)$, z verifica $\|\bar{f}(x) - z\| = \frac{1}{2}d_{\Gamma(x)}(\bar{f}(x))$ e $d_{\Gamma(x)}(z) \leq \|z - y\| = \frac{1}{2}d_{\Gamma(x)}(\bar{f}(x))$. Pertanto, se $q_{n_j} \to z$, per la continuità della funzione distanza definitivamente $x \in A_{n_j}$.

$$\int_{A_{j_0}} d_{\Gamma(x)}(\bar{f}(x))\, dx > 0.$$

Allora, posto

$$\tilde{f}(x) = \begin{cases} q_{j_0} & \text{se } x \in A_{j_0}, \\ \bar{f}(x) & \text{se } x \in A \setminus A_{j_0}, \end{cases}$$

si ha che

$$\int_A \|\tilde{f}(x) - \bar{f}(x)\|\, dx = \int_{A_{j_0}} \|q_{j_0} - \bar{f}(x)\|\, dx$$

$$\leq \frac{2}{3} \int_{A_{j_0}} d_{\Gamma(x)}(\bar{f}(x))\, dx. \quad (9.7)$$

Inoltre, per come è definito A_{j_0} risulta

$$J(\tilde{f}) = J(\bar{f}) - \int_{A_{j_0}} d_{\Gamma(x)}(\bar{f}(x))\, dx + \int_{A_{j_0}} \phi(q_{j_0})\, dx$$

$$\leq J(\bar{f}) - \frac{1}{3} \int_{A_{j_0}} d_{\Gamma(x)}(\bar{f}(x))\, dx < J(\bar{f}).$$

Quindi $\tilde{f} \neq \bar{f}$, e dalla (9.7) si conclude che

$$J(\tilde{f}) \leq J(\bar{f}) - \frac{1}{2}\|\tilde{f} - \bar{f}\|_1,$$

in contrasto con (9.5).

Per concludere la dimostrazione basta osservare che la funzione $\bar{f}$ costruita nel passo precedente verifica $d_{\Gamma(x)}(\bar{f}(x)) = 0$ per quasi ogni $x \in A$, da cui segue

$$\bar{f}(x) \in \Gamma(x) \text{ per quasi ogni } x \in A.$$

$\square$

Osservazione 9.8. Se modifichiamo la funzione γ del Teorema 9.7 su un insieme trascurabile, allora, usando l'Assioma della Scelta, la tesi del Teorema 9.7 può così riformularsi: esiste una selezione $\tilde{\gamma}$ di Γ su A che coincide quasi ovunque con una funzione in $L^1(A)$. Si osservi che questo non implica che $\tilde{\gamma}$ appartiene a $L^1(A)$, perché $\tilde{\gamma}$ può non essere una funzione di Borel. Tuttavia $\tilde{\gamma}$ è misurabile rispetto alla σ–algebra $\mathscr{G}$ degli insiemi misurabili secondo Lebesgue (Definizione 1.53), poiché m è una misura completa su $\mathscr{G}$. Pertanto, nelle ipotesi del Teorema 9.7, si può asserire che Γ ammette una selezione $\tilde{\gamma}$ su A tale che $\tilde{\gamma} \in L^1(A, \mathscr{G}, m)$.

Appendici

A

Funzione distanza

In questa appendice richiamiamo le proprietà fondamentali della funzione distanza da un insieme non vuoto $S \subset \mathbb{R}^N$.

Definizione A.1. *La* funzione distanza *da* S *è la funzione* $d_S : \mathbb{R}^N \to \mathbb{R}$ *definita da*

$$d_S(x) = \inf_{y \in S} \|x - y\| \qquad \forall x \in \mathbb{R}^N.$$

La proiezione *di* x *su* S *è l'insieme costituito da quei punti (se esistono) in cui l'estremo inferiore che definisce* $d_S(x)$ *è raggiunto. Tale insieme sarà denotato con* $\mathrm{proj}_S(x)$.

Proposizione A.2. *Sia* S *un sottoinsieme non vuoto di* $\mathbb{R}^N$. *Valgono le seguenti proprietà:*

1. d_S *è una funzione lipschitziana con costante di Lipschitz 1;*
2. *per ogni* $x \in \mathbb{R}^N$ *si ha*

$$d_S(x) = 0 \iff x \in \overline{S};$$

3. S *è chiuso* $\iff \mathrm{proj}_S(x) \neq \varnothing$ *per ogni* $x \in \mathbb{R}^N$.

Dimostrazione. 1. Siano $x, x' \in \mathbb{R}^N$ e $\varepsilon > 0$ fissati. Allora esiste $y_\varepsilon \in S$ tale che $\|x - y_\varepsilon\| < d_S(x) + \varepsilon$. Pertanto, dalla disuguaglianza triangolare per la norma euclidea,

$$d_S(x') - d_S(x) \leq \|x' - y_\varepsilon\| - \|x - y_\varepsilon\| + \varepsilon \leq \|x' - x\| + \varepsilon.$$

Per l'arbitrarietà di ε, $d_S(x') - d_S(x) \leq \|x' - x\|$. Scambiando il ruolo di x e x' si conclude che $|d_S(x') - d_S(x)| \leq \|x' - x\|$.

2. Per ogni $x \in \mathbb{R}^N$ si ha che $d_S(x) = 0$ se e solo se esiste una successione $(y_n)_n \subset S$ tale che $\|x - y_n\| \to 0$ quando $n \to \infty$, quindi se e solo se $x \in \overline{S}$.

3. Sia S un insieme chiuso e $x \in \mathbb{R}^N$ fissato. Allora

$$K := \left\{ y \in S \mid \|x - y\| \le d_S(x) + 1 \right\}$$

è un insieme compatto non vuoto. Pertanto ogni punto $\hat{x} \in K$ tale che

$$\|x - \hat{x}\| = \min_{y \in K} \|x - y\|$$

appartiene a $\mathrm{proj}_S(x)$.

Viceversa, si assuma $\mathrm{proj}_S(y) \ne \emptyset$ per ogni $y \in \mathbb{R}^N$ e sia $x \in \overline{S}$. Si osservi che, dal punto 2, $d_S(x) = 0$. Si prenda $\hat{x} \in \mathrm{proj}_S(x)$. Allora $\|x - \hat{x}\| = 0$, da cui segue che $x = \hat{x} \in S$. □

Proposizione A.3. *Dato un chiuso non vuoto $S \subset \mathbb{R}^N$, siano $x \in \mathbb{R}^N$ e $y \in S$. Allora $y \in \mathrm{proj}_S(x)$ se e solo se*

$$(x - y) \cdot (y' - y) \le \frac{1}{2}\|y' - y\|^2 \qquad \forall y' \in S. \tag{A.1}$$

Dimostrazione. Per definizione, si ha che $y \in \mathrm{proj}_S(x)$ se e solo se

$$\|x - y\|^2 \le \|x - y'\|^2 \qquad \forall y' \in S.$$

Poiché $\|x - y'\|^2 = \|x - y\|^2 + \|y - y'\|^2 + 2(x - y) \cdot (y - y')$, la disuguaglianza precedente equivale alla (A.1). □

Osservazione A.4. Sia $S \subset \mathbb{R}^N$ un insieme chiuso non vuoto.

1. Applicando la (A.1) si vede subito che

$$y \in \mathrm{proj}_S(x) \iff y \in \mathrm{proj}_S(tx + (1 - t)y) \qquad \forall t \in [0, 1] \tag{A.2}$$

e quindi anche

$$y \in \mathrm{proj}_S(x) \iff d_S(tx + (1 - t)y) = t\|x - y\| \qquad \forall t \in [0, 1]. \tag{A.3}$$

Per giustificare l'implicazione '$\Rightarrow$' nella (A.2) ('$\Leftarrow$' è immediata), si fissi $y \in \mathrm{proj}_S(x)$. Dalla (A.1) segue che, per ogni $t \in [0, 1]$,

$$t(x - y) \cdot (y' - y) \le \frac{t}{2}\|y' - y\|^2 \le \frac{1}{2}\|y' - y\|^2 \qquad \forall y' \in S. \tag{A.4}$$

Quindi $y \in \mathrm{proj}_S(tx + (1 - t)y)$ per la (A.1) applicata al punto $tx + (1 - t)y$.

2. Un'altra osservazione interessante è la seguente:

$$y \in \mathrm{proj}_S(x) \implies \mathrm{proj}_S(tx + (1 - t)y) = \{y\} \qquad \forall t \in [0, 1). \tag{A.5}$$

Infatti, dalla (A.4) segue che, per ogni $t \in [0, 1)$,

$$t(x - y) \cdot (y' - y) < \frac{1}{2}\|y' - y\|^2 \qquad \forall y' \in S \setminus \{y\}.$$

Quindi, poiché $\|(tx+(1-t)y)-y\|^2 = \|(tx+(1-t)y)-y'\|^2 - \|y-y'\|^2 + 2t(x-y)\cdot(y'-y)$,

$$\|(tx+(1-t)y)-y\|^2 < \|(tx+(1-t)y)-y'\|^2 \qquad \forall y' \in S \setminus \{y\}.$$

Ne segue la tesi (A.5).

3. È utile osservare che l'applicazione $\text{proj}_S : \mathbb{R}^N \to \mathscr{P}(\mathbb{R}^N)$ è *semicontinua superiormente*, ossia, per ogni $x \in \mathbb{R}^N$,

$$\limsup_{x' \to x} \text{proj}_S(x') \subset \text{proj}_S(x),$$

dove il limite precedente va inteso nel senso che

$$\forall \varepsilon > 0 \ \exists \delta > 0 \ : \ \|x'-x\| < \delta \quad \Longrightarrow \quad \text{proj}_S(x') \subset \text{proj}_S(x) + B_\varepsilon, \quad \text{(A.6)}$$

essendo[1] $B_\varepsilon = \{x \in \mathbb{R}^N \mid \|x\| < \varepsilon\}$. Per verificare ciò, basterà dimostrare che, per ogni coppia di successioni $(x_n)_n, (y_n)_n$ in $\mathbb{R}^N$, si ha

$$x_n \to x, \ y_n \in \text{proj}_S(x_n), \ y_n \to \overline{y} \quad \Longrightarrow \quad \overline{y} \in \text{proj}_S(x).$$

Infatti, $\overline{y} \in S$ perché S è chiuso, e $\|x_n - y_n\| = d_S(x_n)$. Dalla continuità di d_S segue allora che $\|x - \overline{y}\| = d_S(x)$ e quindi $\overline{y} \in \text{proj}_S(x)$.

4. Sottolineamo, in particolare, il fatto che in tutti gli $x \in \mathbb{R}^N$ per cui $\text{proj}_S(x)$ si riduce a un punto proj_S è *continua*, ossia

$$\lim_{x' \to x} \text{proj}_S(x') = \text{proj}_S(x)$$

dove il limite va inteso nel senso che proj_S soddisfa sia (A.6) che

$$\forall \varepsilon > 0 \ \exists \delta > 0 \ : \ \|x'-x\| < \delta \quad \Longrightarrow \quad \text{proj}_S(x) \subset \text{proj}_S(x') + B_\varepsilon.$$

Ciò è conseguenza immediata della semicontinuità superiore e del fatto che $\text{proj}_S(x)$ è un singoletto.

Un principio generalmente valido è che a proprietà geometriche dell'insieme S corrispondono proprietà analitiche della funzione d_S. Un esempio di validità di questo principio è dato dal seguente teorema di differenziabilità.

Teorema A.5. *Sia $S \subset \mathbb{R}^N$ un chiuso non vuoto. Allora d_S è differenziabile secondo Fréchet in un punto $x \in \mathbb{R}^N \setminus S$ se e solo se $\text{proj}_S(x)$ si riduce ad un singoletto $\{y\}$. Inoltre, in tal caso,*

$$Dd_S(x) = \frac{x-y}{\|x-y\|}. \qquad \text{(A.7)}$$

---

[1] La somma di due insiemi A e A' in $\mathbb{R}^N$ è così definita: $A + A' := \{x + y \mid x \in A, \ y \in A'\}$.

Dimostrazione. Si supponga dapprima che d_S sia differenziabile secondo Fréchet in $x \notin S$. Allora, fissato $y \in \mathrm{proj}_S(x)$, la funzione $t \mapsto d_S(tx+(1-t)y)$ ha derivata sinistra in $t = 1$ la quale, per la (A.5), soddisfa

$$Dd_S(x) \cdot (x - y) = \frac{d}{dt^-} d_S(tx + (1 - t)y)_{|t=1} = \|x - y\|.$$

Inoltre, poiché d_S è lipschitziana di costante 1 in virtù della Proposizione A.2, sarà $\|Dd_S(x)\| \leq 1$. Pertanto, per la disuguaglianza di Cauchy-Schwarz,

$$1 = Dd_S(x) \cdot \frac{x - y}{\|x - y\|} \leq 1.$$

Ne segue la (A.7) ricordando i casi di uguaglianza nella Proposizione 5.3. Inoltre, y è univocamente determinato dalla (A.7) in quanto

$$y = x - d_S(x)Dd_S(x).$$

Viceversa, supponiamo che $\mathrm{proj}_S(x) = \{y\}$. Allora, per l'Osservazione A.4.4

$$\lim_{x' \to x} \mathrm{proj}_S(x') = \{y\}.$$

Di conseguenza, la differenziabilità di d_S^2 (e quindi di d_S) risulterà provata se faremo vedere che, per ogni $x' \in \mathbb{R}^N$ e ogni $y' \in \mathrm{proj}_S(x')$, valgono le maggiorazioni

$$\|x - x'\|^2 - 2\|x' - x\| \, \|y' - y\|$$
$$\leq d_S^2(x') - d_S^2(x) - 2(x - y) \cdot (x' - x) \leq \|x - x'\|^2.$$

A questo scopo osserviamo che, grazie alla (A.1),

$$\begin{aligned}
d_S^2(x') &- d_S^2(x) - 2(x - y) \cdot (x' - x) \\
&= \|x' - x\|^2 + \|y' - y\|^2 + 2(x' - x) \cdot (y - y') + 2(x - y) \cdot (y - y') \\
&\geq \|x' - x\|^2 + 2(x' - x) \cdot (y - y') \\
&\geq \|x - x'\|^2 - 2\|x' - x\| \, \|y' - y\|.
\end{aligned} \tag{A.8}$$

Inoltre

$$\begin{aligned}
2(x - y) &\cdot (y - y') + \|y' - y\|^2 \\
&= 2(x - y' + y' - y) \cdot (y - y') + \|y' - y\|^2 \\
&= 2(x - y') \cdot (y - y') - \|y' - y\|^2 \\
&= 2(x - x') \cdot (y - y') + 2(x' - y') \cdot (y - y') - \|y' - y\|^2 \\
&\leq 2(x - x') \cdot (y - y')
\end{aligned} \tag{A.9}$$

sempre per la (A.1), ma stavolta applicata ad x'. Le maggiorazioni di cui sopra sono allora conseguenza di (A.8) e (A.9).   □

Esercizio A.6. Sia $\Omega \subset \mathbb{R}^N$ un aperto limitato non vuoto con frontiera Γ. Dimostrare che d_Γ non è differenziabile in almeno un punto di Ω.

Esercizio A.7. Sia $S \subset \mathbb{R}^N$ un chiuso non vuoto.

1. Dato $x \in \mathbb{R}^N \setminus S$ e $y \in \mathrm{proj}_S(x)$, provare che d_S è differenziabile secondo Fréchet sul segmento aperto

$$\{tx + (1-t)y \mid t \in (0,1)\}.$$

2. Provare che, se S è convesso, allora d_S è una funzione convessa su $\mathbb{R}^N$.
3. Provare la disuguaglianza (di semiconcavità)

$$td_S^2(x) + (1-t)d_S^2(x') - d_S^2(tx + (1-t)x') \le t(1-t)\|x - x'\|^2$$

per ogni $x, x' \in \mathbb{R}^N$ e $t \in [0,1]$. Dedurne che la funzione

$$\phi_S(x) := \|x\|^2 - d_S^2(x), \quad x \in \mathbb{R}^N$$

è convessa.

B

Funzioni semicontinue

Sia (X, d) uno spazio metrico. Introduciamo la nozione di funzione semicontinua, che nasce come naturale generalizzazione del concetto di funzione continua.

Definizione B.1. *Una funzione* $f : X \to \mathbb{R} \cup \{\infty\}$ *si dice* semicontinua inferiormente (sci) in un punto $x_0 \in X$ *se*

$$f(x_0) \leq \liminf_{x \to x_0} f(x).$$

Analogamente, una funzione $f : X \to \mathbb{R} \cup \{-\infty\}$ *si dice* semicontinua superiormente (scs) in x_0 *se*

$$f(x_0) \geq \limsup_{x \to x_0} f(x).$$

Osservazione B.2. 1. f è sci in x_0 se e solo se $-f$ è scs in x_0.

2. Se f_1, f_2 sono sci (rispettivamente, scs) in x_0, allora $f_1 + f_2$ è sci (rispettivamente, scs) in x_0.

3. Se $\alpha > 0$ e f è sci (rispettivamente, scs) in x_0, allora αf è sci (rispettivamente, scs) in x_0.

4. Una funzione $f : X \to \mathbb{R}$ è continua in x_0 se e solo se f è sci e scs in x_0.

Esempio B.3. Le seguenti funzioni sono sci ovunque in $\mathbb{R}$ ma non sono continue nel punto x_0:

$$u_1(x) = \begin{cases} 0 & \text{se } x \leq x_0, \\ 1 & \text{se } x > x_0, \end{cases} \qquad u_2(x) = \begin{cases} 1 & \text{se } x \neq x_0, \\ 0 & \text{se } x = x_0. \end{cases}$$

Pertanto, $-u_1$ e $-u_2$ sono scs ovunque in $\mathbb{R}$. La *funzione di Dirichlet*

$$u(x) = \begin{cases} 1 & \text{se } x \in \mathbb{Q}, \\ 0 & \text{se } x \in \mathbb{R} \setminus \mathbb{Q} \end{cases}$$

è sci nei punti irrazionali e scs nei razionali.

Il prossimo teorema caratterizza le funzioni sci e scs.

Teorema B.4. (i) *Una funzione* $f : X \to \mathbb{R} \cup \{\infty\}$ *è sci[1] se e solo se gli insiemi* $\{f \leq a\}$ *sono chiusi (equivalentemente, gli insiemi* $\{f > a\}$ *sono aperti) per ogni* $a \in \mathbb{R}$.
(ii) *Una funzione* $f : X \to \mathbb{R} \cup \{-\infty\}$ *è scs se e solo se gli insiemi* $\{f \geq a\}$ *sono chiusi (equivalentemente, gli insiemi* $\{f < a\}$ *sono aperti) per ogni* $a \in \mathbb{R}$.

Dimostrazione. Le affermazioni (i) e (ii) sono equivalenti poiché f è sci se e solo se $-f$ è scs. Pertanto è sufficiente provare la (i). Si supponga dapprima che f è sci in X. Fissato $a \in \mathbb{R}$, sia $x_0 \in X$ un punto limite dell'insieme $\{f \leq a\}$. Allora esiste una successione $(x_n)_n \subset X$ tale che $x_n \to x_0$ e $f(x_n) \geq a$. Essendo f sci in x_0, si ha $f(x_0) \leq \liminf_{n \to \infty} f(x_n)$. Allora $f(x_0) \leq a$, da cui segue $x_0 \in \{f \leq a\}$. Ciò dimostra che $\{f \leq a\}$ è chiuso.

Viceversa, sia $x_0 \in X$. Se f non è sci in x_0, allora esiste $M \in \mathbb{R}$ e $(x_n)_n \subset X$ tale che $f(x_0) > M$, $x_n \to x_0$ e $f(x_n) \leq M$. Pertanto l'insieme $\{f \leq M\}$ non è chiuso poiché non contiene tutti i suoi punti limite. □

Corollario B.5. *Se* f *è sci (rispettivamente, scs) in* X, *allora* f *è di Borel.*

Dimostrazione. Sia f sci in X. $\{f \leq a\}$ è un insieme di Borel, in quanto insieme chiuso, e la conclusione segue dall'Esercizio 2.11. □

Corollario B.6. *Se* $(f_i)_{i \in I}$ *è una famiglia di funzioni sci in* X, *allora* $\sup_{i \in I} f_i$ *è sci in* X. *Se* $(f_i)_{i \in I}$ *è una famiglia di funzioni scs in* X, *allora* $\inf_{i \in I} f_i$ *è scs in* X.

Dimostrazione. Poiché f è sci se e solo se $-f$ è scs e $\inf_{i \in I} f_i = -\sup_{i \in I}(-f_i)$, è sufficiente dimostrare il risultato per le funzioni sci. Ma questo segue facilmente dal Teorema B.4 e dal fatto che $\{\sup_{i \in I} f_i \leq a\} = \cap_{i \in I}\{f_i \leq a\}$. □

Il prossimo teorema generalizza alle funzioni semicontinue l'analogo ben noto risultato per le funzioni continue.

Teorema B.7. *Sia* X *uno spazio metrico compatto.*

- *Se* $f : X \to \mathbb{R} \cup \{\infty\}$ *è una funzione sci, allora* f *ha un minimo in* X.
- *Se* $f : X \to \mathbb{R} \cup \{-\infty\}$ *è una funzione scs, allora* f *ha un massimo in* X.

Dimostrazione. Sia $f : X \to \mathbb{R} \cup \{\infty\}$ sci. Mostreremo dapprima che f è limitata dal basso. Si supponga per assurdo che $\inf_X f = -\infty$. Allora esiste una successione $(y_n)_n \subset X$ tale che $f(y_n) < -n$ per ogni n. Essendo X compatto, si deduce l'esistenza di una sottosuccessione $(y_{n_k})_k$ che converge a un punto $y \in X$. Poiché f è sci in y, ne segue che

$$-\infty < f(y) \leq \liminf_{k \to \infty} f(y_{n_k}),$$

---

[1] Ossia s.c.i. in ogni punto di X.

ma ciò è assurdo. Pertanto f è limitata dal basso e ha un estremo inferiore finito:

$$\lambda = \inf_{x \in X} f(x).$$

Per definizione del numero λ, esiste una successione $(x_n)_n \subset X$ tale che

$$f(x_n) \le \lambda + \frac{1}{n} \quad \forall n \in \mathbb{N}.$$

La compattezza di X implica l'esistenza di una sottosuccessione $(x_{n_k})_k$ convergente a un punto $x_0 \in X$. Essendo f sci in x_0, risulta

$$\lambda \le f(x_0) \le \liminf_{k \to \infty} f(x_{n_k}).$$

D'altra parte, per costruzione si ha $\liminf_{k \to \infty} f(x_{n_k}) \le \lambda$, e pertanto $f(x_0) = \lambda$.

La seconda parte della tesi segue applicando la prima parte a $-f$.   □

C

Spazi normati di dimensione finita

Nello spazio euclideo $\mathbb{R}^N$ si consideri la norma

$$\|\xi\| = \left(\sum_{i=1}^{N} |\xi_i|^2 \right)^{2} \qquad \forall \xi = (\xi_1, \ldots, \xi_N) \in \mathbb{R}^N.$$

Proveremo in questa appendice che ogni spazio normato X di dimensione finita N si può identificare con $\mathbb{R}^N$; più precisamente X e $\mathbb{R}^N$ sono topologicamente isomorfi nel senso della seguente definizione.

Definizione C.1. *Due spazi normati X e Y si dicono topologicamente isomorfi se esiste un'applicazione lineare biunivoca $T : X \to Y$ tale che T e T^{-1} sono continue.*

Teorema C.2. *Siano X e Y due spazi normati tali che $\dim X = \dim Y = N$. Allora X e Y sono topologicamente isomorfi.*

Dimostrazione. Poiché la relazione di isomorfismo topologico è transitiva, è sufficiente dimostrare che X è topologicamente isomorfo a $\mathbb{R}^N$. Sia $x_1, \ldots, x_N$ una base di X e si definisca

$$T : \mathbb{R}^N \to X, \qquad T(\xi_1, \ldots, \xi_N) = \xi_1 x_1 + \ldots + \xi_N x_N.$$

Allora T è biunivoca e, per la disuguaglianza di Cauchy–Schwarz,

$$\|T(x)\| \leq \sum_{i=1}^{N} |\xi_i| \|x_i\| \leq \left(\sum_{i=1}^{N} |\xi_i|^2 \right)^{1/2} \left(\sum_{i=1}^{N} \|x_i\|^2 \right)^{1/2} = M\|\xi\|$$

dove si è posto $M = \left(\sum_{i=1}^{N} \|x_i\|^2 \right)^{1/2}$. Pertanto T, essendo limitata, è continua. Resta da provare che T^{-1} è continua. Si denoti con S la superficie sferica unitaria in $\mathbb{R}^N$, cioè $S = \{\xi \in \mathbb{R}^N \mid \|\xi\| = 1\}$. Allora $T(S)$ è compatto, quindi chiuso in X. Essendo T bigettivo, si deduce $0 \notin T(S)$, e pertanto esiste $m > 0$ tale che la sfera $\|x\| < m$ è disgiunta da $T(S)$, ovvero

$$\|T(\xi)\| \geq m \quad \forall \xi \in S.$$

Risulta:

$$\|T(\xi)\| \geq m\|\xi\| \quad \forall \xi \in \mathbb{R}^N,$$

o, equivalentemente,

$$\|T^{-1}(x)\| \leq m^{-1}\|x\| \quad \forall x \in X,$$

da cui segue che T^{-1} è continua.

$\square$

È evidente che se X e Y sono topologicamente isomorfi e se uno dei due è completo, allora necessariamente anche l'altro è completo. Poiché $\mathbb{R}^N$ è completo, si ha il seguente risultato.

Teorema C.3. *Ogni spazio normato di dimensione finita è completo.*

Corollario C.4. *Se X è uno spazio normato, allora ogni suo sottospazio di dimensione finita è chiuso.*

Corollario C.5. *Sia X uno spazio normato di dimensione finita e siano $\|\cdot\|_1$ e $\|\cdot\|_2$ due norme su X. Allora $\|\cdot\|_1$ e $\|\cdot\|_2$ sono equivalenti, cioè esistono costanti $m, M > 0$ tali che*

$$m\|x\|_1 \leq \|x\|_2 \leq M\|x\|_1 \quad \forall x \in X.$$

Dimostrazione. Procedendo come nella dimostrazione del Teorema C.2, data $x_1, \ldots, x_N$ una base di X, si ottengono costanti $m_1, m_2, M_1, M_2 > 0$ tali che

$$m_1\|\xi\| \leq \left\| \sum_{i=1}^{N} \xi_i x_i \right\|_1 \leq M_1\|\xi\| \quad \forall \xi \in \mathbb{R}^N,$$

$$m_2\|\xi\| \leq \left\| \sum_{i=1}^{N} \xi_i x_i \right\|_2 \leq M_2\|\xi\| \quad \forall \xi \in \mathbb{R}^N,$$

da cui segue

$$\frac{m_2}{M_1}\|x\|_1 \leq \|x\|_2 \leq \frac{M_2}{m_1}\|x\|_1 \quad \forall x \in X.$$

$\square$

È ben noto che un sottoinsieme di $\mathbb{R}^N$ è compatto se e solo se è chiuso e limitato (Teorema di Bolzano–Weierstrass). Dato che la proprietà di un insieme di essere chiuso, limitato, o compatto è invariante per isomorfismo topologico, grazie al Teorema C.2 tale caratterizzazione dei compatti continuerà a valere anche negli spazi di dimensione finita.

Corollario C.6. *Se X è uno spazio normato di dimensione finita, allora un suo sottoinsieme è compatto se e solo se è chiuso e limitato.*

In realtà questa proprietà vale solo negli spazi di dimensione finita, come mostra il prossimo risultato.

Teorema C.7 (F. Riesz). *Sia X uno spazio normato tale che la superficie sferica unitaria*

$$S = \{x \in X \mid \|x\| = 1\}$$

è compatta. Allora X ha dimensione finita.

Dimostrazione. Si consideri il ricoprimento aperto di S costituito da tutte le sfere aperte di raggio $\frac{1}{2}$ con centro in S. Essendo S compatta, esiste un insieme finito $\{x_1, \ldots, x_N\} \subset S$ tale che S è ricoperta dall'unione delle sfere aperte di raggio $\frac{1}{2}$ con centri in $x_1, \ldots, x_N$. Sia M lo spazio N–dimensionale, quindi chiuso, generato da $x_1, \ldots, x_N$. Asseriamo che $M = X$. Altrimenti sia $x_0 \in X \setminus M$ e sia $d = \inf_{x \in M} \|x_0 - x\|$. Poiché M è chiuso, si deduce che $d > 0$. Esiste $y \in M$ tale che $\|x_0 - y\| < 2d$. Posto $\overline{x} = \frac{x_0 - y}{\|x_0 - y\|} \in S$, per ogni $x \in M$ si ha

$$\|x - \overline{x}\| = \frac{1}{\|x_0 - y\|} \|(\|x_0 - y\|x + y) - x_0\| \geq \frac{d}{\|x_0 - y\|} \geq \frac{1}{2}$$

Pertanto $\overline{x}$ non può appartenere a nessuna delle sfere che ricoprono S. Si conclude $M = X$, e quindi X ha dimensione finita.   □

D

Lemma di Baire

Il prossimo risultato è classico in topologia ed è noto come Lemma di Baire.

Proposizione D.1 (Baire). *Sia (X, d) uno spazio metrico completo non vuoto. Allora valgono le seguenti proprietà:*

(a) *ogni intersezione numerabile di insiemi aperti densi V_n è densa;*
(b) *se X è unione numerabile di insiemi chiusi F_n, allora almeno uno degli F_n ha interno non vuoto.*

Dimostrazione. Utilizzeremo le sfere chiuse

$$\overline{B}_r(x) := \{y \in X \mid d(x, y) \leq r\} \qquad r > 0, \, x \in X. \qquad (D.1)$$

(a) Si fissi una qualunque sfera $\overline{B}_{r_0}(x_0)$. Proveremo che $\left(\cap_{n=1}^{\infty} V_n\right) \cap \overline{B}_{r_0}(x_0) \neq \varnothing$. Poiché V_1 è denso, esiste un punto $x_1 \in V_1 \cap B_{r_0}(x_0)$. Essendo V_1 un insieme aperto, esiste anche $0 < r_1 < 1$ tale che

$$\overline{B}_{r_1}(x_1) \subset V_1 \cap B_{r_0}(x_0).$$

Poiché V_2 è denso, esiste un punto $x_2 \in V_2 \cap B_{r_1}(x_1)$ e (essendo V_2 aperto) un raggio $0 < r_2 < 1/2$ tale che

$$\overline{B}_{r_2}(x_2) \subset V_2 \cap B_{r_1}(x_1).$$

Iterando questo procedimento, si costruisce una successione decrescente di sfere chiuse $\overline{B}_{r_n}(x_n)$ tali che

$$\overline{B}_{r_n}(x_n) \subset V_n \cap B_{r_{n-1}}(x_{n-1}) \quad e \quad 0 < r_n < \frac{1}{n}. \qquad (D.2)$$

Asseriamo che $(x_n)_n$ è una successione di Cauchy in X. Infatti per ogni $h, k \geq n$ si ha $x_h, x_k \in B_{r_n}(x_n)$ per costruzione. Pertanto $d(x_k, x_h) < 2r_n < 2/n$. Quindi, essendo X completo, $(x_n)_n$ converge a un punto $x \in X$. Poiché x_k appartiene a $\overline{B}_{r_n}(x_n)$ per $k > n$, allora $x \in \overline{B}_{r_n}(x_n)$ per ogni n e, per la (D.2), $x \in V_n$ per ogni n.

(b) Si supponga per assurdo che tutti gli F_n hanno interno vuoto. Applicando il punto (a) agli aperti $V_n := X \setminus F_n$, si trova un punto $x \in \cap_{n=1}^{\infty} V_n$. Allora $x \in X \setminus \cup_{n=1}^{\infty} F_n$ in contraddizione con l'ipotesi che gli F_n ricoprono X.   □

Osservazione D.2. A proposito delle sfere chiuse (D.1) utilizzate nella dimostrazione precedente, osserviamo che, per questa famiglia di insiemi chiusi,

$$\overline{B_r(x)} \subsetneq \overline{B}_r(x).$$

Che in generale l'inclusione sia stretta si può verificare considerando, in un insieme $X \neq \varnothing$, la metrica discreta

$$d(x,y) = \begin{cases} 1 & \text{se } x \neq y \\ 0 & \text{se } x = y \end{cases} \qquad \forall x, y \in X.$$

Si ha allora che, per ogni $x \in X$, $B_1(x) = \{x\} = \overline{B_1(x)}$ mentre $\overline{B}_1(x) = X$.

E

Famiglie relativamente compatte di funzioni continue

Sia K uno spazio topologico compatto. Si denoti con $\mathscr{C}(K)$ lo spazio di Banach delle funzioni continue $f : K \to \mathbb{R}$ dotato della norma uniforme

$$\|f\|_\infty = \max_{x \in K} |f(x)| \qquad \forall f \in \mathscr{C}(K).$$

Nel seguito utilizzeremo le seguenti sfere

$$B_r(f) := \left\{ g \in \mathscr{C}(K) \mid \|f - g\|_\infty < r \right\} \qquad r > 0, \ f \in \mathscr{C}(K).$$

Definizione E.1. *Una famiglia $\mathscr{M} \subset \mathscr{C}(K)$ di dice:*

(i) *equicontinua se, per ogni $\varepsilon > 0$ e $x \in K$, esiste un intorno V di x in K tale che*
$$|f(x) - f(y)| < \varepsilon \qquad \forall y \in V, \ \forall f \in \mathscr{M};$$

(ii) *puntualmente limitata se, per ogni $x \in X$, $\{f(x) \mid f \in \mathscr{M}\}$ è un sottoinsieme limitato di $\mathbb{R}$.*

Teorema E.2 (Ascoli–Arzelà). *Una famiglia $\mathscr{M} \subset \mathscr{C}(K)$ è relativamente compatta[1] se e solo se $\mathscr{M}$ è equicontinua e puntualmente limitata.*

Dimostrazione. Sia $\mathscr{M}$ relativamente compatta. Allora $\mathscr{M}$ è limitata, quindi puntualmente limitata, in $\mathscr{C}(K)$. Pertanto basterà mostrare che $\mathscr{M}$ è equicontinua. Per ogni $\varepsilon > 0$ esistono $f_1, \ldots, f_n \in \mathscr{M}$ tali che $\mathscr{M} \subset B_\varepsilon(f_1) \cup \cdots \cup B_\varepsilon(f_n)$. Sia $x \in K$. Poiché ogni funzione f_i è continua in x, x possiede intorni $V_1, \ldots, V_n \subset K$ tali che

$$|f_i(x) - f_i(y)| < \varepsilon \qquad \forall y \in V_i, \quad i = 1, \ldots, n.$$

Si ponga $V := V_1 \cap \cdots \cap V_n$ e si fissi $f \in \mathscr{M}$. Sia $i \in \{1, \ldots, n\}$ tale che $f \in B_\varepsilon(f_i)$. Allora, per ogni $y \in V$,

---

[1] Ossia, la chiusura $\overline{\mathscr{M}}$ è compatta.

$$|f(y) - f(x)| \le |f(y) - f_i(y)| + |f_i(y) - f_i(x)| + |f_i(x) - f(x)| < 3\varepsilon.$$

Ciò prova che $\mathcal{M}$ è equicontinua.

Viceversa, data una famiglia $\mathcal{M}$ puntualmente limitata e equicontinua, essendo K compatto, per ogni $\varepsilon > 0$ esistono $x_1, \ldots, x_m \in K$ e relativi intorni $V_1, \ldots, V_m$ tali che $K = V_1 \cup \cdots \cup V_m$ e

$$|f(x) - f(x_i)| < \varepsilon \qquad \forall f \in \mathcal{M}, \quad \forall x \in V_i, \quad i = 1, \ldots, m. \qquad \text{(E.1)}$$

Poiché $\{(f(x_1), \ldots, f(x_m)) \mid f \in \mathcal{M}\}$ è un sottoinsieme limitato, quindi relativamente compatto di $\mathbb{R}^m$, esistono funzioni $f_1, \ldots, f_n \in \mathcal{M}$ tali che

$$\{(f(x_1), \ldots, f(x_m)) \mid f \in \mathcal{M}\} \subset \bigcup_{j=1}^{n} Q_j, \qquad \text{(E.2)}$$

avendo denotato con Q_j il cubo in $\mathbb{R}^m$:

$$Q_j = (f_j(x_1) - \varepsilon, f_j(x_1) + \varepsilon) \times \ldots \times (f_j(x_m) - \varepsilon, f_j(x_m) + \varepsilon).$$

Asseriamo che

$$\mathcal{M} \subset B_{3\varepsilon}(f_1) \cup \cdots \cup B_{3\varepsilon}(f_n), \qquad \text{(E.3)}$$

da cui segue che $\mathcal{M}$ è totalmente limitato[2], quindi relativamente compatto. Per ottenere la (E.3), sia $f \in \mathcal{M}$ e sia $j \in \{1, \ldots, n\}$ tale che

$$(f(x_1), \ldots, f(x_m)) \in Q_j.$$

Fissato $x \in K$, sia $i \in \{1, \ldots, m\}$ tale che $x \in V_i$. Allora, grazie alla (E.1),

$$|f(x) - f_j(x)| \le |f(x) - f(x_i)| + |f(x_i) - f_j(x_i)| + |f_j(x_i) - f_j(x)| < 3\varepsilon.$$

Ciò prova la (E.3) e completa la dimostrazione. $\qquad\qquad\qquad\square$

Osservazione E.3. La compattezza di K è essenziale nel Teorema di Ascoli–Arzelà. Infatti la successione

$$f_n(x) := e^{-(x-n)^2} \qquad \forall x \in \mathbb{R}$$

è una famiglia puntualmente limitata e equicontinua in $\mathscr{C}(\mathbb{R})$. D'altra parte

$$n \ne m \quad \Longrightarrow \quad \|f_n - f_m\|_\infty \ge 1 - \frac{1}{e}.$$

Pertanto $(f_n)_n$ non è relativamente compatta.

---

[2] Si veda la nota a pagina 107.

F

Trasformata di Legendre

Sia $f : \mathbb{R}^N \to \mathbb{R}$ una funzione convessa. La funzione $f^* : \mathbb{R}^N \to \mathbb{R} \cup \{\infty\}$ così definita[1]

$$f^*(y) = \sup_{x \in \mathbb{R}}\{x \cdot y - f(x)\} \qquad \forall y \in \mathbb{R}^N$$

si chiama *trasformata di Legendre* (e, talvolta, *trasformata di Fenchel*[2] o *convessa coniugata*) di f. Dalla definizione di f^* segue

$$x \cdot y \leq f(x) + f^*(y) \qquad \forall x, y \in \mathbb{R}^N. \tag{F.1}$$

Alcune proprietà della trasformata di Legendre di funzioni superlineari sono descritte nella prossima proposizione.

Proposizione F.1. *Sia $f : \mathbb{R}^N \to \mathbb{R}$ una funzione convessa differenziabile che verifica*

$$\lim_{\|x\| \to \infty} \frac{f(x)}{\|x\|} = \infty. \tag{F.2}$$

Allora valgono le seguenti proprietà:

(a) *per ogni $y \in \mathbb{R}^N$ esiste $x_y \in \mathbb{R}^N$ tale che $f^*(y) = x_y y - f(x_y)$;*
(b) *f^* è a valori finiti, ossia $f^* : \mathbb{R}^N \to \mathbb{R}$;*
(c) *per ogni $x, y \in \mathbb{R}^N$:*

$$y = Df(x) \iff f^*(y) + f(x) = x \cdot y;$$

(d) *f^* è convessa;*
(e) *f^* è superlineare;*
(f) *$f^{**} = f$.*

---

[1] $x \cdot y$ denota il prodotto scalare tra i vettori $x, y \in \mathbb{R}^N$.
[2] La trasformata di Legendre è uno strumento classico dell'analisi convessa, si veda [Ro70].

Dimostrazione. (a) Fissato $y \in \mathbb{R}^N$, la funzione $F_y(x) = x \cdot y - f(x)$ è continua e verifica $\lim_{\|x\| \to \infty} F_y(x) = -\infty$ grazie alla (F.2); di conseguenza F_y raggiunge il suo massimo in un punto x_y.

(b) Segue immediatamente dal punto (a).

(c) Si osservi che, essendo la funzione $F_y(x) = x \cdot y - f(x)$ concava, allora $DF_y(x) = 0$ se e solo se x è un punto di massimo per F_y. Pertanto, dati $x, y \in \mathbb{R}^N$, si ha

$$y = Df(x) \iff DF_y(x) = 0 \iff F_y(x) = \sup_{z \in \mathbb{R}^N} F_y(z) = f^*(y).$$

(d) Siano $y_1, y_2 \in \mathbb{R}^N$ e $t \in [0,1]$, e sia x_t un punto tale che

$$f^*(ty_1 + (1-t)y_2) = (ty_1 + (1-t)y_2) \cdot x_t - f(x_t).$$

Poiché $f^*(y_i) \geq y_i \cdot x_t - f(x_t)$ per $i = 1, 2$, si conclude che

$$f^*(ty_1 + (1-t)y_2) \leq t f^*(y_1) + (1-t) f^*(y_2),$$

ovvero f^* è convessa.

(e) Per ogni $M > 0$ e $y \in \mathbb{R}^N$ si ha

$$f^*(y) \geq M \frac{y}{\|y\|} \cdot y - f\left(M \frac{y}{\|y\|}\right) \geq M\|y\| - \max_{\|x\|=M} f(x).$$

Pertanto

$$\liminf_{\|y\| \to \infty} \frac{f^*(y)}{\|y\|} \geq M.$$

Dall'arbitrarietà di M segue che f^* è superlineare.

(f) Per la (F.1) risulta $f(x) \geq x \cdot y - f^*(y)$ per ogni $x, y \in \mathbb{R}^N$. Pertanto $f \geq f^{**}$. Per provare la disuguaglianza inversa, si fissi $x \in \mathbb{R}^N$ e sia $y_x = Df(x)$. Allora, grazie al punto (c) e alla (F.1),

$$f(x) = x \cdot y_x - f^*(y_x) \leq f^{**}(x).$$

Ne segue la conclusione. $\square$

Esempio F.2 (disuguaglianza di Young). Si definisca, per $p > 1$,

$$f(x) = \frac{|x|^p}{p} \qquad \forall x \in \mathbb{R}.$$

Allora f è una funzione superlineare di classe $\mathscr{C}^1(\mathbb{R})$. Inoltre

$$f'(x) = |x|^{p-1} \text{sign}(x)$$

dove

$$\text{sign}(x) = \begin{cases} \frac{x}{|x|} & \text{se} \quad x \neq 0, \\ \\ 0 & \text{se} \quad x = 0. \end{cases}$$

Pertanto f' è una funzione crescente, e quindi f è convessa.

Grazie al punto (c) della Proposizione F.1, per calcolare $f^*(y)$ basterà risolvere $y = Df(x)$, ovvero $y = |x|^{p-1}\text{sign}(x)$. Risulta $x_y = |y|^{\frac{1}{p-1}}\text{sign}(y)$, da cui

$$f^*(y) = x_y y - f(x_y) = \frac{|y|^{p'}}{p'} \qquad \forall y \in \mathbb{R},$$

dove $\frac{1}{p} + \frac{1}{p'} = 1$. Quindi, grazie alla (F.1), si ottiene la seguente stima:

$$xy \leq \frac{x^p}{p} + \frac{y^{p'}}{p'} \qquad \forall x, y \geq 0. \tag{F.3}$$

Usando di nuovo il punto (c) della Proposizione F.1, si conclude che vale l'uguaglianza nella (F.3) se e solo se $y = Df(x)$, ossia $y^{p'} = x^p$.

Esercizio F.3. Sia $f(x) = e^x$, $x \in \mathbb{R}$. Provare che

$$f^*(y) = \sup_{x \in \mathbb{R}}\{xy - e^x\} = \begin{cases} \infty & \text{se } y < 0, \\ 0 & \text{se } y = 0, \\ y \log y - y & \text{se } y > 0. \end{cases}$$

Dedurne la seguente stima

$$xy \leq e^x + y \log y - y \qquad \forall x, y > 0. \tag{F.4}$$

G

Lemma di ricoprimento di Vitali

Presentiamo in questa appendice il fondamentale Lemma di Ricoprimento di Vitali. Per ulteriori generalizzazioni si veda [EG92].

Definizione G.1. *Una famiglia $\mathscr{F}$ di sfere chiuse[1] in $\mathbb{R}^N$ si chiama ricoprimento fine di un insieme $E \subset \mathbb{R}^N$ se*

$$E \subset \bigcup_{B \in \mathscr{F}} B,$$

e, per ogni $x \in E$,

$$\inf\{\mathrm{diam}(B) \mid x \in B, \, B \in \mathscr{F}\} = 0,$$

dove $\mathrm{diam}(B)$ denota il diametro della sfera B.

Lemma G.2 (Vitali). *Sia $E \subset \mathbb{R}^N$ un boreliano tale che[2] $m(E) < \infty$ e sia $\mathscr{F}$ un ricoprimento fine di E. Allora per ogni $\varepsilon > 0$ esiste una famiglia finita di sfere disgiunte $B_1, \ldots, B_n \in \mathscr{F}$ tale che*

$$m\left(E \setminus \bigcup_{i=1}^{n} B_i\right) < \varepsilon.$$

Dimostrazione. Grazie alla Proposizione 1.64, esiste un insieme aperto V tale che $E \subset V$ e $m(V) < \infty$. Eventualmente sostituendo $\mathscr{F}$ con la sottofamiglia $\tilde{\mathscr{F}} = \{B \in \mathscr{F} \mid B \subset V\}$, che è ancora un ricoprimento fine di E, si può assumere senza perdita di generalità che tutte le sfere di $\mathscr{F}$ sono contenute in V. Ciò implica

$$\sup\{\mathrm{diam}(B) \mid B \in \mathscr{F}\} < \infty.$$

Descriviamo per induzione la scelta di $B_1, B_2, \ldots, B_n, \ldots$. Scegliamo B_1 tale che $\mathrm{diam}(B_1) > \frac{1}{2} \sup\{\mathrm{diam}(B) \mid B \in \mathscr{F}\}$. Si supponga di aver scelto $B_1, \ldots, B_n$. Si ha un'alternativa: o

---

[1] Una sfera chiusa in $\mathbb{R}^N$ è un insieme del tipo $\{x \in \mathbb{R}^N \mid \|x - x_0\| \le r\}$ con $x_0 \in \mathbb{R}^N$ e $r > 0$.

[2] m denota la misura di Lebesgue in $\mathbb{R}^N$.

a) $E \subset \cup_{i=1}^n B_i$;

oppure

b) esiste $\bar{x} \in E \setminus \cup_{i=1}^n B_i$.

Nel caso a), la tesi segue immediatamente. Si consideri pertanto il caso b) e si denoti con $\delta > 0$ la distanza di $\bar{x}$ da $\cup_{i=1}^n B_i$. Essendo $\mathscr{F}$ un ricoprimento fine di E, esiste una sfera $B \in \mathscr{F}$ tale che $\bar{x} \in B$ e $\operatorname{diam}(B) < \frac{\delta}{2}$. In particolare B è disgiunta da $B_1, \ldots, B_n$. Allora l'insieme $\{B \in \mathscr{F} \mid B \text{ disgiunta da } B_1, \ldots, B_n\}$ è non vuoto, quindi possiamo definire

$$d_n = \sup\{\operatorname{diam}(B) \mid B \in \mathscr{F}, \ B \text{ disgiunta da } B_1, \ldots, B_n\} > 0.$$

Scegliamo $B_{n+1} \in \mathscr{F}$ tale che B_{n+1} è disgiunto da $B_1, \ldots, B_n$ e $\operatorname{diam}(B_{n+1}) > \frac{d_n}{2}$. Se il processo non si arresta, si costruisce una successione $B_1, B_2, \ldots, B_n, \ldots$ di sfere disgiunte in $\mathscr{F}$ tale che

$$\frac{d_n}{2} < \operatorname{diam}(B_{n+1}) \le d_n.$$

Essendo $\cup_{n=1}^\infty B_n \subset V$, si ha $\sum_{n=1}^\infty m(B_n) \le m(V) < \infty$. Allora esiste $n_\varepsilon \in \mathbb{N}$ tale che

$$\sum_{n=n_\varepsilon+1}^\infty m(B_n) < \frac{\varepsilon}{5^N}.$$

Asseriamo che

$$E \setminus \bigcup_{n=1}^{n_\varepsilon} B_n \subset \bigcup_{n=n_\varepsilon+1}^\infty B_n^*, \tag{G.1}$$

dove B_n^* denota la sfera che ha lo stesso centro di B_n e raggio pari a 5 volte il raggio di B_n. Infatti, sia $x \in E \setminus \cup_{n=1}^{n_\varepsilon} B_n$. Ragionando come nel caso b), esiste una sfera $B \in \mathscr{F}$ tale che $x \in B$ e B è disgiunta da $B_1, \ldots, B_{n_\varepsilon}$. Allora B deve necessariamente intersecare almeno una delle sfere B_n (con $n > n_\varepsilon$), altrimenti, dalla definizione di d_n, per ogni n risulterebbe

$$\operatorname{diam}(B) \le d_n \le 2\operatorname{diam}(B_{n+1}); \tag{G.2}$$

poiché $\sum_{n=1}^\infty m(B_n) < \infty$, ne segue che $m(B_n) \to 0$, da cui $\operatorname{diam}(B_n) \to 0$; di conseguenza la disuguaglianza (G.2) non può essere vera per n grande.

Sia j il primo indice tale che $B \cap B_j \ne \emptyset$. Risulta $j > n_\varepsilon$ e

$$\operatorname{diam}(B) \le d_{j-1} < 2\operatorname{diam}(B_j).$$

Da evidenti considerazioni geometriche si vede facilmente che B è contenuta nella sfera cha ha lo stesso centro di B_j e raggio 5 volte il raggio di B_j, ossia $B \subset B_j^*$. Abbiamo così provato la (G.1), e quindi

$$m\left(E \setminus \bigcup_{n=1}^{n_\varepsilon} B_n\right) \le \sum_{n=n_\varepsilon+1}^\infty m(B_n^*) = 5^N \sum_{n=n_\varepsilon+1}^\infty m(B_n) \le \varepsilon.$$

$\square$

H

Principio variazionale di Ekeland

Il seguente risultato, sorprendente per la generalità della portata e l'eleganza della dimostrazione, è divenuto un caposaldo dell'analisi moderna. Esso ha innumerevoli applicazioni ed è stato oggetto di numerose generalizzazioni, alcune delle quali sono descritte in [AE84].

Teorema H.1 (Ekeland). *Sia (X, d) uno spazio metrico completo e sia*

$$f : X \to \mathbb{R} \cup \{\infty\}$$

una funzione semicontinua inferiormente che verifica

$$\inf_X f > -\infty.$$

Sia $x_0 \in X$ tale che $f(x_0) < \infty$ e sia $\alpha > 0$. Allora esiste $\bar{x} \in X$ tale che

$$\begin{cases} (a) & f(\bar{x}) + \alpha d(\bar{x}, x_0) \le f(x_0), \\ (b) & f(\bar{x}) < f(x) + \alpha d(x, \bar{x}) \quad \forall x \in X \setminus \{\bar{x}\}. \end{cases}$$

Dimostrazione. Fissato $\alpha > 0$, poniamo

$$F(x) = \{\, y \in X \mid f(y) + \alpha d(x, y) \le f(x) \,\} \qquad x \in X.$$

Osserviamo che, evidentemente, ogni $x \in X$ sta in $F(x)$ e, poiché f è semicontinua inferiormente, $F(x)$ è chiuso. Proveremo la tesi del teorema facendo vedere che

$$\exists\, \bar{x} \in F(x_0) \ : \ F(\bar{x}) = \{\bar{x}\}. \tag{H.1}$$

1. Mostriamo che, per ogni $x, y \in X$,

$$y \in F(x) \implies F(y) \subset F(x). \tag{H.2}$$

Sia $y \in F(x)$ e sia $z \in F(y)$. Allora

$$f(z) + \alpha d(x, z) \le f(z) + \alpha d(y, z) + \alpha d(x, y) \le f(y) + \alpha d(x, y) \le f(x)$$

da cui (H.2).

2. A partire dal punto $x_0 \in X$ fissato, costruiamo una successione $(x_n)_n \subset X$ nel modo seguente: per ogni $n \in \mathbb{N}$, assegnato $x_n \in X$ e posto

$$\lambda_n = \inf_{F(x_n)} f \, ,$$

sia $x_{n+1} \in F(x_n)$ tale che $f(x_{n+1}) \leq \lambda_n + 2^{-n}$. Poiché $\lambda_0 \leq f(x_0) < \infty$, per induzione si verifica facilmente che $\lambda_n < \infty$ e, di conseguenza, $f(x_n) < \infty$ per ogni $n \in \mathbb{N}$. Inoltre osserviamo che, in virtù della (H.2), $(F(x_n))_n$ è decrescente. Quindi $(\lambda_n)_n$ è una successione crescente e risulta, per costruzione,

$$f(x_{n+1}) \geq \lambda_n \geq \lambda_{n-1} \qquad \forall n \geq 1. \tag{H.3}$$

3. Facciamo vedere che $(x_n)_n$ è di Cauchy: grazie alla (H.3) si ha, per ogni $n, p \geq 1$,

$$d(x_n, x_{n+p}) \leq \sum_{i=n}^{n+p-1} d(x_i, x_{i+1}) \leq \frac{1}{\alpha} \sum_{i=n}^{n+p-1} \left[f(x_i) - f(x_{i+1}) \right]$$

$$\leq \frac{1}{\alpha} \sum_{i=n}^{n+p-1} \left[f(x_i) - \lambda_{i-1} \right] \leq \frac{1}{\alpha} \sum_{i=n}^{n+p-1} 2^{1-i} \overset{(n \to \infty)}{\longrightarrow} 0.$$

Pertanto, essendo X completo, $(x_n)_n$ è convergente. Posto $\bar{x} = \lim_n x_n$, si ha che $\bar{x} \in F(x_0)$ perché $x_n \in F(x_0)$ e $F(x_0)$ è chiuso.

4. Per completare la dimostrazione della (H.1) resta da provare che $F(\bar{x}) = \{\bar{x}\}$. Poiché $\bar{x} \in F(\bar{x})$, basterà verificare che[1] $\operatorname{diam} F(\bar{x}) = 0$. A questo scopo osserviamo che, per costruzione, $\bar{x} \in F(x_n)$ per ogni $n \in \mathbb{N}$. Quindi, grazie alla (H.2), si ha pure che $F(\bar{x}) \subset F(x_n)$, da cui

$$\operatorname{diam} F(\bar{x}) \leq \operatorname{diam} F(x_n) \qquad \forall n \in \mathbb{N}.$$

Inoltre, per ogni $n \geq 1$ risulta

$$\alpha d(x, x_n) \leq f(x_n) - f(x) < 2^{1-n} \qquad \forall x \in F(x_n)$$

poiché $f(x) \geq \lambda_{n-1}$. Ne segue che $\operatorname{diam} F(x_n) \leq \frac{2^{2-n}}{\alpha} \overset{(n \to \infty)}{\longrightarrow} 0$.

La dimostrazione di (H.1) è così conclusa, e con essa quella del teorema. $\quad \square$

---

[1] Ricordiamo che il diametro di un sottoinsieme non vuoto $S \subset X$ è definito come $\operatorname{diam} S = \sup_{x,y \in S} d(x, y)$.

Riferimenti bibliografici

[AE84]   Aubin J.-P., Ekeland I.: Applied nonlinear analysis. John Wiley & Sons, New York (1984)

[AF90]   Aubin J.-P., Frankowska H.: Set-valued analysis. Birkhäuser, Boston (1990)

[Br83]   Brezis H.: Analisi funzionale. Liguori, Napoli (1974)

[Cl98]   Clarke F.H., Ledyaev Y.S., Stern R.J., Wolenski P.R.: Nonsmooth analysis and control theory. Springer-Verlag, New York (1998)

[Co90]   Conway J.B.: A course in functional analysis—2nd ed. Springer-Verlag, New York (1990)

[Da73]   Day M.M.: Normed linear spaces. Springer-Verlag, New York (1973)

[EG92]   Evans L.C., Gariepy R.F.: Measure theory and fine properties of functions. Studies in Advanced Mathematics, CRC Press, Ann Arbor (1992)

[Fo99]   Folland G.B.: Real Analysis. J. Wiley & Sons Inc., New York (1999)

[Gi83]   Giusti E.: Analisi Matematica 2. Boringhieri, Torino (1983)

[Ha50]   Halmos P.R.: Measure theory. Van Nostrand, Princeton (1950)

[HS65]   Hewitt E., Stromberg K.: Real and abstract analysis. Springer-Verlag, New York (1965)

[Ka76]   Katznelson Y.: An introduction to harmonic analysis. Dover Books on Advanced Mathematics, New York (1976)

[KF75]   Kolmogorov A.N., Fomin S.V.: Introductory real analysis. Dover Publications, Inc., New York (1975)

[Ko02]   Komornik V.: Précis d'analyse réelle. Analyse fonctionnelle, intégrale de Lebesgue, espaces fonctionnels. (volume 2), Mathématiques pour le 2e cycle, Ellipses, Paris (2002)

[Mo69]   Morawetz C.: L^p inequalities. Null. Amer. Math. Soc., **75**, 1299–1302 (1969)

[Mo71]   Mozzochi C.J.: On the pointwise convergence of Fourier series. Springer-Verlag, Berlin (1971)

[No72]   Novinger W.P.: Mean convergence in L^p spaces. Proc. Amer. Math. Soc., **34**, 627–628 (1972)

[Ro70]   Rockafellar R.T.: Convex analysis. Princeton University Press, Princeton (1970)

[Ro68]   Royden H.L.: Real analysis. Macmillan, London (1968)

[Ru74]   Rudin W.: Analisi reale e complessa, Programma di matematica, fisica, elettronica. Boringhieri, Torino (1974)

[Ru73]   Rudin W.: Functional analysis. McGraw Hill, New York (1973)

[Ru64]   Rudin W.: Principles of mathematical analysis. McGraw-Hill, New York (1964)

[Sh61]   Shilov G.E.: An introduction to the theory of linear spaces. Prentice-Hall, Inc., Englewood Cliffs, N.J. (1961)

[SW71]   Stein E.M., Weiss G.: Introduction to Fourier analysis on euclidean spaces. Princeton Univ. Press, Princeton (1971)

[Yo65]   Yosida K.: Functional analysis. Springer-Verlag, Berlin (1980)

[WZ77]   Wheeden R.L., Zygmund A.: Measure and integration. Marcel Dekker, Inc., New York and Basel (1977)

[Wi62]   Williamson J.H.: Lebesgue integration. Holt, Rinehart & Winston, New York (1962)

[Za67]   Zaanen A.C.: Integration. Noth-Holland, Amsterdam (1967)

Indice analitico

Collana Unitext - La Matematica per il 3+2

a cura di

F. Brezzi (Editor-in-Chief)
P. Biscari
C. Ciliberto
A. Quarteroni
G. Rinaldi
W.J. Runggaldier

Volumi pubblicati. A partire dal 2004, i volumi della serie sono contrassegnati da un numero di identificazione. I volumi indicati in grigio si riferiscono a edizioni non più in commercio

A. Bernasconi, B. Codenotti
Introduzione alla complessità computazionale
1998, X+260 pp. ISBN 88-470-0020-3

A. Bernasconi, B. Codenotti, G. Resta
Metodi matematici in complessità computazionale
1999, X+364 pp, ISBN 88-470-0060-2

E. Salinelli, F. Tomarelli
Modelli dinamici discreti
2002, XII+354 pp, ISBN 88-470-0187-0

S. Bosch
Algebra
2003, VIII+380 pp, ISBN 88-470-0221-4

S. Graffi, M. Degli Esposti
Fisica matematica discreta
2003, X+248 pp, ISBN 88-470-0212-5

S. Margarita, E. Salinelli
MultiMath - Matematica Multimediale per l'Università
2004, XX+270 pp, ISBN 88-470-0228-1

A. Quarteroni, R. Sacco, F. Saleri
Matematica numerica (2a Ed.)
2000, XIV+448 pp, ISBN 88-470-0077-7
2002, 2004 ristampa riveduta e corretta
(1a edizione 1998, ISBN 88-470-0010-6)

13. A. Quarteroni, F. Saleri
    Introduzione al Calcolo Scientifico (2a Ed.)
    2004, X+262 pp, ISBN 88-470-0256-7
    (1a edizione 2002, ISBN 88-470-0149-8)

14. S. Salsa
    Equazioni a derivate parziali – Metodi, modelli e applicazioni
    2004, XII+426 pp, ISBN 88-470-0259-1

15. G. Riccardi
    Calcolo differenziale ed integrale
    2004, XII+314 pp, ISBN 88-470-0285-0

16. M. Impedovo
    Matematica generale con il calcolatore
    2005, X+526 pp, ISBN 88-470-0258-3

17. L. Formaggia, F. Saleri, A. Veneziani
    Applicazioni ed esercizi di modellistica numerica
    per problemi differenziali
    2005, VIII+396 pp, ISBN 88-470-0257-5

18. S. Salsa, G. Verzini
    Equazioni a derivate parziali - Complementi ed esercizi
    2005, VIII+406 pp, ISBN 88-470-0260-5
    2007, ristampa con modifiche

19. C. Canuto, A. Tabacco
    Analisi Matematica I (2a Ed.)
    2005, XII+448 pp, ISBN 88-470-0337-7
    (1a edizione, 2003, XII+376 pp, ISBN 88-470-0220-6)

20. F. Biagini, M. Campanino
    Elementi di Probabilità e Statistica
    2006, XII+236 pp, ISBN 88-470-0330-X

21. S. Leonesi, C. Toffalori
Numeri e Crittografia
2006, VIII+178 pp, ISBN 88-470-0331-8

22. A. Quarteroni, F. Saleri
Introduzione al Calcolo Scientifico (3a Ed.)
2006, X+306 pp, ISBN 88-470-0480-2

23. S. Leonesi, C. Toffalori
Un invito all'Algebra
2006, XVII+432 pp, ISBN 88-470-0313-X

24. W.M. Baldoni, C. Ciliberto, G.M. Piacentini Cattaneo
Aritmetica, Crittografia e Codici
2006, XVI+518 pp, ISBN 88-470-0455-1

25. A. Quarteroni
Modellistica numerica per problemi differenziali (3a Ed.)
2006, XIV+452 pp, ISBN 88-470-0493-4
(1a edizione 2000, ISBN 88-470-0108-0)
(2a edizione 2003, ISBN 88-470-0203-6)

26. M. Abate, F. Tovena
Curve e superfici
2006, XIV+394 pp, ISBN 88-470-0535-3

27. L. Giuzzi
Codici correttori
2006, XVI+402 pp, ISBN 88-470-0539-6

28. L. Robbiano
Algebra lineare
2007, XVI+210 pp, ISBN 88-470-0446-2

29. E. Rosazza Gianin, C. Sgarra
Esercizi di finanza matematica
2007, X+184 pp, ISBN 978-88-470-0610-2

30. A. Machì
Gruppi - Una introduzione a idee e metodi della Teoria dei Gruppi
2007, XII+349 pp, ISBN 978-88-470-0622-5

31 Y. Biollay, A. Chaabouni, J. Stubbe
Matematica si parte!
A cura di A. Quarteroni
2007, XII+196 pp, ISBN 978-88-470-0675-1

32. M. Manetti
Topologia
2008, XII+298 pp, ISBN 978-88-470-0756-7

33. A. Pascucci
Calcolo stocastico per la finanza
2008, XVI+518 pp. ISBN 978-88-470-0600-3

34. A. Quarteroni, R. Sacco, F. Saleri
Matematica numerica, 3a ed.
2008, XVI+510 pp. ISBN 978-88-470-0782-6

35. P. Cannarsa, T. D'Aprile
Introduzione alla teoria della misura e all'analisi funzionale
2008, XII+268 pp. ISBN 978-88-470-0701-7